JEEP

DAS ORIGINAL KENNT KEINE GRENZEN

Joachim Hack

Motor
buch
Verlag

Einbandgestaltung: Luis dos Santos

Bildnachweis:

Alle Bilder © Stellantis, mit Ausnahme von:
Acabashi, CC BY-SA 4.0, via Wikimedia Commons; Huw Williams (Huwmanbeing), Public domain, via Wikimedia Commons; David Berry from Rohnert Park CA, USA, CC BY 2.0, via Wikimedia Commons; JOHN LLOYD from Concrete, Washington, United States, CC BY 2.0, via Wikimedia Commons; Dawid783, CC BY-SA 4.0, via Wikimedia Commons; Daderot, CC0, via Wikimedia Commons; Overland Automobile Company, Public domain, via Wikimedia Commons; Herranderssvensson, CC BY-SA 3.0, via Wikimedia Commons; FORTEPAN / Karabélyos Péter, CC BY-SA 3.0, via Wikimedia Commons; Harris & Ewing, photographer, Public domain, via Wikimedia Commons; JOHN LLOYD from Concrete, Washington, United States, CC BY 2.0, via Wikimedia Commons; René, CC BY 2.0, via Wikimedia Commons; Unknown Derivative work: Carnby, Public domain, via Wikimedia Commons; U.S. Army Signal Corps., Public domain, via Wikimedia Commons; Unknown author, Public domain, via Wikimedia Commons; Source: Gemeinfrei; http://www.olive-drab.com/idphoto/id_photos_bantam.php3; U.S. Army, Public domain, via Wikimedia Commons; Hichary, CC BY-SA 4.0, via Wikimedia Commons; National Archives and Records Administration, Public domain, via Wikimedia Commons; Alf van Beem, CC0, via Wikimedia Commons; Spurzem - Lothar Spurzem, CC BY-SA 2.0 DE, via Wikimedia Commons; DMPrdctns at the English-language Wikipedia, CC BY-SA 3.0, via Wikimedia Commons; Johnson (Sgt), No 2 Army Film & Photographic Unit, Public domain, via Wikimedia Commons; U.S. Navy photo 80-G-207814, Public domain, via Wikimedia Commons; Lieut. Frederick G. Whitcombe. Canada. Department of National Defence. Library and Archives Canada, PA-180097, CC BY 2.0, via Wikimedia Commons; http://www.awm.gov.au/database/collection.asp; No 5 Army Film & Photographic Unit, Hewitt (Sgt), Public domain, via Wikimedia Commons; Conseil Régional de Basse-Normandie / Archives Nationales du CANADA, Public domain, via Wikimedia Commons; Nationaal Archief, CC0, via Wikimedia Commons; Karl Brodowsky, CC BY-SA 4.0, via Wikimedia Commons; Papa1234, CC BY-SA 3.0, via Wikimedia Commons; Ain92, CC BY-SA 3.0, via Wikimedia Commons; CZmarlin (Christopher Ziemnowicz), CC BY-SA 4.0, via Wikimedia Commons; Greg Gjerdingen from Willmar, USA, CC BY 2.0, via Wikimedia Commons; Greg Gjerdingen, CC BY 2.0, via Flickr; RL GNZLZ, CC BY 2.0, via Flickr; booledozer, Public domain, via Wikimedia Commons; Robert Taylor from Stirling, ON, Canada, CC BY 2.0, via Wikimedia Commons; Matti Blume, CC BY-SA 4.0, via Wikimedia Commons; Johannes Maximilian, GFDL 1.2, via Wikimedia Commons; Sicnag, CC BY 2.0, via Wikimedia Commons; Genesiser, CC BY-SA 3.0, via Wikimedia Commons; Mr.choppers, CC BY-SA 3.0, via Wikimedia Commons; Bob Adams from Amanzimtoti, South Africa, CC BY-SA 2.0, via Wikimedia Commons; Municipal Archives of Trondheim from Trondheim, Norway, CC BY 2.0, via Wikimedia Commons; ABC Television, Public domain, via Wikimedia Commons; sv1ambo, CC BY 2.0, via Wikimedia Commons; mashleymorgan, CC BY 2.0, via Flickr; R450rr2004, CC BY-SA 4.0, via Wikimedia Commons; Archive www.fdlestates.com; FaceMePLS, CC BY 2.0, via Flickr; flattop341, CC BY 2.0, via Flickr; dave_7 from Lethbridge, Canada, CC BY-SA 2.0, via Wikimedia Commons; João Tavares de Medeiros (government press official), Public domain, via Wikimedia Commons; Shharks, CC BY-SA 3.0, via Wikimedia Commons; Geologik, CC BY 3.0, via Wikimedia Commons; IFCAR, Public domain, via Wikimedia Commons; WNYY98, CC BY-SA 4.0, via Wikimedia Commons; Original uploader: Dgtmedia – Simone at Italian Wikipedia., CC BY 3.0, via Wikimedia Commons; Mercedes-Benz AG; Privatarchiv

Literatur:

Allen, Jim: JEEP – Alle Modelle von 1940-199, Pfäffikon 1999; Brown, Arch: JEEP – Allrad-Allrounder. Vom Willys MA zum Chrysler Cherokee, Stuttgart 1997; Clayton, Michael: Der Jeep – Entwicklung, Technik, Modelle, Stuttgart 2003; Foster, Patrick R.: Jeep – Eight decades from Willys to Wrangler, 2nd ed., Beverly/MA 2020; Kuch, Joachim: Typenkompaß Chrysler – Personenwagen und Jeep seit 1945, Stuttgart 1999; Stellantis Media

ISBN 978-3-613-04366-4

1. Auflage 2021

Sie finden uns im Internet unter www.motorbuch-verlag.de

Innengestaltung: Lukas Kretzschmar, tebitron gmbh, Gerlingen
Druck und Bindung: Conzella, 85609 Aschheim-Dornach
Printed in Printed in Germany

Inhalt

PROLOG — 4

KAPITEL 1
Das Militär sitzt am Steuer – 1940 bis 1941 — 10

KAPITEL 2
Ein Freund in schweren Zeiten – 1942 bis 1945 — 24

KAPITEL 3
Willys-Overland: Pionier mit wenig Fortüne – 1946 bis 1953 — 36

KAPITEL 4
Kaiser-Willys: die neue Schicksalsgemeinschaft – 1953 bis 1963 — 54

KAPITEL 5
Kaiser Jeep Corporation: Blick nach vorn – 1964 bis 1969 — 74

KAPITEL 6
Mit AMC im Schatten der Großen Drei – 1970 bis 1987 — 86

KAPITEL 7
Die Chrysler-Ära: der große Aufschwung – 1987 bis 1998 — 120

KAPITEL 8
Die DaimlerChrysler-Jahre: vertane Zeit – 1998 bis 2007 — 148

KAPITEL 9
Tod und Wiederauferstehung – 2007 bis 2013 — 178

KAPITEL 10
Fiat Chrysler Automobiles: neue Herausforderungen – 2014 bis 2020 — 210

EPILOG — 242

TECHNISCHE DATEN — 250

Prolog

Zwei Underdogs schreiben Geschichte

Die unmittelbare Vorgeschichte des Jeep startete keineswegs mit der legendären Ausschreibung des U.S. Army Quartermaster Corps über ein leichtes Aufklärungsfahrzeug. Diese hatte das Beschaffungsamt der US-amerikanischen Streitkräfte am 27. Juni 1940 an nicht weniger als 135 Hersteller in den Vereinigten Staaten gesandt und eine überwältigende Beteiligung erwartet. Dass es am Ende anders kam, bahnte dem innovativen Fahrzeugkonzept, das wie kaum ein zweites die globale Automobilhistorie mitgeprägt hat, letztlich den Weg. Den Anstoß hierfür gaben zwei Fahrzeughersteller, die im langen Schatten der drei Giganten aus Detroit – General Motors sowie Ford und Chrysler aus den Vororten Dearborn und Highland Park – ihr Dasein fristeten. Dem einen, einem besonders kleinen, stand das Wasser mindestens bis zum Hals, und der andere konnte sich auch nur so gerade noch am Leben halten.

Rückblende: Im Europa der 1920er-Jahre, wo das Geld knapp war, der Fiskus alle Besitzer vierrädriger Personenwagen kräftig zur Kasse bat, und auch Benzin nicht gerade billig angeboten wurde, stellte der britische Austin Seven, dessen zweite Auflage 1922 eingeführt worden war, eines der wenigen wirklich massentauglichen Fahrzeuge dar. Tatsächlich motorisierte der preiswerte, sparsame, technisch simple und strapazierfähige Kleinwagen aus Birmingham mit seinem zunächst 700, dann 750 cm³ großen Vierzylindermotörchen nicht geringe Bevölkerungsteile des Vereinigten Königreichs. Es mag verwundern, dass Firmenpatron Sir Herbert »Pa« Austin 1929 auf die verwegene Idee kam, dass sein Erfolgsmodell ausgerechnet auch jenseits des Atlantiks auf Zuspruch stoßen müsste.

Die von den Branchengiganten Ford, General Motors und Chrysler beherrschten Pkw-Märkte in Nordamerika hatten in ihren Fahrzeugprogrammen zwar keine Angebote, die auch nur im Entferntesten dem Zuschnitt eines Austin Seven ähnelten, doch spiegelte dies lediglich die komplett anderen Verhältnisse in den USA wider: Das Land ist riesig, also waren es die Autos der einheimischen Hersteller auch. Vergleichsweise stattliche PS-Leistungen, verlässliche und in den wichtigen Bereichen fortschrittliche Technik, viel Platz bei entsprechenden Außen-

Der Austin Seven strahlte mit seinen Talenten bis über den Großen Teich und war die Keimzelle von American Bantam.

So kleinvolumig der Austin-Vierzylinder mit seinen nur rund 750 cm³ auch war, so zäh war er.

maßen und dank branchenführender Produktionsmethoden relativ günstige Preise waren ebenso charakteristisch wie die niedrigen Steuersätze und billiges Benzin, das in Hülle und Fülle zur Verfügung stand – kurz: der US-Personenwagenmarkt funktionierte definitiv nach eigenen, nicht mit den Verhältnissen in Europa vergleichbaren Gesetzen.

Das Projekt American Austin war von Herbert »Pa« Austin initiiert worden, scheiterte zunächst aber aufgrund unglücklicher Umstände mehrfach.

Konnte also auch ein wesensfremdes Fahrzeug wie der Austin Seven in diesem Szenario auf Interesse stoßen? Manche beantworteten die Frage mit einem Ja, und so fand Sir Herbert tatsächlich eine Reihe einheimischer Investoren, die an das Projekt glaubten und noch im selben Jahr die American Austin Company gründeten. Als künftiger Produktionsstandort wurde nach einiger Suche die kaum mehr als 10.000 Einwohner zählende Kleinstadt Butler im Westen des US-Bundesstaats Pennsylvania auserkoren. Hier standen aufgelassene Fertigungshallen des Eisenbahnwaggonherstellers Standard Steel Car Company zur Verfügung, in denen nun eine Lizenzmontage des Austin Seven eingerichtet wurde. Die Fahrzeuge, die unter dem etwas phantasielosen Namen American Austin angeboten werden sollten, griffen weitestgehend auf die bewährte Technik des britischen Originals zurück. Diese war simpel, aber effektiv: Unter der Haube mühte sich das bekannte, zähe Vierzylindermotörchen mit nur 747 cm³ Hubraum und etwa 15 PS/11 kW um Vortrieb, unterstützt durch ein 3-Gang-Getriebe. Das Starrachs-Chassis, ausgestattet mit dem identischen Radstandmaß von 1905 mm, war mit vorderer Querblattfeder und hinteren Viertelelliptikfedern der überschaubaren Fahrdynamik gewachsen und bot dabei noch akzeptablen Fahrkomfort. Die mechanisch betätigte Vierradbremse reichte ebenfalls aus, um den leichtgewichtigen Seven angemessen zu verzögern.

Ein Geniestreich gelang den American Austin-Machern aber beim äußeren Erscheinungsbild des Kleinwagens. Hier wollte man eine andere, besser an den Geschmack des US-Publikums angepasste Lösung als beim britischen Original und engagierte den russisch-amerikanischen Designer Alexis de Sakhnoffsky, der seit 1929 wieder in den Vereinigten Staaten lebte und mit einer Vielzahl sportlicher und eleganter Karosserieentwürfe für US-Edelmarken wie Auburn, Cord und später auch Packard Aufmerksamkeit erregt und weltweite Anerkennung erworben hatte. De Sakhnoffsky stand seinerzeit in Diensten des in Grand Rapids im US-Bundestaat Michigan beheimateten Karosseriebauers Hayes Body Corporation. Im Auftrag von American Austin schuf der Designer dort eine ganze Palette außerordentlich hübsch anzusehender Karosserievarianten für den Kleinwagen – wegen der geringen Größe des Fahrzeugs keine leichte Aufgabe, die de Sakhnoffsky aber mit Bravour löste. Zunächst wurden ein Roadster sowie ein Coupé und ein sogenanntes Deluxe Coupé angeboten. Aufgrund der schieren Winzigkeit des American Austin mit einer Außenlänge von weniger als 3 Metern war ein limousinenartiger Karosserieaufbau auch gar nicht möglich. Im weiteren Verlauf gesellten sich als zusätzliche Varianten ein Runabout – ein besonders knapp geschnittener Roadster in amerikanischer Tradition – ein Cabriolet sowie ein Business Coupé hinzu.

Das Konzept, einen solchen extremen Kleinwagen auch auf dem amerikanischen Markt zum Erfolg zu führen, schien anfangs alle Erwartungen weit zu übertreffen. Als der American Austin im Januar 1930 auf der National Automobile Show in New York erstmals dem Publikum vorgestellt wurde, erntete er spontane Begeisterung, und innerhalb einer Woche trafen beim Hersteller in Butler nicht weniger als 52.000 Bestellungen ein – um ein Vielfaches mehr, als die vergleichsweise kleine Produktionsstätte bewältigen konnte. Das Unternehmen tat in der Folge sein Möglichstes, um die Nachfrage zu bedienen, aber auch nach einem halben Jahr und einer mittlerweile auf 100 Fahrzeuge pro Tag gesteigerten Fertigungskapazität hinkte man hoffnungslos der Auftragsflut hinterher.

Die Zukunftsaussichten schienen trotz aller Probleme also durchaus positiv zu sein, doch der berüchtigte »Black Friday«, der Börsencrash vom Oktober 1929, begann sich mit nur geringer Verzögerung immer dramatischer auf die wirtschaftliche Situation in den USA auszuwirken. Die Große Depression mit zahllosen Firmenpleiten und Massenarbeitslosigkeit entfaltete sich unaufhaltsam bis zum Tiefpunkt im Jahr 1933. Auch bei American Austin

Dem Karosseriedesigner Alexis de Sakhnoffsky gelangen bei der Einkleidung der vergleichsweise winzigen American Austin-Fahrzeuge wahre Geniestreiche.

war man – zynisch gesagt – das Problem ungenügender Kapazitäten und langer Lieferzeiten bald los: Massenweise stornierten die Kunden ihre Bestellungen, neue kamen kaum mehr dazu, und im Frühjahr 1932 musste, wie so viele andere, auch die Fabrik in Butler dichtmachen. Doch das war noch nicht das Ende.

Nach wie vor faszinierte der ursprüngliche Erfolg des American Austin, und noch immer gab es Investoren, die risikofreudig genug waren, auch unter den gegebenen Umständen erhebliche Summen in das Kleinwagen-Projekt zu stecken. So übernahm der 30-jährige Roy S. Evans, größter Autohändler im Süden Floridas, im Spätsommer 1932 mit deren Unterstützung die komplette Fertigungsstätte in Butler für schlanke 5000 Dollar und startete erneut die Produktion des American Austin. Auch zweieinhalb Jahre später, die Wirtschaftskrise schien fürs erste überwunden zu sein, hielt sich das Fahrzeugprogramm tapfer am Markt, wenn auch die früheren Stückzahldimensionen in unerreichbare Ferne gerückt waren. 1935 allerdings hatten Evans' Geldgeber genug von dem wenig ertragreichen Geschäft und schickten die American Austin Car Company erneut in den Konkurs. Bis zu diesem Zeitpunkt hatten unter den neuen Firmeneignern etwa 20.000 Fahrzeuge die Fabrik in Butler verlassen.

Evans ließ sich aber trotz aller Widerstände nicht von seinem Weg abbringen, übernahm die verbliebenen Reste des Unternehmens ein zweites Mal, leitete eine Restrukturierung ein und gründete 1936 die Firma unter dem Namen American Bantam Car Company neu, wobei er sämtliche Verbindungen zu Austin in Birmingham kappte. Dann beauftragte er wiederum den Designer de Sakhnoffsky mit einer sachten Aktualisierung des Karosserielooks, die dieser innerhalb von drei Tagen und gegen Zahlung von 300 Dollar wieder zur vollsten Zufriedenheit erledigte. 1938 schließlich wurde unter Evans' Führung die Produktion der nun American Bantam genannten Fahrzeuge an alter Stätte in Butler wieder aufgenommen. Die Kleinwagen präsentierten sich jetzt nicht nur optisch leicht retuschiert, sondern waren auch technisch so weit überarbeitet, dass gegenüber Austin keine lizenzrechtlichen Verpflichtungen mehr bestanden. Der Motor des zunächst angebotenen Model 60 leistete nun rund 19 PS/14 kW, später folgte mit dem Model 65 eine auf 22 PS/16 kW erstarkte Version. Wieder war eine Vielzahl verschiedener Karosserievarianten lieferbar, vom Roadster und Coupé bis zum kleinen Station Wagon.

Aber es deutete sich an, dass die American-Bantam-Produktion ebenfalls unter keinem guten Stern stand, denn ab 1938 bahnte sich erneut eine wirtschaftliche Rezession in den USA an, die das kleine Unternehmen in seinem Bestand gefährdete. Evans ließ sich nicht beirren und ergänzte 1939 die Angebotspalette um fünf weitere Modelle – profitabel war das alles aber nicht: Kalkulationen ergaben, dass American Bantam pro hergestelltem Fahrzeug etwa 75 Dollar Verlust machte und damit immer tiefer

Optisch hatten die American Austin-Modelle nichts mehr mit den britischen Originalen zu tun.

Ein typisch amerikanischer »Woody«-Kombi im Schrumpfformat – de Sakhnoffsky schreckte auch vor heiklen Proportionen nicht zurück.

Trotz des extrem kurzen Radstands wirkt dieser Convertible-Aufbau harmonisch und durchaus vornehm.

Nicht zuletzt dank solcher Roadster-Karosserien, die sich an europäischen Vorbildern orientierten, wurde das Publikum auf American Bantam aufmerksam.

in die roten Zahlen rutschte. In dieser nichts Gutes verheißenden Situation kam es einem Wink des Schicksals gleich, dass Vertreter des US-Militärs sich im Mai 1940 die Produktionsanlagen in Butler und auch die Fahrzeuge, die in ihnen gebaut wurden, noch einmal aus der Nähe anschauen wollten. Das geschah nicht ohne Grund: Die U.S. Army benötigte seit Jahren und händeringend einen kompakten allradgetriebenen Vierteltonner vor allem für Aufklärungseinsätze, und der mittelständische Fahrzeugproduzent in Pennsylvania war den zuständigen Stellen nicht unbekannt.

Auch der andere Akteur im Spiel war mit dieser Ausgangslage bestens vertraut. Es handelte sich um die 1908 von John North Willys übernommene Overland Automobile Company, die sich

Heute sind die liebenswerten Fahrzeuge aus Butler/Pennsylvania gesuchte Raritäten.

spätestens nach der 1912 erfolgten Umbenennung in Willys-Overland Motor Company bis zum Beginn der ersten Dekade des 20. Jahrhunderts zu einem der bedeutendsten Automobilhersteller Nordamerikas mauserte. Gegen Ende des ersten Jahrzehnts des 20. Jahrhunderts wendete sich jedoch das Unternehmensglück. Man hatte in den Hochzeiten zahlreiche andere Firmen aufgekauft und ein kaum noch überschaubares Fahrzeugangebot angehäuft, und beides fiel Overland in Zeiten wirtschaftlicher Rezession in den USA auf die Füße. Die Banken setzten 1920 bis 1922 Walter P. Chrysler als Sanierer ein, den ehemaligen Chef der General Motors

Overland-Werbeanzeige aus dem Jahr 1909 – das Unternehmen gehörte zu den Big Playern der Frühzeit.

Nur noch wenige Fahrzeuge aus der Anfangsepoche von Willys-Overland, hier ein Typ 59 Touring, zeugen heute vom einstigen Glanz.

Die guten Tage der Marke dauerten bis zum Beginn der 1920er-Jahre – dann forderten Managementfehler ihren Tribut.

Walter P. Chrysler hatte gut lachen: Als Sanierer von Willys-Overland verfolgte er schon eigene Pläne.

Marke Buick. Er sollte Ordnung in die Willys-Overland-Welt bringen, verfolgte bald aber auch eigene Ziele, die 1925 in der Gründung der Chrysler Corporation mündeten. Wenige Monate zuvor hatte er mit dem Chrysler Six seinen ersten Personenwagen auf den Markt gebracht – und der war nichts anderes als ein überarbeiteter Willys-Prototyp... Für Willys-Overland selbst, inzwischen in Toledo im US-Bundesstaat Ohio ansässig, begannen nun wirtschaftlich zeitweise schwierige und unruhige anderthalb Dekaden.

Einen ersten Lichtblick bedeutete 1926 die Einführung der neuen Marke Whippet.

Nach der Produktionseinstellung aller Overland-Fahrzeuge kam zunächst ein leichtes Vierzylindermodell mit 2,2-Liter-Motor heraus, dem ab dem Jahr darauf mit dem Six 93A ein schwererer Sechszylinder-Typ zur Seite gestellt wurde. Dieser, ausgerüstet mit dem Knight-Hülsenschieber-Motor, der zeitweise auch unter den Hauben mancher Mercedes-Modelle werkelte, wurde mit deutlich sechsstelligen Verkaufsstückzahlen pro Jahr zu einem Überraschungserfolg. Den Boom beendete auch hier der 1929 folgende Börsencrash und die sich daraus entwickelnde Weltwirtschaftskrise, die zwei Jahre später auch die Marke Whippet zu Fall brachte. In der Folge reduzierte Willys-Overland sein Programm auf nur noch zwei Modelle, die wieder unter dem Markennamen Willys angeboten wurden. Trotz eines Beinah-Bankrotts schaffte man es dank einer neuerlichen Restrukturierung, sich bis in die zweite Hälfte der 1930er-Jahre in einigermaßen konsolidierter Form am Markt zu halten. Vom Ruhm und Nimbus der Frühzeit war man inzwischen aber weit entfernt. Ab 1936 unter der neuen Firmierung Willys-Overland Motors agierend, gehörte die Firma mittlerweile zu der Vielzahl kleiner US-amerikanischer Automobilhersteller, die sich im Schatten der »Großen Drei« mehr schlecht als recht durchhangeln mussten.

1938 jedoch unternahm die Firmenleitung von Willys-Overland einen für die Entstehung und Weiterentwicklung des späteren Jeep bedeutenden Schritt: Man verpflichtete mit Barney Roos einen leitenden Ingenieur, der in der Automobilbranche einen hervorragenden Ruf genoss. Von 1926 bis 1936 war er als Cheftechniker bei Studebaker tätig gewesen und hatte anschließend ein Jahr beim britischen Rootes-Konzern verbracht. Nachdem er sich um deren Pkw-Marken Hillman, Humber und Sunbeam Talbot gekümmert hatte, zog es ihn aber wieder zurück in die Heimat, und so kam das Angebot von Willys-Overland gerade recht. Seine Aufgabe war es, konstruktive Schwachstellen der Willys-Fahrzeuge zu beseitigen und sie damit attraktiver zu machen. Vor allem im Bereich der Motoren gab es dabei viel zu tun.

Es stand außer Frage, dass nicht nur American Bantam, sondern auch Willys-Overland eine kräftige Finanzdusche von öffentlicher Stelle bestens gebrauchen konnte. Und die Kontakte zur U.S. Army waren mindestens so gut wie die der Konkurrenten aus Butler...

Mit der Sub-Marke Whippet landete Willys-Overland einen großen Erfolg, der von der Weltwirtschaftskrise weitgehend wieder zunichte gemacht wurde.

Im Schatten der Detroiter Giganten versuchte Willys-Overland zu überleben – zum Beispiel mit Fahrzeugen für Individualisten wie diesem Sedan von 1937.

KAPITEL 1

Das Militär sitzt am Steuer – 1940 bis 1941

1940
Neue Perspektiven

Der Besuch der Militärs im Frühjahr 1940 bedeutete so etwas wie einen letzten Hoffnungsschimmer für American Bantam, deren regulärer Produktionsbetrieb unter den gegebenen Umständen Ende Juni eingestellt werden sollte. Zwar wurden noch bis ins Folgejahr hinein Fahrzeuge aus lagernden Teilebeständen zusammengebaut, aber nach insgesamt 6700 seit 1938 gebauten Einheiten sollte 1941 endgültig Schluss sein. Tatsächlich war die Besichtigung der Fertigungsstätte in Butler keineswegs ein glücklicher Zufall, denn die Firma und ihre Produkte befanden sich schon länger auf dem Bildschirm des US-Rüstungsamts. Frank Fenn, der Präsident von American Bantam, hatte bereits 1938 Wind davon bekommen, dass die Armee ein leichtes Aufklärungsfahrzeug suchte und noch im selben Jahr zu Demonstrationszwecken drei normale Bantam-Pkw an die Nationalgarde in Pennsylvania übergeben. Die Fahrzeuge hatten dort mit ihrer seriösen Konstruktion und guten Eigenschaften überzeugt, was auch den zuständigen Stellen der Army nicht verborgen blieb. Fast kein anderer Automobilhersteller in den USA hatte zu jener Zeit ein entsprechend leichtes und kompaktes, dabei aber auch robustes Basisfahrzeug im Programm.

Die Werksbesichtigung und die Inaugenscheinnahme der Bantam-Pkw durch die Abgesandten der Army verlief zur Freude von Fenn insgesamt sehr positiv und setzte unmittelbar einen Prozess in Gang, der für die Geschichte des Jeep von zentraler Bedeutung werden sollte. Denn das, was die uniformierten Besucher in Butler gesehen hatten, diente in den folgenden Wochen als Vergleichsmaßstab für die Definition jener technischen Spezifikationen, die dann der Ausschreibung für das von den Streitkräften dringend gewünschte Aufklärungsfahrzeug zugrunde lagen. Das auf diese Weise zustande gekommene Lastenheft war überaus anspruchsvoll. Unter anderem sollte das neu zu konstruierende Vehikel

- über Allradantrieb verfügen,
- in allen Dimensionen noch kleiner als der Bantam ausfallen und dennoch drei Mann Besatzung plus ein fest zu installierendes Maschinengewehr aufnehmen,
- dank guter Motorleistung eine Geschwindigkeit von 80 km/h auch auf unebenen Strecken erreichen sowie über eine hohe Geländetauglichkeit verfügen,
- eine Nutzlast von mindestens 272 kg tragen,
- und ein Gesamtgewicht von 590 kg nicht überschreiten.

Als wären diese Anforderungen nicht schon hart genug, verlangte das die Ausschreibung verantwortende »Ordnance Technical Committee« des militärischen Beschaffungsamts die Lieferung eines Prototyps innerhalb von – sage und schreibe – 49 Tagen und die Überstellung von weiteren 69 Fahrzeugen innerhalb eines Zeitraums von nur 26 Tagen. Pro Exemplar war die Army bereit, 2500 Dollar zu zahlen. Die damit bereitstehenden 175.000 Dollar wären natürlich ein warmer Regen für Bantam gewesen, doch wie sollte das die kleine Firma, die finanziell komplett am Boden lag und mit Blick auf das baldige Produktionsende bereits sämtliche Mitarbeiter der Konstruktionsabteilung entlassen hatte, stemmen? Frank Fenn, der wild entschlossen war, um die Zukunft des Unternehmens zu kämpfen, krempelte die Ärmel hoch und nahm zusammen mit Harold Crist, dem Werksleiter in Butler, diese extreme Herausforderung dennoch an.

Zunächst fertigte Crist Anfang Juli einige Skizzen des zu konzipierenden Fahrzeugs an, doch die konnten unmöglich als Grundlage für das Angebot von Bantam dienen. Man musste also einen Profi finden, der nicht nur Entwurfs-, sondern richtige Konstruktionszeichnungen anfertigen konnte – und das in kürzester Zeit. Frank Fenn hatte schnell einen fähigen Kandidaten im Visier: Es handelte sich um Karl Probst, einen freischaffenden Automobilkonstrukteur aus Detroit, der aber zunächst aus

Frank Fenn (links) und Harold Crist dürfen als zwei der Urväter des Jeep gelten. Sie schoben das aussichtslos scheinende Projekt hoch motiviert an.

verschiedenen Gründen die an ihn herangetragene Aufgabe kritisch betrachtete. Da war zunächst einmal das Honorar. Mangels verfügbarer Mittel konnte Fenn ihm keine nennenswerte Fixsumme für seine Arbeit anbieten. Dann gab es manche technischen Aspekte der Ausschreibung, die Probst als nicht realisierbar ansah, vor allem das Fahrzeuggewicht von weniger als 600 kg. Schließlich bedeutete auch die Terminierung der Angebotsabgabe eine extreme Anstrengung für den Ingenieur. Schließlich ließ sich Probst doch von verschiedenen Seiten gut zureden und erkannte in der Aufgabe auch eine vaterländische Pflicht mit Blick auf den sich ausbreitenden Zweiten Weltkrieg, an dem die USA früher oder später möglicherweise würden teilnehmen müssen. Nachdem man sich in puncto Honorierung auf ein Provisionsmodell geeinigt hatte, sagte er schließlich dem Bantam-Präsidenten Fenn am 17. Juli 1940 seine Mitarbeit zu.

Karl Probst fertigte die Konstruktionszeichnungen für den künftigen Jeep von American Bantam an. Sie wurden bei der U.S. Army eingereicht.

Sofort begab sich Probst, unterstützt durch Crist und einige Mitglieder aus dessen Team, an die Arbeit. Nun geschah das Unglaubliche: Nach nur vier Tagen lag ein kompletter Satz von Bauplänen für das geforderte Fahrzeug vor, der zusammen mit allen anderen gewünschten Unterlagen am 22. Juli dem Beschaffungsamt der U.S. Army eingereicht wurde. Probst nahm in Kauf, dass das hochgerechnete Gewicht des von ihm konzipierten Fahrzeugs bei etwa 840 kg lag und insofern die Bedingungen der Ausschreibung verletzte – andererseits: Ihm als erfahrener Praktiker war auch klar, dass keiner der möglichen Wettbewerber dieses Gewichtslimit würde einhalten können. Und, wie gesagt, große Sorgen mussten sich die Bantam-Mannen deswegen nicht machen, denn als einziger Konkurrent beteiligte sich Willys-Overland an der Ausschreibung.

Dass als einziges weiteres auch dieses wesentlich größere Unternehmen seinen Hut in den Ring warf, war ebenfalls kein Zufall. Nicht nur die Bantam Car Company hatte in der Hoffnung auf lukrative Aufträge, die die Lage des Unternehmens bessern sollten, schon seit Jahren gute Drähte zur U.S. Army geknüpft. Auch bei Willys-Overland hatte man bereits Ende der 1930er-Jahre den zuständigen Stellen Prototypen leichter und vielseitig einsetzbarer Militärfahrzeuge vorgeführt. Wie bei Bantam, so wollte man auch in Toledo/Ohio die bei der Truppe bekanntermaßen seit geraumer Zeit herrschenden Begehrlichkeiten nach solchen Vehikeln in klingende Münze umwandeln. Nun standen bei der Ausschreibung beide Firmen als einzige Wettbewerber einander gegenüber. Sämtliche 133 verbleibenden Hersteller, denen die Ausschreibungsunterlagen zugegangen waren, winkten dagegen dankend ab. Obwohl am Ende für den Gewinner möglicherweise lukrative Army-Aufträge winkten, waren diese Unternehmen nicht willens oder sahen keine Chancen, den Bestimmungen der Ausschreibung zu genügen.

Während Frank Fenn bei der wesentlich kleineren Firma Bantam alle Hebel in Bewegung setzte und sich auf maximale Flexibilität der wenigen verbliebenen Mitarbeiter verlassen konnte, tat sich Willys-Overland, bei denen allein 1937 fast 77.000 Fahrzeuge die Fertigungsanlagen verlassen hatten, in dieser Hinsicht deutlich schwerer. War es Bantam gelungen, mithilfe von Karl Probst sämtliche Unterlagen, einschließlich der Konstruktionspläne, innerhalb von nur fünf Tagen zusammenzustellen und einzureichen, kamen von Willys-Overland lediglich ein paar Zeitpläne und Kostenkalkulationen. Von verbindlichen Zeichnungen war nichts zu sehen, und die Firma räumte ein, dass unter keinen Umständen an eine Fertigstellung funktionstüchtiger Fahrzeuge innerhalb des vorgegebenen Zeitraums zu denken sei. Im gleichen Atemzug bat man um eine Fristverlängerung auf insgesamt 120 Tage. Dass diese – wenn auch unter der Sanktion, täglich Verzugsgebühren in Höhe von 5 Dollar zwischen dem 76. und dem 120. Tag zu berechnen – von den Verantwortlichen letztlich gewährt wurde, hätte man bei Bantam mit Fug und Recht als unfair betrachten können. Schließlich hatte Willys-Overland damit die Chance, einen technisch etwas ausgereifteren Prototyp auf die Räder zu stellen und auf diese Weise die Entscheidungsgrundlagen des Beschaffungsamts im eigenen Sinne zu beeinflussen. Doch hielt man sich in Butler/Pennsylvania nicht lange mit solchen Überlegungen auf, denn die Army honorierte das sensationelle Engagement von Bantam mit

Der Bantam BRC-40, hier fotografiert während der Testprozeduren bei der U.S. Army, war der einzige pünktlich fertiggestellte Prototyp.

dem Zuschlag zum Bau der 70 Prototypen – obwohl Willys-Overland in seinem Angebot einen günstigeren Einkaufspreis pro Fahrzeug genannt hatte.

Während die Dinge nun im Sinne von Bantam ihren Lauf zu nehmen schienen, setzten im Hintergrund des Ausschreibungsprozesses Entwicklungen ein, die den Interessen der kleinen Firma, die ein Riesengeschäft witterte, anfangs unmerklich, dann aber immer deutlicher, zuwiderliefen. Zunächst jedoch gehörte die Bühne noch der Firma aus Butler, denn dem unermüdlichen Team um Frank Fenn gelang es tatsächlich, das allererste Fahrzeug am 21. September, noch zwei Tage vor der Deadline, um 16:30 Uhr am Standort des Beschaffungsamts in Baltimore/Maryland abzuliefern. Die fast 300 Meilen lange Tour legte der Prototyp auf eigener Achse zurück und absolvierte damit zugleich seine erste Testfahrt.

Da im Rahmen der Ausschreibungsvorgaben zeitlich keine Chance bestand, Bauteile neu zu entwickeln, hatte Bantam sich beim Bau des Wagens zumeist auf vorhandene Technikkomponenten von bewährten Zulieferern verlassen. Einzig beim Leiterrahmen handelte es sich um eine Eigenkonstruktion, die von den Bantam-Pkw übernommen und entsprechend dem Einsatzzweck im »BRC Quarter-Ton General Purpose Vehicle« – so nannte man das Fahrzeug in der Firma – modifiziert worden war. Das Antriebsaggregat, ein gut 1,8 Liter großer, langhubiger Vierzylinder-Benziner, leistete 45 PS/33 kW bei 3500/min und stammte von Continental, einem renommierten US-amerikanischen Hersteller von Pkw- und Stationärmotoren. Die Kraftübertragung erfolgte über ein mechanisches 3-Gang-Getriebe von Warner Gears, Vorder- und Hinterachse steuerte die Firma Spicer bei. Das Gesamtgewicht des Fahrzeugs konnte der Konstrukteur Karl Probst auf 724 kg beschränken, exakt 134 kg mehr, als es die Ausschreibung gefordert hatte.

Wäre nicht die andere Kotflügelform, wurde man den BRC-40 auf den ersten Blick für einen Willys MA oder MB halten.

Die Form folgt der Funktion: Das Heck des Bantam-Prototyps ist streng zweckbestimmt gestaltet.

Wie zu erwarten – und weil es bis zur Ablieferung des von Willys-Overland gebauten Wagens noch einige Wochen dauerte –, wurde der Bantam-Prototyp sofort härtesten Tests über eine Distanz von mehr als 5000 Kilometern unterzogen, von denen nicht einmal ein Zehntel auf normalen Straßen stattfand. Trotz zahlreicher aufgetretener Mängel und allgemeiner Nörgeleien, zum Beispiel über mangelnde Motorleistung, war die Beschaffungsstelle der U.S. Army von den grundsätzlichen Qualitäten des BRC begeistert. Als erstes Indiz dafür, dass es die verantwortlichen Stellen bei der Armee dennoch nicht so gut mit Bantam meinten, wie es die Firma mit einigem Recht erhofft hatte, durfte die Anwesenheit von Vertretern der Firmen Willys-Overland und Ford bei manchen der Versuchsfahrten gelten. Willys-Overland bekam damit die Chance, Schwächen des Bantam-Fahrzeugs zu erkennen, und Ford schaute sich die Szenerie ebenfalls sehr aufgeschlossen an, obwohl der Riese eigentlich sein Desinteresse an der Ausschreibung bekundet hatte.

Jedem, der das Geschehen verfolgte, war der tiefere Sinn des Auftauchens von Ford sofort klar: Die Militärs hatten Sorge, dass eine Firma wie American Bantam nicht dazu in der Lage war, von diesem vielversprechenden Fahrzeug die benötigten großen Stückzahlen herzustellen. Deshalb hatte man den Giganten aus Dearborn nachdrücklich dazu eingeladen, ebenfalls einen Prototyp gemäß den Bestimmungen der Ausschreibung auf die Räder zu stellen. Schließlich war man dort imstande, binnen kürzester Frist riesige Kapazitäten bereitzustellen; außerdem hatten die Militärfahrzeuge von Ford einen guten Ruf in der Truppe und ebenso eine hervorragend funktionierende Lobby bei den Entscheidungsträgern. Für weitere Enttäuschung und Ärger bei Bantam sorgte die kurz darauf vom Beschaffungsamt beschlossene Weitergabe von Kopien der von Karl Probst erstellten Konstruktionszeichnungen an Willys-Overland und Ford. Als Veranstalter der Ausschreibung und letztlich auch als Verwalter und Verteiler gewaltiger Steuergelder nahm das Militär einfach für sich in Anspruch, mit dem geistigen Eigentum der kleinen, finanzschwachen Firma aus Butler nach eigenem Gutdünken zu verfahren. Damit kristallisierte sich immer stärker heraus, dass die Streitkräfte ein geradezu strategisches Interesse daran hatten,

Ein Bild, das Geschichte machte: Besonders hart fiel die Erprobung des Bantam-Prototyps aus – die zuständigen Stellen hatten genug Zeit dafür, weil mangels anderer verfügbarer Fahrzeuge Vergleichstests eine Zeit lang noch nicht stattfinden konnten. Die Prototypen von Willys und Ford wurden tatsächlich weniger hohen Belastungen ausgesetzt.

neben Bantam auch die beiden anderen Anbieter unbedingt im Spiel zu halten.

Dessen ungeachtet kam Bantam seinen Verpflichtungen nach und lieferte bereits im Oktober die restlichen 69 Fahrzeuge ab, wie es in der Ausschreibung gefordert worden war. Sie wurden zu vertieften Erprobungszwecken an verschiedene Truppenteile verteilt und bewährten sich ebenfalls bestens. Darunter waren übrigens auch acht Fahrzeuge, die dank einer innovativen Vierradlenkung extrem wendig und beweglich waren. Unter den gegebenen Umständen war es natürlich unvermeidlich, dass sich als Ergebnis der Versuchsfahrten eine Reihe von Verbesserungswünschen des Militärs ergab.

Im November 1940 präsentierte dann auch Willys-Overland gleich zwei Prototypen, einer davon war ebenfalls mit einer Vierradlenkung ausgestattet. Die unter der Bezeichnung »Willys Quad« laufenden Fahrzeuge ähnelten in ihrer Auslegung stark den Bantam BRC und griffen auch auf Fahrwerkskomponenten von Spicer zurück. In zweierlei Hinsicht unterschieden sie sich jedoch von ihren Konkurrenten aus Butler: Zum einen waren ihre Karosserien eher plump und etwas fettleibig geraten, was sich in einem über 220 kg höheren Gesamtgewicht des Quad widerspiegelte.

Zum anderen aber verfügten sie über einen größeren Motor, den von Barney Roos im Jahr zuvor tiefgreifend überarbeiteten Vierzylinder aus Whippet-Tagen. Der 2,2-Liter-Benziner glänzte nun mit einer auf 60 PS/44 kW erhöhten Leistung, sattem Drehmoment und grundlegend verbesserter Robustheit. Unter dem vielsagenden Spitznamen »Go-Devil« sollte dieses Triebwerk noch eine große Karriere vor sich haben.

Die Erprobung der beiden Willys Quad startete schließlich am 13. November. Nach einigen Wochen erster und im Vergleich zu Bantam wesentlich leichterer Prüfungsfahrten fiel das Votum der Tester allerdings eher durchwachsen aus. Während der Motor dank seiner bulligen Charakteristik und Strapazierfähigkeit allseits höchstes Lob erntete, wurde der schwergewichtige Aufbau als großer Minuspunkt betrachtet. Gegenüber dem nominell schwächeren Bantam BRC büßte der Willys Quad damit massiv an Agilität und leichter Bedienbarkeit ein.

Nur wenige Wochen nach Willys-Overland, am 23. November, rollte auch die Ford Motor Company – quasi als Quereinsteiger aus dem Nichts kommend – ihren Prototyp eines leichten Militärfahrzeugs aus. Genau genommen, handelte es sich,

Eines der 69 pünktlich abgelieferten weiteren Exemplare des BRC. Bantam hatte den Wagen an der Front inzwischen modifiziert.

Bantam hatte acht Fahrzeuge aus der Prototypenlieferung mit einer Vierradlenkung ausgestattet, die für extreme Wendigkeit sorgte.

Von ähnlicher Grundform, aber plump gestaltet, präsentierten sich die ersten beiden Prototypen von Willys-Overland, genannt Quad.

Barney Roos schuf mit dem im Auftrag von Willys entwickelten »Go-Devil«-Vierzylinder eine wahrhaftige Motorenlegende.

wie bei Willys-Overland, um zwei Fahrzeuge: Eines verfügte über einen Ford-eigenen Aufbau, und das zweite war mit einem des renommierten Pkw-Karosserie- und Eisenbahnwagenbauers Budd aus Philadelphia/Pennsylvania versehen. Das Unternehmen hatte von Dearborn freie Hand für eine Eigenkonstruktion bekommen, die die Tester der Army am Ende aber weniger überzeugte.

Leistungsfreudig und dennoch strapazierfähig bis aufs Äußerste – der »Go-Devil« ging tatsächlich »wie der Teufel«.

Das »Pygmy« (dt.: Pygmäe) genannte Ford-Modell war von dem Nutzfahrzeugspezialisten Dale Roeder unter Rückgriff auf die gewaltigen Ressourcen des Konzerns in kürzester Zeit entwickelt worden und demonstrierte eindrucksvoll, zu was man dort fähig war.

Als Antriebsaggregat vertraute Roeder auf einen 2 Liter großen Vierzylinder aus dem Regal der in der Zwischenkriegszeit höchst erfolgreichen Traktorensparte. Das Benzintriebwerk – nichts Ungewöhnliches im US-amerikanischen Traktorenbau – datierte vom Ende der 1930er-Jahre und hatte sich in den Schleppern der N-Serie bereits bewährt. Um das vom Militär gewünschte Leistungsniveau zu erreichen, drehte Roeder an den üblichen Stellschrauben: Er versah den Motor mit etwas höherer Verdichtung, einer leistungsfreudiger ausgelegten Nockenwelle und einem größeren Vergaser von Holley. Dass das Triebwerk nur mäßig auf diese Maßnahmen ansprach und am Ende gerade Mal 45 PS/33 kW lieferte, war wohl auf dessen veraltete Grundkonstruktion zurückzuführen. Als Kraftübertragung kam ebenfalls ein handgeschaltetes 3-Gang-Getriebe zum Einsatz, das aber im Unterschied zu Bantam und Willys-Overland dem Ford-eigenen Teilearsenal entstammte. Anders bei den Achs- und Triebstrangkomponenten: Weil sich Ford hier derselben, bestens erprobten Bauteile von Spicer bediente, ähnelte der Grundaufbau des Pygmy sehr stark dem des Bantam BRC.

Nach Absolvierung der – im Vergleich zu Bantam wiederum deutlich reduzierten – Erprobungsprozeduren zeigten sich die Tester des Beschaffungsamts vom Ford sehr angetan. Besonders positiv wurde die Werks-eigene Karosserie bewertet, die alle an sie gestellten Anforderungen bestens erfüllte. Auch das Gesamtgewicht des Fahrzeugs von 800 kg – das waren ca. 80 kg mehr als beim Bantam BRC, aber ca. 150 kg weniger als beim Quad – wurde angesichts des optimal ausgeführten, überaus soliden Karosserieaufbaus nicht negativ bewertet. Deutliche Abstriche machten die Militärs aber beim Motor. Er erwies sich in den Tests als leistungsunwillig und konnte zur allseitigen Überraschung auch nicht mit besonders ausgeprägter Belastbarkeit punkten – ganz im Gegenteil: Der Vierzylinder schien schon die gemäßigte Leistungskur, die Dale Roeder ihm verpasst hatte, übel zu nehmen. Am Chassis des Pygmy hatten die Tester hingegen nichts auszusetzen. Wäre das untaugliche Antriebsaggregat samt dem veralteten, noch aus Ford-A-Zeiten stammenden Getriebe nicht gewesen, hätte Ford dank des ansonsten überzeugenden Gesamtpakets seine Mitbewerber schon zu diesem frühen Zeitpunkt ausgestochen.

Soweit wollte man von Seiten des Beschaffungsamts aber nicht gehen, denn ohne es klar an die Ausschreibungsteilnehmer zu kommunizieren, strebte man aus strategischen Gründen zweierlei an: erstens eine Lösung mit mehr als nur einem Lieferanten und zweitens eine möglichst weitgehend standardisierte Technik, die im Ernstfall die Beschaffung und Vorhaltung von Ersatzteilen erheblich vereinfachte. Unterdessen gab es im Hintergrund aber durchaus Diskussionen über die weitere Handhabung des Verfahrens, und manche Beteiligten fanden, dass Bantam fairerweise als Sieger aus der Ausschreibung hervorgehen und den noch nicht näher definierten Großauftrag für das Aufklärungsfahrzeug erhalten sollte. Nach kontroversen Diskussionen – auch mit der Generalität – vergab man als Kompromisslösung noch vor Jahresende an alle drei Bewerber einen Auftrag über die Lieferung von je 1500 Fahrzeugen zur weiteren Erprobung. Für diese forderte das Militär zugleich eine Reihe von technischen Modifikationen, die sich nach Ansicht der Verantwortlichen aus den Prototypen-Erprobungen ergeben hatten.

Verschwunden war die von keiner Sachkenntnis getrübte Forderung nach einem Gewichtslimit von 590 kg. Dieses wurde nun gleich auf 980 kg heraufgesetzt – möglicherweise, um den

Der Ford Pygmy war eine insgesamt überzeugende Konstruktion, litt aber unter anderem an seinem untauglichen Uralt-Motor.

Willys-Overland Quad nicht vom Wettbewerb ausschließen zu müssen. Als zu erreichende Höchstgeschwindigkeit wurden 55 mph, also gut 88 km/h, festgelegt, außerdem sollten die Fahrzeuge so kurz übersetzt werden, dass sie auch in Schrittgeschwindigkeit gefahren werden konnten. Eine neue Anforderung war hingegen eine Wattiefe von 45 Zentimetern, die bis zu einem gewissen Niveau Wasserdurchquerungen ermöglichen sollte. Auch sollten bei winterlichen Verhältnissen Schneeketten montiert werden können. Mit Blick auf die gewünschten Standardisierungen erging an Bantam und Willys-Overland auch die Anweisung, die betont flache, fast plane Motorhaube des Ford Pygmy zu übernehmen, die von den Testern sehr geschätzt wurde, da sie als praktische Ablagefläche genutzt werden konnte. Die beteiligten Firmen machten sich umgehend ans Werk, die neuen Bestimmungen umzusetzen und schnellstmöglich die 1500 georderten Fahrzeuge zu liefern.

Mit einigen Modifikationen und unter der Bezeichnung »GP« ging der Pygmy 1941 in die Fertigung der 1500er-Vorserie.

1941
Eine zwiespältige Entscheidung

Während ab Frühjahr in Butler, Toledo und Dearborn die wunschgemäß modifizierten Fahrzeuge von den Bändern liefen, erarbeitete die Army einen Plan, wie diese zur weiteren Erprobung an unterschiedliche Einheiten in der Truppe verteilt werden sollten. Ziel war es, hierbei ein breites Spektrum abzudecken, damit eine möglichst vielfältige Einsetzbarkeit gewährleistet werden konnte. Berücksichtigt werden musste dabei auch, dass weder die Prototypen des Quad noch die des Pygmy bisher solch harten Tests unterzogen worden waren wie der BRC von Bantam. Das galt insbesondere, was deren Tauglichkeit für einen Einsatz im schweren Gelände anbetraf.

Tatsächlich ergaben die ausführlichen praktischen Erprobungen während des Sommers 1941 eine deutlich differenziertere Sicht auf die Qualitäten der überarbeiteten Fahrzeuge. Nun mit entschlackter, das heißt gewichtsreduzierter, aber dennoch robuster Karosserie und natürlich flacher Motorhaube versehen, traten die überlegenen Eigenschaften des »Go-Devil«-Vierzylinders im jetzt »Willys MA« genannten Fahrzeugs von Willys-Overland noch einmal stärker in Erscheinung. Auch das Fahrgestell vermochte dank seiner schieren Belastbarkeit die Truppe zu überzeugen. Als Vorteile bot es zudem Unterbodenschilde, die die Motor-/Getriebe-Einheit im Offroadeinsatz vor Beschädigungen schützten. Positiv vermerkt wurde auch das gut vor Witterungseinflüssen schützende Planenverdeck des Willys MA.

Auch der bereits im Prototypenstadium hart getestete Bantam BRC schnitt bei seinem Praxiseinsatz in der Army insgesamt gut ab. Zwar kam der hubraumschwächere Continental-Motor mit seinen nur 45 PS/33 kW nicht gegen das bullige Triebwerk im Willys MA an, und eine Reihe technischer Mängel, insbesondere das überforderte Getriebe mit zu schwacher Synchronisation, trübten den Eindruck etwas, doch die guten Fahreigenschaften und der niedrige Kraftstoffverbrauch brachten das Bantam-Fahrzeug, jetzt offiziell »BRC-60« genannt, im Vergleich klar auf Platz zwei.

Nach den guten – wenn auch beschränkten – Erfahrungen mit den beiden Ford-Prototypen fiel das Resümee der praktischen Erprobungen ziemlich ernüchternd aus. Nach wie vor sprachen die Karosserie und das stimmige Gesamtkonzept für den Ford, der statt Pygmy inzwischen die Bezeichnung »GP« verpasst bekommen hatte. Im Vergleich zu seinen Mitbewerbern fielen der träge Motor sowie das veraltete, unsynchronisierte Getriebe allerdings so negativ ins Gewicht, dass sie die Bewertung des ganzen Fahrzeugs nach unten zogen. Im täglichen Einsatz wurde

Sein träges Vierzylinder-Triebwerk erwies sich in allen Phasen der Erprobung als größte Schwachstelle des Ford Pygmy bzw. GP.

erst so richtig deutlich, dass es dem Vierzylinder nicht nur an Kraft und Lebhaftigkeit, sondern vor allem auch an Standfestigkeit fehlte. Motorschäden und Getriebeärger gehörten fast schon zur Tagesordnung. Als Resultat landete der Ford im Konkurrenzvergleich nur auf dem letzten Platz.

Was bedeutete dieses Ergebnis nun für den weiteren Ablauf des Verfahrens? Rückblickend betrachtet ist leidenschaftslos festzustellen: nichts Gutes für Bantam. Zwar hatte sich deren Fahrzeug hervorragend geschlagen, und es war die kleine Firma aus Pennsylvania, die als einzige pünktlich einen den Ausschreibungsrichtlinien entsprechenden Prototyp auf die Räder gestellt hatte – aber am Ende reichte das alles nicht, um den eigentlich verdienten Großauftrag für die Ausrüstung der U.S. Army mit einem leichten Aufklärungsfahrzeug zugeteilt zu bekommen. Stattdessen waren im Hintergrund Kräfte am Werk, die aus verschiedenen Gründen die anstehende erste Order über nicht weniger als 16.000 solcher Fahrzeuge am liebsten komplett der

Auch für den Ford GP gehörten Flugeinlagen von beträchtlicher Höhe zum Routineprogramm auf den Testparcours der U.S. Army.

Ford Motor Company zugeschanzt hätten. Ein Stück weit war das nachvollziehbar: Ford war ein zuverlässiger Vertragspartner, hatte enorme Ressourcen, konnte schnell liefern und hätte die Defizite des GP auch sicher in kurzer Zeit beseitigen können. Andererseits: Wenn die Dinge so lagen – warum bedurfte es überhaupt eines so aufwendigen, langwierigen und teuren Ausschreibungsverfahrens?

Als von Seiten des Beschaffungsamts der U.S. Army im Juli 1941 tatsächlich die Entscheidung bekanntgegeben wurde, Ford den Zuschlag zu geben, stellten sich diese Frage wohl auch einige wichtige Akteure aus dem politischen Umfeld. Zu Wort meldete sich vor allem William S. Knudsen. Der dänischstämmige Zivilist hatte bei General Motors eine steile Karriere hinter sich und war am Vorabend des Kriegseintritts der USA als ausgewiesener Spezialist für Großserienfertigung ein gefragter Mann. Im Mai 1940 war Knudsen von Präsident Franklin D. Roosevelt gebeten worden, der beratenden Kommission des Council of National Defense beizutreten. Im Jahr darauf wurde er zum Generaldirektor des Office of Production Management ernannt und gewann in dieser Position großen Einfluss. Ihm war es zu verdanken, dass am Ende tatsächlich Willys-Overland als Hersteller des in den gerade abgeschlossenen Praxistests besten und vor allem deutlich preiswertesten Fahrzeugs den Auftrag über 16.000 Einheiten erteilt bekam.

Am Ende setzte sich der Willys MA als beste Gesamtkonstruktion und zugleich billigstes Angebot durch – dank tatkräftiger Fürsprache.

William S. Knudsen war der Chefkoordinator der gesamten US-Kriegswirtschaft – und ein auf Fairness bedachter, zentraler Akteur in Sachen Jeep.

Für die Verantwortlichen bei American Bantam war dieses enttäuschende Votum natürlich ein Beleg dafür, dass Undank tatsächlich der Welten Lohn und Fairness kein verlässliches Handlungsprinzip ist. Trotz aller Anstrengungen war man am Ende auf der Strecke geblieben und den mächtigen Interessen, die bei Geschäften solcher Dimension stets am Spielfeldrand auftauchen, zum Opfer gefallen. Statt üppiger Umsätze und sprudelnder Gewinne blieb nur noch, die letzten BRC zu produzieren und – wie ursprünglich geplant – noch im Jahr 1941 die Pkw-Fertigung in Butler einzustellen.

In Toledo/Ohio dagegen, dem Firmensitz von Willys-Overland, knallten vermutlich die Korken. Die Qualitäten des MA, der eine klare Verbesserung gegenüber dem Prototyp Quad darstellte, und der günstige Preis des Angebots, hatten dank des Eingreifens von William S. Knudsen, des von der Regierung eingesetzten obersten Koordinators der gesamten US-amerikanische Rüstungsproduktion, am Ende mehr Gewicht als die geballte Lobbymacht von Ford. Die letztlich getroffene

Entscheidung hatte aus Sicht der Streitkräfte in jedem Fall eine Menge für sich: Das Fahrzeug war ausgezeichnet, und Willys-Overland war, trotz aller Finanzprobleme während der vergangenen Jahre, ein ebenso renommierter wie kompetenter Hersteller und zugleich ein seriöser Vertragspartner – möglicherweise ein zuverlässigerer als die kleine Firma American Bantam.

Nun stand den Mannen in Toledo die nicht kleine Aufgabe bevor, den Willys MA zu einem großserientauglichen Fahrzeug zu machen. Um dies zu erreichen und zugleich weitere Veränderungswünsche des Beschaffungsamts umzusetzen, musste er noch einmal umfassend überarbeitet werden.

Weitestgehend außen vor blieb dabei der über alle Zweifel erhabene »Go-Devil«-Motor – mehr als einen neuen Vergaser

Dieser aus dem Jahr 1941 stammende Willys Jeep zeigt die Großserienausführung MB. Allzu viele authentische Exemplare existieren nicht mehr.

Ein toprestaurierter »Go-Devil«-Vierzylinder von 1944. Die Karriere von Barney Roos' Entwicklung endete nicht mit dem Krieg, sondern nahm danach erst richtig Fahrt auf.

benötigte er nicht. Besondere Aufmerksamkeit wurde dagegen der elektrischen Anlage zuteil, die mit einer leistungsfähigeren Batterie sowie einer stärkeren Lichtmaschine nach Behörden-Standard versehen wurde. Größere, nun ins Frontblech integrierte Hauptscheinwerfer verbesserten die Sicht bei Nacht oder schlechten Witterungsverhältnissen. Um in der breiten Palette unterschiedlicher Militärfahrzeuge möglichst einheitliche Bedienungsroutinen zu etablieren, wurde aus der Lenkrad- eine Mittelschaltung und die Handbremse von links in die Mitte des Armaturenbretts verlegt, wo sie mit ihren Krückstockhebel hervorragte. Zu den weiteren Modifikationen gehörten besser gegen Beschädigung geschützte Bremsleitungen, ein stabileres Verdeckgestänge, Befestigungsmöglichkeiten für eine Axt und eine Schaufel, eine Tarnlichtanlage sowie die Möglichkeit zum Einbau eines Zapfwellenabtriebs. Dank dieser praktischen Vorrichtung konnte, wie bei einem Traktor, Motorkraft abgenommen werden, um externe Anbaugeräte anzutreiben. Robustere Felgen und breitere Reifen wurden im weiteren Verlauf ebenfalls Teil der Überarbeitung. Schließlich erhielt das rundum optimierte Fahrzeug auch eine neue Typenbezeichnung: Aus dem Willys MA wurde nun der Willys MB.

Während sich die Situation auf den Schauplätzen des Zweiten Weltkriegs immer weiter zuspitzte, wurde eine Beteiligung der USA an dem Geschehen immer wahrscheinlicher. Angesichts der Expansion Hitler-Deutschlands auf dem europäischen Festland konnten die Vereinigten Staaten nicht länger beiseite stehen. Vor diesem Hintergrund wurde auch der Produktionsstart des neuen leichten Aufklärungsfahrzeugs immer dringender. Nachdem in aller Eile die letzten Vorbereitungen getroffen worden waren, verließ am 18. November 1941 endlich der erste Willys MB die Produktionsanlagen in Toledo. Knapp vier Wochen später, am 11. Dezember, beantworteten die USA die am selben Tag erfolgte Kriegserklärung Deutschlands mit dem eigenen Kriegseintritt. Zu diesem Zeitpunkt befanden sich die Vereinigten Staaten bereits seit drei Tagen im Kriegszustand mit dem japanischen Kaiserreich.

Nun, da es ernst wurde, erkannten die Entscheidungsträger innerhalb der U.S. Army immer deutlicher, dass zu Zeiten der Ausschreibung lautgewordene Befürchtungen, Willys-Overland könne die im Ernstfall erforderlichen Fertigungskapazitäten für den MB nicht im Alleingang bereitstellen, vermutlich zu Recht geäußert worden waren. Jetzt waren unkonventionelle Lösungen gefragt – und zwar blitzschnell.

Historie und Histörchen: Wie kam es zum Namen Jeep

Warum der Jeep letztlich Jeep genannt wurde, ist seit Jahrzehnten eines der beliebteren Themen der Automobilhistorie. Fest steht, dass die Namensgebung nicht das Ergebnis entsprechender Marketingsitzungen bei Willy-Overland war, sondern eher zufällig zustande kam. Der aktuelle Diskussionsstand stellt sich ungefähr wie folgt dar: »Jeep« machte zunächst als Slangwort in den Entwicklerzirkeln des Unternehmens die Runde und ging von dort aus zu Kriegszeiten in den allgemeinen Sprachgebrauch über. Als es ab 1945 darum ging, das bereits zur Legende gewordene Produkt auch auf dem zivilen Markt zum Erfolg zu machen, meldete sich flugs die bei der Army-Ausschreibung deutlich zu kurz gekommene und nicht übermäßig fair behandelte Firma American Bantam zu Wort. Verständlicherweise wollte man spätestens jetzt zumindest ein kleines Stück vom Kuchen abhaben und reklamierte mit dem Argument, den Namen Jeep bereits für die eigenen BRC-Fahrzeuge verwendet zu haben, wenigstens Teile der Namensrechte für sich. Willys-Overland sah das natürlich gänzlich anders und ließ das ab Sommer 1945 erstmals vom Band laufende Zivilmodell CJ-2A unbeirrt unter dem Markennamen »Jeep« laufen. Die entsprechenden Diskussionen, an denen sich mit mehr oder weniger stichfesten Argumenten noch weitere Unternehmen, etwa der in Hopkins/Minnesota beheimatete große Traktorenhersteller Minneapolis-Moline, beteiligten und ihrerseits Ansprüche erhoben, zogen sich jahrelang hin und mündeten in einem Gerichtsverfahren, das 1950 damit endete, die vollständigen Markenrechte unwiderruflich Willys-Overland zuzusprechen.

Wie es aber tatsächlich zum lautmalerisch klingenden J-Wort gekommen ist, gehört bis heute zur globalen Automobilfolklore und ist Gegenstand zahlreicher guter oder gut erfundener Geschichten. Herauskristallisiert haben sich neben manchen anderen im Wesentlichen zwei Versionen: Zum einen die weit verbreitete, dass der Prototyp namens »GP«, mit dem Ford 1941 erfolglos an der Ausschreibung teilgenommen hatte, der eigentliche Namenspate ist.

Bei ihm soll aus »GP«, das wohl für »General Purpose« (dt.: Allzweck) stand, im allgemeinen Sprachgebrauch »Jeep« geworden sein. Aktuelle Recherchen deuten aber darauf hin, dass Ford-intern GP nie »General Purpose« bedeutet, sondern als Buchstabenkombination ein im Regierungsauftrag (»G« für »government«) entstandenes Fahrzeug mit einem Radstand von 80 Zoll (nach internen Ford-Codes als »P« definiert) bezeichnet hat.

Anders als diese eher technokratische Erklärung schreibt die zweite, inzwischen gängige Interpretation die Herkunft des Wortes »Jeep« einer populären Comic-Heft- und Zeichentrickfilmserie zu. In den seit 1919 veröffentlichen Comiczeichnungen der Serie »Thimble Theatre« trat 1929 erstmals der tätowierte Seemann und Spinatfreund »Popeye« auf, dessen Abenteuer bald überaus populär wurden. Ihm wurde 1936 die Figur »Eugene the Jeep« zugeordnet, ein mit übernatürlichen Fähigkeiten ausgestattetes Fabelwesen mit einem Kunstnamen, das Popeye stets aus misslichen Situationen befreit. Diese ebenso charmante wie den eigentlichen Nimbus des Fahrzeugs widerspiegelnde Erklärung für das Entstehen des Namens scheint, historisch gesehen, viel für sich zu haben. Außerdem strickt sie in ihrer Emotionalität mit an dem Mythos, der bis heute den Markennamen umgibt und »Jeep« über die vergangenen Jahrzehnte im Volksmund zu einer Art Gattungsbegriff für eine bestimmte Spezies von Fahrzeugen machte.

Bewegen sich die Erklärungsmuster für die Herkunft des Namens durchaus noch auf nachgiebigem Boden, so gilt das keineswegs für den Ursprung seiner Popularisierung: Wurde die Bezeichnung zunächst nur in der Entwicklungsabteilung von Willys-Overland verwendet, gelangte sie durch den Willys-Cheftestfahrer Irving Hausmann, genannt »Red«, in die Öffentlichkeit. Red Hausmann, der bereits den ersten Willys MA Prototyp für die Erprobungsfahrten der Beschaffungsstelle überstellt und diesem aus einem Impuls heraus den Namen »Jeep« gegeben hatte, präsentierte Mitte Februar 1941 – mehr als ein Vierteljahr vor dem Zuschlag durch die Militärbehörden – ein solches Fahrzeug einer Journalistin der Washingtoner Tageszeitung »Daily News«. Im daraufhin erschienenen bebilderten Artikel wurde der Name erstmals als Bezeichnung für den ungewöhnlichen allradgetriebenen Vierteltonner genannt. Mit einem typisch amerikanischen Sinn für schlagkräftige Publicity hatte man parallel dazu zahlreiche Pressevertreter des Landes zusammengetrommelt, die am Tag des Erscheinens des Artikels dabei zusehen sollten, wie Hausmann mit einem »Jeep« effektvoll über die Freitreppe des Kapitols rumpelte. Natürlich wurden von dieser spektakulären Aktion öffentlichkeitswirksame Bilder geschossen, die den Namen des Fahrzeugs unverrückbar in die Köpfe des Publikums pflanzten und ihn zu einem Haushaltsbegriff machten.

Gelungene PR-Aktion: Red Hausmann demonstriert die Fähigkeiten des Jeep.

KAPITEL 2

Ein Freund in schweren Zeiten – 1942 bis 1945

1942
Einer wie keiner

Mit dem im Dezember 1941 erfolgten Eintritt der USA in den Zweiten Weltkrieg veränderte sich das gesamte Szenario rund um den Jeep grundlegend. Die Ausrüstung der eigenen Streitkräfte und insbesondere der britischen Alliierten mit dem neuen Aufklärungs- und Vielzweckfahrzeug wurde zu einer Angelegenheit von höchster Dringlichkeit. Im Vorfeld des Zuschlags für Willys-Overland hatten Militärvertreter ja bereits auf die im Ernstfall mangelnden Kapazitäten des Unternehmens verwiesen und eigentlich eine Auftragsvergabe an Ford befürwortet. Nun war exakt diese Situation eingetreten – und zwar schneller als von den meisten Außenstehenden erwartet oder befürchtet. Da die U.S. Army nicht nur die Kapazitätslimits bei Willys-Overland mit Sorge betrachtete, sondern es auch aus grundsätzlichen Überlegungen heraus für geboten hielt, mindestens zwei Lieferanten mit der Produktion des Jeep zu betrauen, hatte man noch vor dem Fertigungsstart in Toledo bereits nach entsprechenden Lösungen gesucht. Da die Möglichkeiten von American Bantam auch diesbezüglich sehr beschränkt waren, wurde das Unternehmen ein zweites Mal übergangen und stattdessen direkt Kontakt zur Ford Motor Company aufgenommen. Gesprächspartner der Militärs war Henry Fords Sohn Edsel, der seit 1919 als Präsident operativ die Geschicke des Konzerns leitete.

Die Army-Vertreter machten Ford klar, dass man das Ansinnen, den Willys MB nun auch in großen Stückzahlen auf den Ford-Fließbändern in Dearborn bauen zu lassen, als eine Frage von nationaler Bedeutung betrachtete, bei der normale unternehmerische Erwägungen eine untergeordnete Rolle zu spielen hätten. Langwierige Überzeugungsarbeit war vor diesem Hintergrund jedoch nicht notwendig, denn schon Anfang Januar stimmte Edsel Ford zu, seine Firma im Fall des Jeep zur Werkbank machen zu lassen und in einer ersten Charge 15.000 Einheiten des Willys-Modells in kürzester Zeit herzustellen. Alle dazu nötigen Unterlagen stellte man aus Toledo zur Verfügung – ob dies unter den gegebenen Umständen staatlicherseits einfach verordnet wurde und unentgeltlich geschehen musste oder ob Ford gewisse Lizenzgebühren an Willys-Overland gezahlt hat, ist bis heute nicht eindeutig geklärt. Faktisch bedeutete diese Maßnahme zudem, dass die U.S. Army ihr Ziel einer möglichst weitgehenden technischen Vereinheitlichung des Fahrzeugfundus zumindest in der Kategorie des Jeep verwirklichen konnte.

Dessen ungeachtet gelang es den Produktionsverantwortlichen bei Ford, in rekordverdächtig wenigen Tagen die Anlagen auf den neuen Jeep umzurüsten, und schon allein im Februar 1942 rollten über 2000 Einheiten von den Bändern – obwohl es anfänglich Probleme insbesondere mit dem Bau des Fahrgestells gab. Die vor Ort in Dearborn hergestellten Fahrzeuge, die sich bis auf ein knappes Dutzend kleiner Details nicht von den Willys MB aus Toledo unterschieden, mussten dabei allerdings nicht unter dem Markennamen des Konkurrenten geführt werden, sondern erhielten die Bezeichnung Ford GPW, wobei der hinzugefügte dritte Buchstabe tatsächlich nichts anderes als »Willys« bedeutete. Letztlich sollte sich die Maßnahme der Militärs, Ford produktionsseitig mit ins Boot zu holen, bis zum Kriegsende als goldrichtig erweisen. Als im Juli 1945 der letzte GPW die Fertigungsstätte verließ, hatte Ford knapp 280.000 Einheiten zur Gesamtproduktion von fast 640.000 Jeeps beigesteuert und damit einen bedeutenden Beitrag zur Mobilisierung der gegen die deutsche Kriegsmaschinerie kämpfenden eigenen und befreundeten bzw. alliierten Armeen, darunter auch die Rote Armee, geleistet.

Trotz des hohen Produktionsdrucks, der sowohl bei Willys-Overland wie bei Ford herrschte, übernahm man bereits ab den ersten Monaten zahlreiche Detailverbesserungen sukzessive in

Die aus Bandeisenmaterial gefertigten Rippen des Kühlergrills (»Slat Grille«) kennzeichneten anfangs auch den Willys MB.

die Serienfertigung. Kurz nach dem Start bei Ford kam es dann etwa im März 1942 zu einer ersten optisch wahrnehmbaren Modifikation der Jeep-Urform. Der im Willys MA-Modell und dann ab November auch im MB zunächst verbaute sogenannte »Slat Grille«, ein aus geschweißten Bandeisenstücken zusammengefügter Kühlergrill, wurde gegen den weit weniger aufwendig als Pressteil ausgeführten Kühlergrill, den mindestens ebenso stabilen »Stamped Grille«, ausgetauscht. Dieser sollte mit seinen acht Streben bis zum Schluss der MB-Produktion – und weit darüber hinaus – die Frontansicht des Jeep prägen. Insgesamt entstanden gut 25.008 Fahrzeuge mit »Slat Grille«, von denen heute nicht mehr als ungefähr noch 1 % existent sind.

Mit der ab 1942 einsetzenden vielfältigen Verwendung des Jeep auf den verschiedenen Kriegsschauplätzen in Europa, Afrika und Asien ging die umfangreiche, unter Friedensbedingungen absolvierte Erprobungsphase über in die Phase der Bewährung unter härtest denkbaren Umständen. Der Jeep, von dessen Fähigkeiten schon zu diesem Zeitpunkt alle begeistert waren, die ihn hatten testen können, avancierte fortan zu einem der besten Freunde der sich in latenter Lebensgefahr befindenden Soldaten. Er erwies sich dank seines intelligenten Gesamtkonzepts und seiner vorbildlichen Konstruktion und Ausführung als extrem anspruchsloses, jederzeit verlässliches Gefährt, das keine prinzipiellen Schwächen erkennen ließ. Unter allen nur denkbaren topografischen und klimatischen Bedingungen hielt es selbst grober, durch die Gegebenheiten des Kriegs bedingter Misshandlung klaglos stand. Er tat unter anderem Dienst als Personentransporter, als kompaktes und bewegliches Aufklärungs- und Versorgungsfahrzeug, konnte Verwundete in Sicherheit bringen, fungierte als Kommando- und als Funkwagen, schleppte Flugzeuge und schwere Geschütze an ihre Position, war mit entsprechenden Rädern auf Schienen unterwegs, trieb, falls er so ausgestattet war, dank einer Zapfwelle externe Arbeitsgeräte an und konnte – ja, auch das – mit fest installiertem Maschinengewehr ein äußerst agiler und kampfkräftiger Kombattant sein. Die zahllosen Geschichten, die er in knapp vier Weltkriegsjahren schrieb, füllen Bücher und treiben damals Beteiligten bis heute Tränen in die Augen. Kein Zweifel: Der Jeep wurde zum Helden und dadurch automatisch zum Stoff, aus dem Legenden sind.

Wie oben schon angedeutet, zeigt die Produktionsstatistik während des Zweiten Weltkriegs eindrucksvoll, zu welchen Kapazitäten sich Willys-Overland über die Jahre aufschwang. Dem im Vergleich zu Ford kleinen Unternehmen gelang es, stets und mit steigender Tendenz mehr MB herzustellen als der Riese aus Dearborn bei seinem GPW darstellen konnte. Lediglich 1942, im ersten Jahr der Kriegsbeteiligung der USA, als der Bedarf besonders hoch war, stellten beide Firmen rund 90.000 Fahrzeuge her, Willys fast 91.000 und Ford gut 89.000. Der Fertigungstakt in Toledo war so hoch, dass etwa alle 90 Sekunden ein Fahrzeug vom Band lief.

Es ist fraglich, ob ein Willys MB angesichts der extremen Produktionsfrequenz so adrett vom Band rollte, wie dieses Exemplar von 1942 heute aussieht.

Der schwer kranke US-Präsident Roosevelt defiliert im Jeep bei einem Truppenbesuch in Casablanca 1943.

Nicht sehr schonend, aber effektiv: Verwundetentransport per Jeep mit einfachsten Hilfsmitteln.

Nicht nur als Zugmaschine auf dem Flugzeugträger USS Enterprise, sondern auch als »Santa Claus«-Transporter unentbehrlich: der Willys MB.

Dieser MB stammt aus dem Jahr 1943 und trägt Kennzeichnungen der US-Besatzungstruppen in Deutschland.

Auch australische Truppen kämpften sich im erbarmungslosen Pazifikkrieg mit Unterstützung des Jeep durch tropische Wälder.

Mit zwei Verwundeten auf dem Dach bewegt sich dieser arg gebeutelte MB Ende 1943 unverdrossen auf dem italienischen Kriegsschauplatz.

Der Willys Jeep konnte auch anders: Dieses bei britischen Truppen im Dienst stehende Exemplar demonstriert Kampfkraft und hohe Beweglichkeit.

Komplett ausgestattet mit Spaten und Axt: Willys MB von 1944.

6. Juni 1944, »D-Day« in der Normandie: Auch bei anspruchsvollen Transportaufgaben war jederzeit Verlass auf den Jeep …

Kanadische Truppen bergen mithilfe des Jeep einen schwer verletzten Kameraden – tausende Male ging es um Leben und Tod.

Eine gewisse Watfähigkeit gehörte zu den grundlegenden Talenten des Willys MB. In dieser Szene scheinen aber Probleme aufgetaucht zu sein.

Straßenräder runter, stählerne Radreifen drauf: Mit geringem Montageaufwand wurde aus dem Jeep auch ein Schienenfahrzeug.

Keine Konkurrenz: VW Kübel, GAZ und andere

Im Krieg stand der Jeep ähnlich konzipierten Fahrzeugen gegenüber, die bei den gegnerischen Armeen auf den Kriegsschauplätzen in Europa, Afrika und Asien zum Einsatz kamen. Die Auswahl an solchen Gefährten war dünn und deren Fähigkeiten konnten nicht im Entferntesten die vielfältigen Verwendungszwecke abdecken, die MB und GPW bedienten – ganz abgesehen von den geradezu grotesken Unterschieden in der Anzahl verfügbarer Exemplare.

Am ehesten war noch ein Vergleich mit dem Volkswagen Typ 82, dem sogenannten »Kübelwagen«, möglich, den die deutsche Wehrmacht bereits ab 1940 einsetzte. Das Fahrzeug basierte technisch weitestgehend auf dem bekannten, später zum Käfer mutierten KdF-Wagen und wurde ab 1938 mit Blick auf ähnliche Unterstützungsaufgaben wie sie der Jeep übernahm, von der damaligen Porsche KG entwickelt. Gebaut wurde der Kübel zunächst in geringer Stückzahl bei Porsche, dann ab Sommer 1940 im neu errichteten Volkswagenwerk im damals noch Fallersleben genannten Wolfsburg. Zu den Stärken des Typ 82 zählten der robuste und simple Aufbau sowie die dank Heckmotor überdurchschnittliche Gelände- und Wintertauglichkeit. Unter besonders harten klimatischen Bedingungen hatte der Vierzylinder-Boxermotor aufgrund seiner Luftkühlung sogar gewisse Vorteile gegenüber dem Jeep. Das war's dann aber auch schon.

Bei allen Fähigkeiten abseits befestigter Straßen fehlte dem Kübelwagen dennoch letztlich ein Allradantrieb, der dann auch schon früh projektiert, aber in Form des sogenannten »Kommandeurswagens« Typ 87 mit Käfer-Karosserie nur in weniger als 1000 Exemplaren realisiert wurde. Hier war der Jeep technisch ebenso deutlich überlegen wie bei der Motorleistung, die sich beim Kübel auf die Käfer-typischen 23,5 PS/17 kW bzw. später 25 PS/18 kW belief, bereitgestellt vom bekannten Heckmotörchen mit knapp unter bzw. über einem Liter Hubraum. Auch hier kein Vergleich zum Jeep, dessen durchzugskräftiger 2,2-Liter-Vierzylinder kein bisschen weniger robust war, aber mit seinen 60 PS/44 kW noch zur Bewältigung viel anspruchsvollerer Aufgaben

Im Vergleich zum Willys Jeep fehlte es dem sogenannten »Kübelwagen« am Allradantrieb und vor allem an einem leistungsstarken Motor.

Nur wenige Exemplare überlebten den Krieg und wurden dann, meistens leicht ramponiert, gerne von Förstern oder Jägern genutzt.

Der »Kommandeurswagen« war eine Weiterentwicklung des »Kübelwagens« und wartete mit dem dringend benötigten Allradantrieb auf.

Im Gewand des späteren Käfers gehalten, entstanden vom Volkswagen Typ 87 nicht einmal 1000 Fahrzeuge.

herangezogen werden konnte. Hinzu kam, dass der Vierzylinder-Boxer im Kübelwagen trotz des am Fahrzeug praktizierten Leichtbaus ein Leergewicht von 725 kg zu bewegen hatte, während der fast zweieinhalb Mal stärkere Jeep-Motor gerade mal 140 kg mehr schleppen musste. Schließlich – und das war der eigentlich ausschlaggebende Punkt – konnten vom Typ 82 zwischen 1940 und 1945 lediglich knapp 51.000 Fahrzeuge hergestellt werden, das entsprach nicht einmal 8 % des Ausstoßes an MB und GPW. Kaum ein anderer militärischer Ausrüstungsgegenstand des Zweiten Weltkriegs illustriert ähnlich drastisch die dramatischen Unterschiede in der industriellen Basis, die den Kriegsgegnern zur Verfügung stand.

Ein ebenfalls nach Art des Jeep konzipiertes Fahrzeug hatte die Armee des mit Hitler-Deutschland verbündeten japanischen Kaiserreichs zur Verfügung. Dessen Herrschaftsbereich hatte sich bis zum Kriegsbeginn auf große Teile des ostasiatischen Festlands, darunter die koreanische Halbinsel, die Mandschurei sowie erhebliche Teile des Ostens Chinas, den kompletten südostasiatischen Raum mit Burma, Siam und Französisch-Indochina sowie die westpazifische Inselwelt ausgeweitet. Um die infolge dieser Expansionspolitik erforderliche Militärverwaltung der entsprechenden Gebiete zu unterstützen, versorgte der in Tokio ansässige Fahrzeughersteller Nippon Nainenki Seiko Co. die Streitkräfte bereits seit 1935 mit einem eigenständig entworfenen und gefertigten Aufklärungswagen, der als Typ 95 »Kurogane« bezeichnet wurde. Unter den Soldaten bekam der Wagen häufig den nach einem japanischen Glücksbringer benannten Namen »Daruma«.

In seiner Grundausführung ähnelte das zwei- und später dreisitzige Fahrzeug mit seinen geschwungenen Kotflügeln, den beiden ausgeschnittenen Türen und einem Faltverdeck dem, was man zeitgenössisch einen kleinen Tourer nennen konnte. Im Lauf der Zeit kamen dann weitere Aufbauvarianten wie eine geschlossene Limousine und ein Pickup dazu. Sehr fortschrittlich waren Kraftübertragung und Chassis ausgelegt: Hier kombinierte man Allradantrieb mit aufwendiger Einzelradaufhängung. Das führte zwar – auch dank üppiger Bodenfreiheit – zu guten Geländeeigenschaften, doch fehlte es der aufwendigen Konstruktion an der nötigen Einfachheit und Robustheit. Angesichts eines Fahrzeug-Leergewichts von 1100 kg war der nur zwei Zylinder aufweisende 1,4-Liter-Petroleummotor, der lediglich 33 PS/25 kW leistete, eine weitere Schwäche des Wagens. Das Aggregat ermöglichte damit ein ähnlich begrenztes Einsatzspektrum wie es der Kübelwagen der Wehrmacht hatte. Immerhin war auch das Triebwerk des »Daruma« luftgekühlt und damit den anspruchsvollen klimatischen Bedingungen gewachsen, die in den von Japan besetzten Festlandterritorien und Inseln herrschten. Insgesamt wurden von diesem Fahrzeug bis zur Kapitulation Anfang September 1945 fast 4800 Einheiten gebaut. Damit konnte die kaiserliche Armee auch im mörderischen Pazifikkrieg dem allgegenwärtigen Jeep nichts entgegensetzen. Der war und blieb der heimliche Herrscher über das Geschehen rund um die Schauplätze des Zweiten Weltkriegs.

Zwei weitere Fahrzeuge vom Zuschnitt eines Jeep sollten in diesem Zusammenhang auch erwähnt werden, obwohl sie in der Sowjetunion für die Rote Armee konstruiert und gefertigt wurden. Die Streitkräfte des schwierigen russischen Alliierten litten insbesondere unter dem Druck der deutschen Invasion zunächst unter einem mangelhaften Ausrüstungsstand. So wurde 1941 in einem Schnellschuss der GAZ-64 entwickelt, der sich konzeptionell stark an den Jeep anlehnte und diesem auch optisch sehr ähnelte.

Das Fahrzeug war ebenfalls mit Allradantrieb ausgestattet, und als Antriebsaggregat fungierte ein 3,3-Liter-Vierzylinder-Benziner aus dem Lkw-Bau, der 50 PS/37 kW bereitstellte. Wegen seines Gewichts von 1200 kg – satte 350 kg mehr als MB und GPW – und des bleischweren, leistungsschwächeren Triebwerks sowie anderen konstruktiven Schwächen erwies sich der GAZ-64 als nur mäßig einsatztauglich und wurde bereits Mitte 1942, nach nur gut einem Jahr und nicht einmal 700 gebauten Einheiten, vom Nachfolger GAZ-67 abgelöst. Dieser präsentierte sich, als er im Herbst 1943 in die Serienproduktion übernommen wurde, in vielerlei Hinsicht verbessert. Das Fahrzeug war nun robuster gebaut, hatte einen um 4 PS/3 kW erstarkten Motor, brachte aber mit 1320 kg noch mehr Gewicht auf die Waage. Immerhin entstanden vom GAZ-67 und dem verbesserten GAZ-67B bis zum Kriegsende knapp 5600 Exemplare. Von wesentlich größerer Bedeutung für die Kampfkraft der Roten Armee waren jedoch, neben zahlreichen anderen Militärgütern, die fast 78.000 Jeeps, die ab 1942/43 von den USA im Rahmen eines übergreifenden Abkommens allein an das ungeliebte sowjetrussische Mitglied der Anti-Hitler-Koalition geliefert wurden.

Die kaiserliche Armee Japans konnte ebenfalls auf ein geländetaugliches Aufklärungsfahrzeug zurückgreifen, den »Kurogane«, auch »Daruma« genannt.

Wie aus dem Vollen geschnitzt wirkt der GAZ-67B. Die russische Eigenkreation war in der Tat um einiges zu schwer geraten.

Der Vierzylinder eines GAZ-67. Der 3,3-Liter-Benziner stammte aus einem Lastwagen und war entsprechend träge.

1943 und 1944
Blick nach vorn

Die USA waren noch nicht einmal in den Krieg eingetreten, da geisterten im Kopf von Ward Canaday, Vorstand und größter Anteilseigner von Willys-Overland, schon Gedanken, wie sich der Jeep, dessen Talente inzwischen außer Frage standen, auch in Friedenszeiten auf dem zivilen Markt zu einem Erfolg machen ließe. Nichts davon wurde vor dem Hintergrund des immer umfassender und brutaler werdenden Waffengangs konkret, doch die bedeutende Rolle des Jeep trat immer stärker in den Vordergrund. Zahllose Geschichten, in denen er die Hauptrolle spielte, schwappten über Atlantik und Pazifik in die USA und verliehen ihm – mehr oder weniger unfreiwillig – einen Status, den kaum ein anderes Automobil, geschweige denn ein Militärfahrzeug, je erreicht hatte. Die Frage nach der Zukunft des Jeep, was mit ihm passieren solle, wenn der Krieg einmal vorbei sein würde, beschäftigte sogar jenen Bereich der US-Politik, der sich bereits mit der Gestaltung der unmittelbaren Nachkriegszeit im eigenen Land befasste. Schließlich mussten möglichst frühzeitig tragfähige Lösungen für einen produktiven Übergang von der umfassenden Kriegs- zur Zivilwirtschaft gefunden werden.

In puncto Jeep war zum einen davon auszugehen, dass Abertausende von Fahrzeugen zurückgeführt, ausgemustert und auf den zivilen Markt angeboten würden, zum anderen wollte man von hochrangigen Vertretern der Firma Willys-Overland wissen, welche Pläne dort mit Blick auf eine zivile Nutzung des Jeep verfolgt würden. Auf entsprechende Fragen eines Kongressabgeordneten legte George W. Ritter, der Vizepräsident von Willys-Overland, bereits Ende 1943 eine Liste von zivilen Einsatzmöglichkeiten des Jeep und der dafür erforderlichen technischen Weiterentwicklungen vor. Die dort aufgezeigten Perspektiven sahen den Jeep als multifunktionales Landwirtschaftsfahrzeug – ganz ähnlich, wie es auch ein kurz zuvor im Sommer durchgeführtes Preisausschreiben im hochauflagigen Magazin »Popular Science« ergeben hatte. Hier waren vor dem Hintergrund dieser Fragestellung kleinere Dollarbeträge für die besten zivilen Verwendungsideen der Leserschaft ausgelobt worden – ein wie gewohnt cleveres Marketingmanöver.

Ward Canaday hatte als Großaktionär von Willys-Overland ein hohes Interesse daran, aus dem Jeep auch ein absatzstarkes Zivilfahrzeug zu machen.

Ritters Liste war weder sehr lang noch sonderlich phantasievoll, denn wie alle anderen, konnte auch er nicht wissen, dass der »D-Day« noch fast sieben Monate, das darauffolgende Kriegsende in Europa noch anderthalb und das in Fernost noch fast zwei Jahre auf sich warten lassen sollte. Immerhin umfasste sie vier Punkte, die für die zukünftig angedachte landwirtschaftliche Nutzung des Jeep relevant waren: An erster Stelle stand der obligatorische Einbau einer Zapfwelle, mit deren Hilfe der unverwüstliche »Go-Devil«-Motor externe Zusatzgerätschaften antreiben konnte. Die technischen Voraussetzungen hierfür hatte man schon geschaffen, und eine ganze Menge Jeeps war auf Wunsch schon fürs Militär damit ausgerüstet worden. Als zweite Modifikation führte Ritter Anpassungen für die Kraftübertragung an. Hier sollten über das Verteilergetriebe zum einen wesentlich kürzere, für Arbeiten auf der Ackersode und in Plantagen sowie zur Erzielung eines höheren Zugvermögens gedachte Übersetzungen vorgesehen, aber andererseits auch längere Übersetzungen der hohen Gänge verwirklicht werden, um eine Ausweitung des Geschwindigkeitsspektrums auf bis zu 100 km/h zu erreichen. Ebenfalls im Hinblick auf optimierte Zugleistung sollte eine entsprechend stärkere Kupplung eingebaut werden. Als vierter Punkt war ein leistungsfähigerer Kühlkreislauf auf der Liste verzeichnet, der den Anforderungen in der Landwirtschaft genügen musste.

Bei aller Euphorie über die vielversprechenden Potenziale von zivil genutzten Jeeps unterließ es Ritter bei seiner Antwort an den Kongressabgeordneten allerdings auch nicht, darauf hinzuweisen, dass eine erfolgreiche Vermarktung des Fahrzeugs nur möglich sein würde, wenn gleichzeitig ein umfassendes Netz von Vertriebsstützpunkten und Reparaturwerkstätten entstünde. Die verbliebenen Konzessionäre aus alten Knight- und Whippet-Zeiten sah er überwiegend als nicht geeignet an, diese Funktionen zu übernehmen.

Jeep-Historiker haben inzwischen Belege dafür gefunden, dass man noch vor Frühjahrsbeginn 1944 bei Willys-Overland trotz des anhaltend hohen Produktionsdrucks einige Entwicklungskapazitäten schaffen konnte, um den Prototyp eines zivilen Jeep konkret zu entwerfen. Das entsprechende Fahrzeug soll im Mai des Jahres fertiggestellt worden sein und erhielt die Bezeichnung CJ, was für »Civilian Jeep« stand – daraus sollte sich später eine Modellfamilie entwickeln, die, ohne wirklich tiefgreifende konzeptionelle Veränderungen über sich ergehen lassen zu müssen, Jahrzehnte lang Bestand hatte. Unter den gegebenen Umständen war es naheliegend, dass es sich beim CJ – von dem übrigens unbekannt ist, ob er ein Einzelexemplar war oder es mehrere Versuchsfahrzeuge gegeben hat – um einen nur wenig veränderten MB handelte. Den Recherchen zufolge hatte man das Fahrzeug unter anderem mit einem einigermaßen wetterfesten Verdeck, einer kleinen, zu öffnenden Ladeklappe am Heck, einer Anhängerkupplung sowie einer kurzen Getriebeübersetzung ausgestattet.

Mit dem sich nach der gelungenen Invasion der Alliierten abzeichnenden Kriegsende kam ab etwa Sommer 1944 weiterer Schwung in die Planungen für einen zivilen Jeep. Erste Tests hatten erwartungsgemäß die grundsätzliche Tauglichkeit des CJ bewiesen, und so machte man sich in Toledo schnell an dessen Weiterentwicklung, zielte dabei aber auf ein eigenständigeres Zivilfahrzeug-Konzept ab. Es entstand noch im selben Jahr der CJ-2, von dem ebenfalls ausschließlich zu Erprobungszwecken bis zu 45 Exemplare gebaut wurden und der mitunter auch als »AgriJeep« bezeichnet wird. Zwar stammte dessen technische Basis weiterhin vom MB ab, doch zeigten sich Konstruktion und Aufbau der Karosserie gegenüber dem Militärmodell erkennbar modifiziert. Zum Beispiel waren die hinteren Radkästen verändert worden, um im Fond eine vergrößerte, verschiebbare Sitzbank installieren zu können und generell mehr Platz zu schaffen. Auch weitere Verdeckvarianten wurden ausprobiert. Vom CJ – der nach Realisierung des CJ-2 der Klarheit halber, aber inoffiziell, als CJ-1 bezeichnet wurde – übernahm diese zweite Serie von Prototypen unter anderem die kleine Heckklappe und die eine Leistung von 30 PS/22 kW übertragende Zapfwelle. Neu waren ein verstärktes, anders abgestimmtes T90-3-Gang-Getriebe von Warner Gears mit Lenkradschaltung sowie am »Go-Devil«-Motor ein anderer Vergaser und die Zündanlage.

Insgesamt entstanden die CJ-2 in zwei Chargen. Die Fahrzeuge der ersten nannte man in Toledo »Pilotmodelle«, da sie trotz zahlreicher Modifikationen noch in vielen Punkten nicht den späteren Serienmodellen entsprachen. Sie waren oliv-grau lackiert und wiesen als Identifizierungsmerkmale ein vor dem rechten Hinterrad montiertes Reserverad sowie mehrere Messingplaketten mit dem Wort »JEEP« auf. Die Exemplare des zweiten Bauloses waren dagegen in zivilen Farben lackiert, die zum Teil auch für die späteren Serienfahrzeuge verfügbar waren, und durch ein hinter dem rechten Hinterrad angebrachtes Reserverad gekennzeichnet. Nach wie vor waren auch bei diesen späteren Fahrzeugen die »JEEP«-Plaketten vorhanden. Die letzten der gut 40 CJ-2 Prototypen wurden noch in der ersten Jahreshälfte 1945 fertiggestellt.

1945
Neustart ins Ungewisse

Ausgiebige Tests der CJ-2-Prototypen vor allem in der Landwirtschaft brachten den damit betrauten Technikern von Willys-Overland eine Reihe von Erkenntnissen im Hinblick auf einen baldigen Serienstart der Zivilversion. Sie wurden bei der weiteren Entwicklung berücksichtigt, die Ende 1944 begann und im ersten Halbjahr 1945 zum CJ-2A, dem ersten ausschließlich für den Zivileinsatz konzipierten Jeep führte. Äußerlich unterschied sich dieser von den Prototypen durch einen Kühlergrill mit nur sieben statt neun Schlitzen und im Durchmesser vergrößerte Hauptscheinwerfer, die den Erfordernissen im Alltag besser gerecht wurden. Außer-

Charakteristisch für den als Zivilfahrzeug gedachten CJ-2A war unter anderem das auf der rechten Fahrzeugseite montierte Ersatzrad.

Blick auf die Fertigungsanlagen des Ford GPW in Dearborn. Ende Juli 1945 endete dort die Lizenzproduktion des Willys Jeep.

dem war der Tankeinfüllstutzen jetzt an eine optimal zugängliche Stelle direkt hinter dem fahrerseitigen Türausschnitt verlegt worden. Beibehalten wurden dagegen die praktische Ladeklappe im Heck und das wesentlich verbesserte Verdeck. Technisch baute der CJ-2A ebenfalls weitestgehend auf dem CJ-2 auf. Er übernahm dessen besonders robustes T90-Getriebe mit Lenkradschaltung sowie das von Spicer zugelieferte, für zivile Einsatzzwecke übersetzte 2-Gang-Verteilergetriebe. Auch der »Go-Devil«-Vierzylinder präsentierte sich gegenüber den letzten Prototypen zunächst weitestgehend unverändert und wartete dank anderer Vergaser- und Luftfilterbestückung mit einer auf 63 PS/46 kW gestiegenen Leistung auf. Das durchsatzkräftigere Kühlsystem, das bereits in den CJ-2 installiert worden war, sorgte auch im Serienmodell für größere thermische Stabilität.

Mit dem Anfang Mai 1945 erfolgten Kriegsende in Europa startete man in Toledo mit aller Macht die Einrichtung der Zivilproduktion, während im Hintergrund weiter tausende MB vom Band rollten. Dessen ungeachtet terminierte die Unternehmensleitung von Willys-Overland den Start der Serienfertigung des CJ-2A auf den 17. Juli 1945, die offizielle Pressevorstellung des Neulings sollte einen Tag später stattfinden. Im Vorfeld hatte man intern darüber diskutiert, ob man das Modell tatsächlich »AgriJeep« nennen sollte. Zwar hatte man sich diese Bezeichnung Ende 1944 schützen lassen, man entschied sich aber letztlich doch für die neutrale Bezeichnung Jeep CJ-2A. Vierzehn Tage nach dem Serienstart lief auch der Lizenzkontrakt mit Ford über die Produktion des GPW aus, sodass man bei Willys-Overland wieder im alleinigen Besitz sämtlicher Rechte am Jeep war. Bis zum September 1945, als in Toledo die Fertigung des MB endgültig stoppte, wurden dort dann das Kriegs- und das Zivilmodell parallel zueinander gebaut. Immerhin verließen in diesen knapp drei Monaten noch rund 9000 MB die Bänder – eine fünf Mal höhere Stückzahl als vom CJ-2A, dessen Serienanlauf eher gemächlich vonstattenging. Bis zum Jahresende wurden kaum mehr als 1800 Exemplare auf die Räder gestellt. Daraus ließen sich aber noch keine wirklichen Rückschlüsse über den Kundenzuspruch ziehen, denn in der frühen Nachkriegszeit war nicht zuletzt die US-Automobilbranche mit ihren Zulieferern von immer wieder aufflackernden Streiks betroffen, die die Produktion lahmlegten. Davon war Willys-Overland wegen der relativ geringen Fertigungstiefe beim Bau des Jeeps in besonderer Weise tangiert.

Festzuhalten bleibt, dass die mit dem Auslaufen des MB im September 1945 zu ziehende Gesamtbilanz der Jeep-Kriegsproduktion selbst unter heutiger Perspektive kaum glaublich anmutet, bedenkt man die Zeitumstände und die damals gegebenen fertigungstechnischen Möglichkeiten. In den drei Jahren und zehn Monaten vom 18. November 1941 bis zum 21. September 1945 liefen allein bei Willys-Overland in Toledo über 361.000 Einheiten des Kriegsmodells vom Band, hinzu addierten sich noch einmal mehr als 278.000 Exemplare des bei Ford hergestellten GPW – eine Kraftanstrengung, die unter den gegebenen Bedingungen ihresgleichen suchte.

KAPITEL 3

Willys-Overland: Pionier mit wenig Fortüne – 1946 bis 1953

1946
Der Boom rollt an

Im attraktiven Originalfarbton »Pasture Green« lackiert, präsentiert sich dieser überaus rare CJ-2A von 1946.

Wurden vom Produktionsstart des CJ-2A bis Ende 1945 noch zahlreiche verbliebene MB-Komponenten in frühen Fahrzeugen verbaut, so wandte man sich ab dem Beginn des Folgejahres immer stärker einer geordneten Modellpflege des zivilen Jeep zu. Den Anfang machte hier die Spicer-Hinterachse vom Typ 41, die das im MB verwendete Baumuster ablöste, aber von ähnlicher Robustheit war. Es folgte gegen Jahresmitte die Wiedereinführung der Mittelschaltung, da sich die Lenkradschaltung mit ihrer mehrfach umgelenkten Gestängebedienung als unpräzise und schwergängig erwiesen hatte. Schließlich wurde auch der unverwüstliche »Go-Devil«-Motor zum Ende des Jahres überarbeitet – und zwar durchaus tiefgreifend: Für eine verbesserte Laufkultur sorgte eine neue, nun mit Gegengewichten ausgestattete Kurbelwelle, und der Nockenwellenantrieb wurde von Kette auf Zahnräder umgestellt, eine Modifikation mit Blick auf Dauerhaltbarkeit und Wartungsarmut. Auch der Zylinderkopf wurde optimiert, und eine neue, belastbarere Kupplung kam zum Einbau.

Was das äußere Erscheinungsbild des ersten zivilen Serien-Jeep anging, spiegelte die Auswahl an lieferbaren Lackfarben den Beginn der Friedenszeit wider. Zwar waren die 1945 verfügbaren Karosserietöne »Pasture Green«, ein mildes Mittelgrün, und »Harvest Tan«, ein Mittelbraun, noch eher im gedeckten Farbspektrum angesiedelt, so strahlten die gelb bzw. rot lackierten Stahlfelgen doch zukunftsgerichteten Optimismus aus. Das galt in noch stärkerem Maß für die ab etwa Mitte 1946 lieferbare erweiterte Farbskala. Neben Schwarz, Grau und Oliv standen nun zwei kräftige Rottöne, ein sattes Sonnengelb und ein starker, eher dunkler Blauton zur Wahl.

Wesentlich wichtiger als das Farboutfit war für die potenzielle Jeep-Kundschaft jedoch die lange Liste ab Werk bereitstehender Sonderausstattungen. Da der CJ-2A – ähnlich wie der in Deutschland zur gleichen Zeit langsam Gestalt annehmende Unimog – als Multifunktionsfahrzeug mit starkem Schwerpunkt in Richtung Landwirtschaft angeboten wurde, umfasste diese sogar eigentlich Grundlegendes wie den Beifahrersitz, die Rücksitzbank, den Innenspiegel oder das Verdeck. Jeep-Käufer mit einem landwirtschaftlichen oder gewerblichen Hintergrund hatten auf jeden Fall die Möglichkeit, sich ihr Auto bis ins Kleinste maßgerecht zuzuschneiden. So gehörten zu den Extras unter anderem Zapfwellen vorne und hinten, ein Riemenantrieb, ein Anhängehaken samt Stange, Heavy-Duty-Blattfedern rundum, seitliche Trittbretter sowie ein Frontschutzbügel. Vor allem Farmer profitierten von dem ebenfalls spezifizierbaren hydraulischen Heckkraftheber für Anbaugeräte, von verschiedenen

Diese zeitgenössische Aufnahme eines der ersten CJ-2A zeigt die authentische Ausführung des ersten zivilen Jeep.

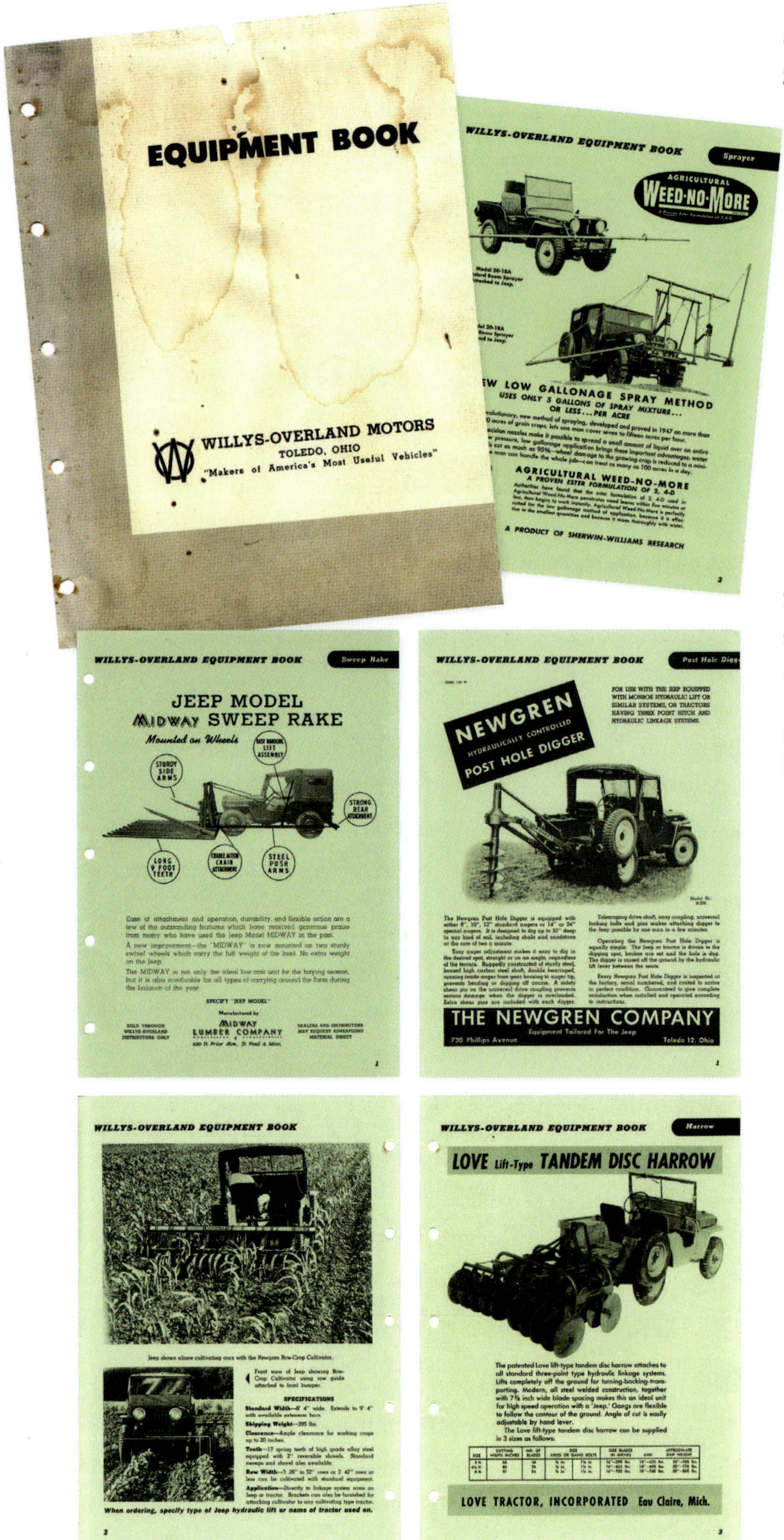

Ein sogenanntes »Equipment Book« bot Jeep-Käufern aus der Landwirtschaft einen kompletten Überblick über verfügbare Zusatzgräte.

Mähbalken, Pflügen und Eggen sowie einem vorderen Ballastgewicht. Gewerbliche Anwender schätzten insbesondere den Stromgenerator, den Kompressor, das Elektroschweißgerät oder den Schneepflug.

Dass es Willys-Overland mit dem zivilen Jeep trotz des etwas harzigen Serienstarts 1945 dennoch exakt richtig gemacht hatte, bewiesen die Absatzzahlen im ersten vollen Produktionsjahr 1946: Tatsächlich konnte man trotz der Konkurrenz durch ausgemusterte MB, die den Markt fluteten, über 71.500 CJ-2A an ihre Käufer übergeben – eine Größenordnung, die lediglich um etwa 20 % unterhalb jener Zahlen lag, die zu Hochzeiten der Kriegsproduktion realisiert worden waren. Mit dem »kleinen« Unterschied, dass die Deckungsbeiträge, die das Unternehmen nun durch die privaten Jeep-Kunden erwirtschaftete, pro Fahrzeug wesentlich höher waren, als es bei den riesigen Stückzahlen zu Kriegszeiten der Fall war. Willys-Overland hatte, so schien es, mit dem Jeep die Transformation zur Friedenswirtschaft mühelos geschafft und dabei eine Goldmine gefunden.

Wie in der Ackerschlepperwelt wurde auch ein hydraulischer Heckkraftheber angeboten, der den Einsatz schwerer Anbaugeräte ermöglichte.

Die vielfältige Einsetzbarkeit des Jeep insbesondere in der Landwirtschaft war das Kernargument der Vertriebsabteilung in Toledo für die ersten Zivilmodelle vom Typ CJ-2A. Ähnlich wie der etwa zur gleichen Zeit in Deutschland entwickelte Unimog, der aber mit seiner Hilfsladefläche eine größere Transportkapazität bot, bewährte sich der Jeep als Zugmaschine auf Acker und Straße ebenso wie als Traktorersatz bei der Feldarbeit.

1947
Sidekick mit Heckantrieb

Schon zum Zeitpunkt des Serienanlaufs der zivilen Jeep-Version erkannte man in Toledo, dass man mit dem Jeep ein Fahrzeugkonzept an der Hand hatte, das sich möglicherweise über die CJ-Baureihe hinaus erfolgreich zu einer ganzen Modellfamilie ausbauen ließ. Diese könnte nicht nur das klassische, vielseitig verwendbare Nutzfahrzeug für Landwirtschaft und Gewerbe, sondern auch Pkw- und Van-artige Varianten sowie Pickup-Trucks umfassen. Alle versehen mit bekannten Technikkomponenten und vor allem wiedererkennbarer Jeep-Optik, aber auch, je nach Bedarf, jeweils stärker auf die Anforderungen der anvisierten Käufergruppen abgestimmt. Man beauftragte also den Industriedesigner Brooks Stevens, eine Kombiversion zu entwerfen, die diese Ansprüche konzeptionell und optisch einlöste.

Als Ergebnis von Stevens' Überlegungen präsentierte man bereits 1946 einen Station Wagon, der in der Frontansicht typische Gestaltungsmerkmale des Jeep aufwies, aber ab der A-Säule eher wie ein typisch US-amerikanischer »Woody« aussah. Da Stevens aber gehalten war, bei seinem Entwurf Kosten- und Produktionsaspekte fest im Blick zu behalten, konstruierte er ein normal verglastes Kombiheck, das – im Gegensatz zum klassischen »Woody«-Aufbau mit aus Hartholz bestehender Tragstruktur – über einen großserientauglichen Stahlblechaufbau verfügte und die traditionelle »Woody«-Optik lediglich imitierte.

Technisch bediente sich der als 4-63 Station Wagon bezeichnete Kombi vielfach aus dem Teileregal des CJ, zum Beispiel übernahm er den bekannten »Go-Devil«-Motor mit nun 63 PS/46 kW, an den aber das belastbarere Warner 3-Gang-Getriebe T96 gekoppelt war. Die neue Jeep-Variante ruhte nach wie vor auf dem im CJ verwendeten Leiterrahmen, der aber um etwa einen halben Meter verlängert worden war. So konnte die geräumige Karosserie bis zu sieben Passagiere oder jede Menge Transportgut im Heck aufnehmen. Um dem Pkw-Charakter des Station Wagon auch in puncto Straßenfahrkomfort Rechnung zu tragen, kam es bei der Fahrwerksauslegung zu einer bedeutenden Veränderung. Statt der ruppigen vorderen Starrachse hatten die Entwickler eine Einzelradaufhängung mit oberen Dreieckslenkern und unterer Querblattfeder vorgesehen, wodurch auch der zuschaltbare Allradantrieb zunächst weggefallen war.

Verglichen mit dem CJ-2A, dessen Verkaufszahlen 1946 durch die Decke gingen, schlug sich der Station Wagon als in seinem Zuschnitt neuartiges, sich an andere Käufergruppen wendendes Fahrzeug in seinem Premierenjahr durchaus achtbar. Vom Produktionsstart im Juli bis zum Jahresende entschieden sich bereits mehr als 6500 Käufer für den Kombi.

Als erstes Derivat der CJ-Baureihe stellte Willys-Overland bereits 1946 einen »Station Wagon«, also einen geräumigen Kombiwagen vor.

Das harmonisch gestaltete Fahrzeug bildete den Start einer Modellfamilie, die zwanzig Jahre lang ein wichtiges Rückgrat des Jeep-Programms war.

Was beim Station Wagon wie ein traditioneller »Woody«-Aufbau aussah, bestand nicht aus Holz, sondern war lackiertes Stahlblech.

Die zweiteilige Heckklappe bot Zugang zum großen Laderaum, der den Kombi auch zu einer Alternative für mehrköpfige Familien machte.

Im Jahr darauf kam parallel dazu eine technisch identische Lieferwagen-Ausführung auf den Markt. Sie verzichtete zugunsten des Laderaums auf die Rücksitzbank und war mit verblechtem statt verglastem Heckaufbau sowie einer zweiflügeligen Ladetür ausgestattet.

Ebenfalls 1947 erschien mit dem Willys Jeep Truck eine dritte Version des neuen Modells, die – wie die Modellbezeichnung schon nahelegte – aber wieder als Arbeitstier konzipiert war und infolgedessen mit vorderer Starrachse ausgestattet wurde und wahlweise auch in 4x4-Ausführung verfügbar war. Die Modellbezeichnung ist aus heutiger Sicht einigermaßen irreführend, denn der »Truck« war nichts anderes als ein klassischer Pickup, und bis auf die Vorderachse und den Karosserieaufbau mit kurzer Kabine sowie hinterer Ladefläche unterschied ihn nichts von den beiden anderen Modellen.

Das waren aber noch nicht alle Neuigkeiten des Jahres: Gegen Ende 1947 wurde erstmalig eine Motorisierungsalternative für den Kombi angeboten. Im Modell 6-63, das nun als komfortablerer und optisch etwas aufgeputzter »Station Sedan« tituliert wurde, kam der 2433 cm³ Hubraum aufweisende, neu entwickelte Reihensechszylinder vom Typ L-148 zum Einsatz. Das gemächliche Triebwerk zeigte die gleichen konstruktiven Grundlagen wie der legendäre »Go-Devil«-Vierzylinder und war ebenfalls seitengesteuert. Seine Zusatzbezeichnung »Lightning« (dt.: »Blitz«) ließ leistungsmäßig mehr erwarten als es am Ende einlöste: Mit 73 PS/54 kW bei 4000/min war der Sechszylinder gerade Mal 10 PS/7 kW stärker als sein kleinerer Bruder, überzeugte aber durch kultivierteres Laufverhalten und – trotz seiner weniger langhubigen Auslegung – hoher Elastizität.

Da Jeep um eine Ausweitung des Kundenkreises bemüht war, wurde mit Blick auf Gewerbetreibende der »Delivery Van« nachgeschoben.

Auch die als »Truck« bezeichnete Pickup-Version zielte auf Käufer, die vor allem Nutzwert und Strapazierfähigkeit im Arbeitsalltag verlangten.

1948
Früher Crossover – der Jeepster

Eine weitere Version der größeren Jeep-Varianten ergänzte im Mai des Jahres die Angebotspalette von Willys-Overland. Die Produktplaner in Toledo hatten sehr wohl wahrgenommen, dass viele aus dem Militärdienst in die Heimat zurückgekehrte Army-Mitglieder die vor allem auf der britischen Insel verbreitete europäische Sportwagenkultur lieben gelernt hatten und zum Beispiel ganz vernarrt in die kleinen, preiswerten und dennoch lebhaften MG Roadster aus der Vorkriegs- und der frühen Nachkriegszeit waren. Keiner der US-Volumenhersteller hatte auch nur annähernd ein solches Spaßauto im Programm oder zumindest in Planung. Die Entwickler in Toledo nahmen den Ball auf und kreierten ein etwas skurril anmutendes Gefährt, das man heute als einen Crossover bezeichnen würde: den Jeepster VJ. Während der Wagen technisch auf dem Station Wagon 4-63 basierte, unternahm man in puncto Optik den seinerzeit etwas abenteuerlichen Versuch, typische Jeep-Erkennungsmerkmale wie die komplette Frontgestaltung und die eckigen Kotflügel mit einer niedrigeren Türlinie und anderen klassischen Roadster-Eigenheiten, etwa dem Flatterverdeck und seitlichen Steckscheiben, zu einer etwas speziellen Art von zweisitzigem Sportwagen mit hinterer Notsitzbank zu kombinieren.

Ein Pressebild des Jeepster von 1948. Der gar nicht mal so schlechte Marktstart erwies sich leider als Strohfeuer.

Lenkradschaltung und durchgehende Sitzbank passten ebenso wenig zur sportlichen Attitüde des Jeepster wie der »Go-Devil«-Vierzylinder.

Der Jeepster war im Vergleich zu seinen britischen Cousins komfortabel ausgestattet und bot auch jede Menge Platz – Sportlichkeit aber war so ziemlich das Letzte, was der Zweitürer vermitteln konnte. Mit dem inzwischen nicht mehr taufrischen »Go-Devil«-Vierzylinder unter der Haube wollte ebenso wenig Fahrspaß aufkommen wie mit dem trotz vorderer Einzelradaufhängung alles andere als agilen Fahrwerk. Dazu kam ein angesichts des dürftigen Wetterschutzes durchaus selbstbewusster Verkaufspreis, für den man auch ein Ford Convertible mit Kurbelfenstern und V8-Motor bekommen konnte. Immerhin entschieden sich 1948 dennoch über 10.300 Interessenten zum Kauf eines Jeepster.

Ansonsten tat sich in diesem Jahr bei der bereits vorhandenen Modellpalette kaum etwas. Es zeichnete sich jedoch ab, dass der in Ehren ergraute »Go-Devil«-Motor allmählich am Ende seines Lebenszyklus ankam. Angesichts des um – je nach Ausführung – 250 bis 400 kg höheren Fahrzeuggewichts der größeren Jeep-Varianten waren zunehmend Klagen über das unzureichende Leistungsniveau des alten Vierzylinders zu hören. Auf die Absatzzahlen des CJ-2A hatte das aber keinerlei Einfluss: Mit über 74.000 Einheiten erlebte der Klassiker einen nie dagewesenen Boom. Auch die größeren Station-Modelle mit Hinterradantrieb verkauften sich fast 41.000 Mal. Bei den Pickups hatten die Allrad-getriebenen Modelle mit nahezu 21.000 Fahrzeugen gegenüber etwa 9200 Hecktrieblern klar die Nase vorn.

1949
PS tun not

Verlief das Vorjahr in überwiegend ruhigen Bahnen, so brachte 1949 eine ganze Reihe wichtiger Veränderungen in der Jeep-Welt. Zunächst wurde der CJ-3A als Nachfolger des CJ-2A eingeführt. Wichtigste und auffälligste Erkennungsmerkmale der maßvoll modernisierten Evolutionsstufe des klassischen Jeep waren die einteilige Windschutzscheibe, die außen an deren unterem Ende mittig angebrachte Lüftungsklappe sowie die beiden nun ebenfalls unten angelenkten Scheibenwischer. Kennern der Materie entging nicht, dass die hinteren Radhäuser modifiziert worden waren, um im Fond die Beine eventueller Mitfahrer bequemer unterbringen zu können. Unter dem Blech sorgten eine Spicer-Hinterachse vom Typ 44-2, ein überarbeitetes Verteilergetriebe sowie eine leistungsfähigere Kupplung für noch mehr Robustheit. Ganz der Alte war dagegen der »Go-Devil«, der trotz Veränderungen an der Vergaserbestückung bei seinem Leistungsvolumen von 63 PS/46 kW blieb. Mit Sorge betrachteten die Verantwortlichen in Toledo allerdings die Verkaufszahlen des CJ-3A. Diese verzeichneten gegenüber dem Vorgängermodell einen drastischen Einbruch auf nur noch rund 27.800 Einheiten – nach dem Allzeithoch im Vorjahr ein Rückgang um nahezu zwei Drittel. Gab es vielleicht schon Sättigungstendenzen in der Marktnische des traditionellen Jeep?

Einige Neuigkeiten waren in der Modellfamilie Station Wagon, Van, Pickup und Jeepster zu vermelden. Endlich gab es den von vielen lange ersehnten zuschaltbaren Allradantrieb nicht mehr nur auf Wunsch für den als Truck bezeichneten Pickup, sondern auch für den Station Wagon. Die hinten verblechten Lieferwagen zogen erst im Jahr darauf nach, und der Jeepster musste verständlicherweise komplett auf eine 4x4-Version verzichten. Der als Modell 4x4-63 antretende Allrad-Kombi tat sich mit dem betagten Vierzylinder noch einmal schwerer und verschärfte das Motorisierungsproblem deutlich, da eine 4x4-Version mit Sechszylindertriebwerk vorerst nicht zu haben war. Wer mehr Leistung und Laufkultur suchte, musste sich eben mit Heckantrieb begnügen. Insgesamt drückte die Situation auf den Fahrzeugabsatz: Während vom behäbigen 4x4-63 lediglich knapp 4500 Fahrzeuge verkauft werden konnten, halbierten sich gegenüber dem Vorjahr die Zahlen für den heckgetriebenen Vierzylinder 4-63 nahezu. Von dieser Version fanden nur noch etwas über 23.000 Fahrzeuge ihren Weg in die Auftragsbücher der Händler. Ziemlich genau bereits 10.000 Kunden wandten sich dagegen dem 6-63 Station Wagon zu.

Die Interessenten des Jeepster, denen ohnehin das Allradthema zumeist herzlich egal war, konnten sich allerdings freuen. Zum einen hatte Willys-Overland den Einstandspreis für den ursprünglichen Typ VJ-2 um etwa 20 % gesenkt, und zum anderen zog mit dem ab Jahresmitte verfügbaren modellgepflegten VJ-3 endlich auch der gut 2,4 Liter große »Lightning«-Sechszylinder in das Sportmodell ein. Dort sorgte er für etwas standesgemäßeres und geschmeidigeres Vorankommen. Bedauerlicherweise verpufften beiden Maßnahmen weitestgehend, denn nach einigermaßen gutem Start im Jahr zuvor zeigten die Verkaufszahlen steil nach unten: Ganze 654 Jeep-Freunde entschieden sich 1949 für den Sechszylinder, während sich vom »Go-Devil«-motorisierten Jeepster immerhin noch fast 2700 Käufer überzeugen ließen – Zahlen, die für den damals eher merkwürdig anmutenden, heute aber sehr gesuchten, Roadster-artigen 2+2-Sitzer mit dem Offroader-Gesicht nichts Gutes ahnen ließen.

Der neue CJ-3A war an der einteiligen Frontscheibe samt mittig angebrachter Belüftungsklappe und unten angelenkten Scheibenwischern zu erkennen.

1950
Der Hurricane zieht auf

Zum Beginn der neuen Dekade stand für die Jeep-Gemeinde ein Thema im Mittelpunkt: Endlich gab es Bewegung an der Motorenfront. Zwar wurde das von allen hoch verehrte, aber inzwischen aus der Zeit gefallene »Go-Devil«-Triebwerk noch nicht endgültig aufs Altenteil geschickt, denn im CJ-2A tat es bis auf Weiteres noch Dienst, aber in den größer dimensionierten und wesentlich schwereren Station Wagon-, Van-, Pickup- und Jeepster-Modellen wurde es abgelöst. Statt des »Geht-wie-der-Teufel«-Vierzylinders zog unter die typischen Motorhauben nun ein Wirbelsturm ein. Der neue Motor mit der nüchternen Bezeichnung L-134 und dem zusätzlichen Kampfnamen »Hurricane« kam ab April in den Fahrzeugen der größeren Modellfamilie erstmals zum Einbau. Den Anfang machte der Jeep Truck, das Pickup-Arbeitstier, das, wie insbesondere auch alle 4x4-Versionen, dringendst auf eine fühlbare Leistungsspritze gewartet hatte.

Dass der neue Vierzylinder wegen der hervorragenden technischen Basis des »Go-Devil« nicht auf einem weißen Blatt Papier entstehen musste, war unbestritten. So beschränkte sich die Überarbeitung im Wesentlichen auf den aus Grauguss gefertigten Zylinderkopf – aber die fiel tiefgreifend aus. Um mehr Leistung zu finden, verabschiedete man sich von der altväterlichen Seitenventiler-Auslegung und ging stattdessen zu einer Wechselsteuerung der Ventile über. Diese im Englischen als IOE (inlet over exhaust) bezeichnete Lösung sieht ein seitlich stehendes Auslass- und ein oben hängendes Einlassventil vor. Streng genommen war ein solches, auch als »F-Head« (F-Zylinderkopf) bezeichnetes Arrangement eine alles andere als effiziente Art, die Leistungsausbeute eines Motors zu erhöhen. Aber am Ende ging es den Entwicklern von Willys-Overland auch nicht um die letzte Pferdestärke, sondern um eine maximal robuste Konstruktion mit bulliger Leistungscharakteristik und höchster Langlebigkeit. Dafür sorgten schon der bewährte Graugussmotorblock mit dreifach gelagerter Kurbelwelle und die unveränderten Maße für Bohrung und Hub.

Dass der neue »Hurricane«-Vierzylinder dennoch ganz ordentlich zu Kräften gekommen war, lag einerseits an den größeren, durch die IOE-Auslegung möglichen Ventildurchmessern und dem damit verbesserten Gaswechsel, anderseits und vor allem aber am erhöhten Verdichtungsverhältnis. Dank des jetzt kompakteren Brennraums stieg die Verdichtung des 2,2-Liters von 6,5:1 im »Go-Devil« auf nun 7,5:1. Das resultierte in einer um 13 PS/10 kW auf 75 PS/55 kW gestiegenen Höchstleistung, die bei identischer Nenndrehzahl von 4000/min anfiel. Parallel dazu verbesserte sich das Drehmomentmaximum von 142 Nm

Mit etwas knurrigem Gesicht, aber zunehmendem Chromschmuck ging der Speedster, hier ein Fahrzeug von 1950, in seine vorletzte Runde.

Der mit modernisiertem Zylinderkopf antretende »Hurricane«-Vierzylinder war eine Reaktion auf die zunehmenden Klagen über Leistungsmangel.

bei 2000/min auf 155 Nm bei identischer Drehzahl. Auf Wunsch erhältlich war auch eine 6,9:1 verdichtete Version des »Hurricane«-Motors, die entsprechend eine auf 73 PS/54 kW reduzierte Leistung bot.

Zwar war der genügsame Vierzylinder in puncto Vorwärtsdrang nicht gerade mit dem besagten Wirbelsturm zu vergleichen, aber mit seiner anfangs sogar den 2,4-Liter-Sechszylinder übertreffenden Leistung sorgte er doch wieder für zufriedene Gesichter bei den Kunden. Das spiegelte sich auch in den Verkaufszahlen wider: Besonders stachen hier die heckgetriebenen Station Wagons und Vans hervor, von denen fast vier Mal so viele Vierzylinder-motorisierte Fahrzeuge abgesetzt werden konnten wie im Vorjahr. Beim CJ-3A, der von diesen Weiterentwicklungen bis auf Weiteres unbehelligt blieb, tat sich diesbezüglich nicht viel. Er pendelte sich mit gut 26.000 verkauften Exemplaren fast exakt auf dem Niveau von 1949 ein.

Auch der Jeep Station Wagon profitierte vom Einbau des auf 75 PS/55 kW erstarkten »F-Head«-Motors.

Mit der gestiegenen Motorleistung veränderten sich übrigens nicht nur die Typbezeichnungen der größeren Modelle, die nun 4-75 bzw. 4-73 lauteten, sondern auch das Erscheinungsbild der Kühlergrills. Diese waren jetzt V-förmig gepfeilt und mit acht senkrecht und fünf waagerecht angeordneten, wesentlich massiver dimensionierten Streben optisch deutlich präsenter als zuvor – wobei es zwischen den einzelnen Fahrzeugvarianten aber kleine Unterschiede gab.

1951
Bye, bye Jeepster

Konsequent für die landwirtschaftliche Nutzung gedacht, brachte Willys-Overland mit dem »Farm Jeep« in diesem Jahr eine auf das Nötigste reduzierte Version des CJ-3A heraus. Dieses reine Arbeitsgerät auf vier Rädern war nur mit einem Fahrersitz ausgestattet und musste sogar auf die komplette Beleuchtungsanlage verzichten. Auf der anderen Seite verfügte das Modell serienmäßig über manche Ausstattungselemente, die bei einem regulären CJ-3A nur gegen Aufpreis zu haben waren. Dazu gehörten zum Beispiel eine Zapfwelle, ein hydraulischer Heckkraftheber und eine Anhängevorrichtung. Bis heute rätseln Jeep-Experten darüber, wie viele Exemplare des Farm Jeep jemals entstanden sind. Wahrscheinlich ist, dass diese Version das Multitalent Jeep auch in den Augen der Käufer zu einem eher mittelmäßigen Ackerschlepper degradierte, und man deshalb wohl von kleinsten Produktionsstückzahlen ausgehen muss.

Was die Familie der größeren Jeep-Modelle anging, so war 1951 ein ziemlich ruhiges Modelljahr. Neben dem Detail einer bei Station Wagon, Lieferwagen und Pickup nun herumgezogenen Heckstoßstange waren nur zwei Ereignisse von größerer modellhistorischer Relevanz. Zum einen nahm Willys-Overland im Lauf des Jahres die heckgetriebene Version des Jeep Truck aus dem Programm, nachdem sich bereits im Vorjahr gezeigt hatte, dass die Kunden nach

Ankunft des stärkeren »Hurricane«-Motors die 4x4-Version des Pickups klar bevorzugt hatten und vom Hecktriebler nur noch wenige Fahrzeuge verkauft werden konnten. Das zweite wichtige Ereignis war die Verabschiedung des Jeepster. Man musste in Toledo erkennen, dass eine Diversifizierung des Modellprogramms nicht immer funktioniert – vor allem dann nicht, wenn sich ein Fahrzeugkonzept als unharmonisch und nicht ausreichend durchdacht erweist. Letztlich führten vor allem der träge »Go-Devil«-Vierzylinder und die anfangs durchaus selbstbewusste Preisgestaltung zum Aus für den offenen 2+2-Sitzer. Weder der optionale 2,4-Liter-Sechszylinder – selbst nicht gerade ein Ausbund an Temperament – noch der Einbau des »Hurricane«-Vierzylinders oder die erwähnte Preissenkung konnten den Jeepster letztlich retten.

Das Thema Kraftstoffverbrauch stellte diese Anzeige eines Willys-Overland-Händlers schon früh in den Mittelpunkt. Anlass war die Ankunft des »Hurricane«-Triebwerks.

Über alles betrachtet zeigte sich, dass Willys-Overland mit seiner auf dem Jeep und seinen Derivaten beruhenden Modellpolitik nicht mehr vorankam. Die Gesamtverkaufszahlen der Station Wagon-, Van- und Truck-Varianten sackten trotz aller Modellpflegemaßnahmen, aber auch wegen eines schwächelnden Gesamtmarkts, um etwa ein Drittel ab, während der gute alte CJ als Nischenfahrzeug seinen x-ten Frühling erlebte und fast doppelt so oft verkauft wurde wie im Vorjahr. Für die Unternehmensführung in Toledo waren das definitiv die falschen Signale. Mit einem Gesamt-Fahrzeugausstoß von jährlich um die 100.000 Einheiten gehörte Willys-Overland noch nicht einmal zu den mittelgroßen US-Automobilherstellern. Während General Motors mit seiner Leadermarke Chevrolet sowie Buick, Pontiac, Oldsmobile und Cadillac 1951 rund 2,4 Millionen Fahrzeuge baute und sich Ford mit insgesamt rund 1,35 Millionen und die Chrysler Corporation mit etwa 1,17 Millionen Einheiten um den zweiten Platz auf der Rangliste duellierten, musste sich das Management in Toledo mit Rang 17 begnügen und sich die Frage nach den Zukunftsperspektiven stellen. Wenn es solche überhaupt gab, dann konnten sie nur im Aufbrechen der Jeep-Monokultur liegen, und so wurde man entsprechend tätig.

Kurzlebig war die Urform des Jeepster: Schon 1951 fiel er aus dem Programm, kehrt Jahre später aber in renovierter Form zurück.

1952
Im Zeichen der Krise

Vor dem Hintergrund fortgesetzter, zum Teil dramatischer Absatzrückgänge in der gesamten US-amerikanischen Automobilindustrie, die vor allem dem Koreakrieg und seinen Auswirkungen, etwa in Form von Stahlrationierungen, geschuldet waren, wurde die wirtschaftliche Situation für Willys-Overland allmählich unangenehm. Das bestehende Modellprogramm wurde folglich nur punktuell gepflegt, denn man plante – leider zu einem denkbar ungünstigen Zeitpunkt – den Wiedereinstieg in die Produktion klassischer Personenwagen. Schon im Januar schuf man in Toledo Fakten und präsentierte unter der Bezeichnung Willys Aero die erste Nachkriegs-Pkw-Baureihe von Willys-Overland. Es handelte sich um kompakte, im europäischen Stil gestaltete Pkw, deren äußeres Erscheinungsbild hochmodern war und für entsprechende Schlagzeilen sorgte. Die Karosseriekonstruktion der Aero-Modelle war erstmals selbsttragend ausgeführt, was in einem guten Platzangebot und vergleichsweise geringem Fahrzeuggewicht resultierte. Aus Kostengründen bedienten sich die Konstrukteure ansonsten im vorhandenen Komponentenfundus. Für Vortrieb sorgten alte Bekannte: der »Hurricane«-Vierzylinder sowie der 2,6-Liter-Sechszylinder mit 75 PS/55 kW. Neu hinzu gekommen war eine aktualisierte Version dieses Triebwerks mit 90 PS/66 kW.

Willys-Overland versuchte mit den 1952 eingeführten Aero-Modellen ein auf Individualität bedachtes Käuferpublikum anzusprechen.

Klar gezeichnet und in modernem europäischem Stil gehalten präsentierte sich die Armaturentafel der neuen Pkw-Baureihe.

Zur Wahl standen anfangs die mit jeweils unterschiedlichem Ausstattungsniveau aufwartenden Modelle Lark, Wing, Ace und Eagle bereit. Als Karosserieversionen waren eine 2- oder 4-türige Limousine sowie ein zweitüriges Hardtop-Coupé erhältlich. Zwar lobten zeitgenössische Tester die Modernität der neuen Baureihe und erkannten, dass die Wagen trotz ihres kompakten Formats alles das konnten, was auch die wesentlich größeren Mainstream-Modelle der »Big Three« an Positivem vorzuweisen hatten, doch zeigte sich schnell, dass der US-Automobilmarkt noch lange nicht reif war für solche Fahrzeugkonzepte. Statt die wirtschaftliche Situation von Willys-Overland durch gute Verkäufe zu verbessern, sorgten die nicht unbeträchtlichen Entwicklungskosten und die hohe Erwartungen nicht erfüllenden Absatzzahlen der Aero-Modelle – im Premierenjahr rollten etwa 31.000 Exemplare vom Band – für weitere finanzielle Probleme. Dass man im Lauf des Jahres mit Stolz auf den einmillionsten produzierten Jeep zurückblicken konnte, war für die Mannen in Toledo wenigstens ein Lichtblick in schwierigen Zeiten.

Währenddessen näherte sich der Modellzyklus des CJ-3A, an dem in diesem Jahr keine nennenswerten Modifikationen vorgenommen wurden, seinem Ende. Und auch bei den bekannten Station Wagon- und Van-Varianten auf Jeep-Basis beschränkte man sich auf nur einige wenige Modifikationen. Die bestanden in einer Chromleiste auf der Motorhaube und nicht mehr aufgesetzten, sondern mit dem Heckblech bündig eingebauten, einzelnen Rücklichteinheiten. Endlich auf zeitgemäßen Standard gebracht wurde nun auch die Bedienung des Anlassers. Statt der bisherigen, an Vorkriegszeiten erinnernden Fußbetätigung gab es für alle Modelle ein modernes Zündschloss mit Schlüsselbedienung. Merkwürdigerweise nur den heckgetriebenen Station Wagons und Lieferwagen vorbehalten war allerdings die Option der schon in der Aero-Baureihe angebotenen, leistungsgesteigerten Version des Sechszylindermotors. Bei den größeren Modellen ersetzte er den allzu betagten Seitenventiler komplett, der zwei Jahre zuvor nur dank einer Hubraumerhöhung auf gut 2,6 Liter leistungsmäßig mit dem neuen »Hurricane«-Vierzylinder gleichgezogen hatte. Statt den bisherigen 75 PS/55 kW stellte der aktualisierte Sechszylinder – nun mit IOE-Zylinderkopf und erhöhter Verdichtung ausgestattet – jetzt 90 PS/66 kW sowie ein Drehmomentmaximum von 183 Nm bereit. Verglichen mit den 63 PS/46 kW aus der Anfangszeit war das in puncto Motorisierung fast schon eine Revolution.

Willys-Overland war nur für US-amerikanische Verhältnisse ein bestenfalls mittelgroßer Automobilhersteller. Immerhin verließen jährlich zigtausend Fahrzeuge die weitläufigen Produktionsanlagen in Toledo. Um als Unternehmen sorgenfrei seiner Wege gehen zu können, reichte der Fahrzeugausstoß aber nicht.

Nur wenige Detailmodifikationen unterschieden den CJ-3A von seinem Vorgänger. Unter der Haube arbeitete weiterhin der »Go-Devil«-Motor.

Rettungsanker – die Militär-Jeeps, 1950–1957

Der Ur-Jeep war eine Konstruktion für die U.S. Army, und allen Verantwortlichen in Toledo war stets bewusst, dass sie gut daran taten, die militärischen Wurzeln des Multitalents nie aus den Augen zu verlieren – insbesondere nicht in Friedenszeiten, wo der Jeep auch die Basis des neuen zivilen Modellangebots von Willys-Overland bildete. Dank der hervorragenden Dienste, die der MB bis 1945 geleistet hatte, war klar, dass das Unternehmen zunächst auch der natürliche Ansprechpartner sein würde, wenn es darum ging, eine modernisierte Form des Militärjeeps zu entwickeln. Und von einem ebenso anspruchsvollen wie aufwendigen Ausschreibungsprozess, wie er im Vorfeld des US-amerikanischen Kriegseintritts 1941 stattgefunden hatte, war dabei keine Rede mehr – schließlich hatte sich seit vielen Jahren ein gut funktionierendes Netzwerk zwischen der Geschäftsleitung in Toledo und den Beschaffungsstellen der Army etabliert. Für diese Art von Multifunktionsfahrzeug hatten Willys-Overland und der Jeep tatsächlich einen Maßstab gesetzt, der in der frühen Nachkriegszeit von niemandem in Zweifel gezogen wurde. So begannen bereits 1949 die Entwicklungsarbeiten für einen

Der M38 folgte auf den Willys MB als vielseitiges Aufklärungsfahrzeug der U.S. Army. Technisch zeigt er eine Reihe von Veränderungen.

Nachfolger des MB, dessen Ausführung und Spezifikationen die im Krieg gemachten Erfahrungen widerspiegeln sollte.

Das neue Militärmodell, M38 oder auch Willys MC genannt, basierte auf dem gerade vorgestellten zivilen CJ-3A, wies gegenüber diesem aber eine Reihe erheblicher konstruktiver Veränderungen auf. Dazu gehörten unter anderem ein auf höhere Nutzlast abgestimmter, strapazierfähigerer Rahmen, entsprechend modifizierte Aufhängungselemente und breitere Reifen. Eine Lehre aus dem Kriegseinsatz war auch, dass man besonderes Augenmerk auf eine deutliche Verbesserung der Watfähigkeit des neuen Modells legte. Zu diesem Zweck legte man die – ebenfalls

Größtes Handicap des M38 war sein Antriebsaggregat: Unter der Haube mühte sich immer noch der »Go-Devil«-Vierzylinder aus Kriegstagen.

Dass der M38 seinen Ursprung im zivilen CJ-3A hatte, ließ er auf den ersten Blick an seiner durchgehenden Windschutzscheibe erkennen.

neue – 24-Volt-Elektrik wasserdicht aus und sah ein ingeniöses Luftzufuhrsystem für Tank, Schalt- und Verteilergetriebe sowie den Motor vor. Ebenfalls neu war die Verwendung mit anderen Militärfahrzeugen vereinheitlichter Kleinteile wie Schalter und Instrumente. Ein groß dimensionierter, außen liegender Tankstutzen sowie diverse Anbringungsmöglichkeiten für Werkzeuge und andere militärisch nützliche Utensilien waren weitere Spezialitäten des M38.

Unverändert vom CJ-3A übernommen wurden die Kraftübertragung und der Motor. Während Erstere keinen Grund zur Klage gab, wurde das inzwischen ungenügende Leistungsvermögen des »Go-Devil«-Vierzylinders auch für die Militärversion schnell zum Thema. Bei einem Leergewicht von fast 1050 kg und einer Nutzlast von bis zu 400 kg ging dem nach wie vor 60 PS/44 kW leistenden Seitenventiler trotz kürzerer Achsübersetzung bei anspruchsvolleren Aufgaben allzu schnell die Puste aus. Obwohl die Beschaffungsstellen der U.S. Army vor allem in dieser Hinsicht vom M38 eher enttäuscht waren, orderten sie vom Produktionsbeginn im September 1950 bis zum Juli 1952 allein über 62.000 Exemplare. In nur 1000 Einheiten gebaut wurde darüber hinaus ein speziell auf die Bedürfnisse des U.S. Marine Corps abgestimmtes Derivat des M38 namens Jeep CJV-35/U. Das von Frühjahr bis Sommer 1950 gebaute Fahrzeug zeichnete sich sogar durch die Eigenschaft einer Tiefwasserwatfähigkeit aus.

Erst die bereits 1951 initiierte Weiterentwicklung des M38, der M38-A1, auch Willys MD genannt, ließ die wahren Fähigkeiten der neuen Konstruktion erkennen. Endlich kam, wie bald auch beim zivilen CJ-3B, der »Hurricane«-Motor zum Zuge, hier allerdings in einer Version mit 72 PS/53 kW. Während bei Kraftübertragung und Achsen nur Detailveränderungen vorgenommen wurden, zeigten sich der Leiterrahmen und die Fahrwerkselemente umfangreicher überarbeitet. Hier bot ein von 2032 auf 2057 mm verlängerter Radstand nun etwas mehr Platz im Innenraum und bessere Fahreigenschaften auf der Straße. Während dies überwiegend Kennern auffiel, war der A1 aber auch an weiteren äußeren Merkmalen zu identifizieren: Die Karosserie wies eine wegen des F-Zylinderkopfes stärker gewölbte Motorhaube auf, und die – beim M38 noch vorhandene, aber verschraubte – Ladeklappe im Heck war verschwunden, vor allem jedoch gab es neu geformte Vorderkotflügel. Diese waren an ihrem hinteren Ende in den Karosseriekörper integriert und vorne zur Erhöhung der Schutzwirkung nach unten abgewinkelt – eine Gestaltung, die für die folgenden Jahrzehnte die Optik der klassischen CJ-Jeeps charakterisierte. Im April 1957 endeten die Lieferungen an die US-amerikanischen Streitkräfte, die bis zu diesem Zeitpunkt rund 82.000 Einheiten des M38-A1 bestellt hatten.

Als Variante des M38-A1 wurde ab Herbst 1953 der Typ M-170, nach Willys Nomenklatur MDA, in größeren Stückzahlen für die

Im weiterentwickelten M38-A1 kam endlich das stärkere »Hurricane«-Triebwerk zum Einsatz, erkennbar an der anders gestalteten Motorhaube.

Beim aktualisierten Militär-Jeep griff man auch wieder auf die Frontscheibe mit Mittelsteg und oben angelenkte Scheibenwischer zurück.

US-Streitkräfte gefertigt. Dabei handelte es sich um eine vorwiegend als Ambulanzfahrzeug zum Einsatz kommende Version mit um mehr als 50 Zentimeter verlängertem Radstand. Dank des deutlich vergrößerten Raumangebots konnten neben Fahrer und Beifahrer nun sechs sitzende Passagiere oder drei Tragbahren transportiert werden. Ein vergrößerter Einstiegsausschnitt auf der rechten Fahrzeugseite sowie die wieder zu öffnende Ladeklappe am Heck waren weitere Merkmale des M-170. Auch der Benzintank, der im M38-A1 bereits auf 64 Liter vergrößert worden war, legte in der Langversion noch einmal auf 75 Liter zu. Antriebs- und fahrwerkstechnisch wiesen die beiden Fahrzeuge jedoch keinerlei Unterschiede auf. Insgesamt gut 12.000 Exemplare wurden bis Sommer 1955 von der U.S. Army übernommen.

Zwei Jahre später endeten die großen Aufträge für die von Willys selbst entwickelten Militär-Jeeps. Zwar gab es weitere Varianten, die auf den hier beschriebenen Fahrzeugen basierten oder ihnen stark ähnelten, aber das große Geschäft blieb vorerst aus. Dabei bedeuteten die Armee-Bestellungen einen dringend benötigten Zusatzumsatz, der für Willys-Overland ebenso überlebenswichtig war wie ab 1953 für die Willys Motor Corporation. Schließlich war deren ziviles Jeep-Programm nach Einstellung der defizitären Pkw-Fertigung in der Kaiser-Willys Holding im Jahr 1955 der alleinige Umsatzträger des Unternehmens. Zu diesem Zeitpunkt hatten sich die Entscheidungsgremien der Army – vielleicht auch veranlasst durch die enttäuschenden Leistungen des M38 – längst wieder dem geschätzten Kooperationspartner Ford Motor Company zugewandt und dort die Entwicklung eines Nachfolgers für den aktuellen »¼-ton 4x4 utility truck« in Auftrag gegeben. Bereits seit 1951 arbeiteten die Ford-Ingenieure an einem radikal modern konzipierten Fahrzeug nach Jeep-Strickmuster, dessen Produktionsfreigabe aber erst 1959 erteilt wurde. Als M151 MUTT (Military Utility Tactical Truck) ging es in die Automobilhistorie ein und wurde seinerseits fast drei Jahrzehnte später vom berühmten, wesentlich größeren »Humvee« abgelöst.

Dass Willys Motors als Teil von Kaiser-Willys unter den gegebenen Umständen dennoch nicht leer ausging, mutet aus heutiger Sicht einigermaßen erstaunlich an. Denn tatsächlich erhielt die Firma aus Toledo in einer Art Umkehrung der Geschichte von 1942 den Auftrag zur Produktion des von Ford entwickelten M151, von dem letztlich über 150.000 Exemplare gebaut wurden.

Eine Verlängerung des Radstands um 50 Zentimeter machte aus dem M38-A1 den M-170, der überwiegend als Ambulanzfahrzeug gedacht war.

In der Ausführung des Innenraums unterschied sich der M-170 nicht von seinem kürzeren Bruder – es gab nur sehr viel mehr Platz.

Der Ford M151 löste bei der U.S. Army den klassischen Willys-Jeep ab. Weitaus moderner konzipiert, hielt er Jahrzehnte lang die Stellung.

1953
Frischzellenkur für den CJ

Der vor allem wegen seiner anderen Zylinderkopfauslegung höher bauende »Hurricane«-Motor bescherte dem CJ-3B eine neu geformte Motorhaube.

Nicht zum ersten Mal sollte sich der CJ mit seinen zwar gelegentlich schwankenden, aber letztlich immer verlässlichen Verkaufszahlen als Fels in der Brandung erweisen, denn die Zeiten für Willys-Overland wurden zunehmend turbulent. Mithilfe des Ende Januar eingeführten Nachfolgers des CJ-3A, der sich hervorragend geschlagen hatte, hoffte man in Toledo, die bei der zivilen Produktpalette herrschenden Probleme bewältigen zu können. Der neue CJ-3B war angesichts der angespannteren Situation im Unternehmen in rekordverdächtig kurzer Zeit entwickelt worden. Im Zentrum stand dabei die nicht ganz unproblematische Integration des leistungsstärkeren »Hurricane«-Motors in den Jeep-Vorderwagen. Da der Vierzylinder wegen seiner anderen Ventilsteuerung schlanker, aber höher baute, mussten sowohl der Motorraum wie die Form der Motorhaube verändert werden. Es war auf den ersten Blick zu erkennen, dass die Haube deutlich höher lag und dem Klassiker zunächst eine etwas gewöhnungsbedürftige Optik verlieh. Angesichts des nun wesentlich lebhafteren Antriebsaggregats, das merklich verbesserte Leistungswerte bot, spielte das in der Wahrnehmung der Käuferzielgruppe offensichtlich aber keine entscheidende Rolle. Dennoch entschied man sich in Toledo, bis zum Jahresende beide Modelle parallel anzubieten, um den Markt voll auszureizen. Das gewagte Spiel lohnte sich tatsächlich: Von den insgesamt gut 38.000 verkauften CJ entfielen fast zwei Drittel auf das neue Modell, das gegenüber seinem Vorgänger ansonsten unverändert blieb.

Bei den größeren Jeep-Varianten Station Wagon, Lieferwagen und Pickup blieb es neben einer unbedeutenden Ergänzung der Angebotspalette wieder nur bei ästhetischen Retuschen in Form von zusätzlichem Chromzierrat an Kühlerverkleidung und Motorhaube.

Mit Blick auf das, was sich in der Chefetage von Willys-Overland in den ersten drei Monaten des Jahres tat, verblasste dies alles jedoch. Im Hintergrund hatten seit einiger Zeit Gespräche zwischen der Unternehmensleitung in Toledo und Henry J. Kaiser stattgefunden. Der US-amerikanische Industriemagnat war einer der ganz Großen im Schiffbau, aber auch in den Bereichen Stahl- und Aluminiumproduktion ein Schwergewicht. Und er mischte –

Auch in der Werbung wurde die Verwendung des leistungsgesteigerten Vierzylinders im CJ-3A groß herausgestellt.

Bei diesem in Militäroptik gehaltenen CJ-3B tritt die veränderte, etwas unvorteilhafte Proportionierung des Vorderwagens deutlich zutage.

allerdings auf deutlich kleinerer Flamme – mit seiner Kaiser Motors Corporation in der Automobilindustrie mit. Anders als Willys-Overland, wo man im Vorjahr unter Berücksichtigung großer Bestellungen des Army-Jeeps M38-A1 wenigstens eine Netto-Umsatzrendite von 2 % erwirtschaftet hatte, stand die auch vom Staat subventionierte Kaiser-Fahrzeugsparte mit ihren Marken Kaiser und Henry J finanziell mit dem Rücken zur Wand. So nahmen der Firmenchef persönlich und Ward Canaday, immer noch Vorstandsvorsitzender von Willy-Overland, Gespräche über eine Verschmelzung der beiden Firmen auf. Letztere wurde Ende April in die Tat umgesetzt und verursachte einigen Wirbel in den Medien, da Kaisers Fahrzeugsparte, obwohl sie finanziell wesentlich schlechter dastand, dank cleverer Finanzschachzüge die kompletten Willys-Overland-Anteile für über 62 Millionen US-Dollar erwerben und auf diese Weise eine freundliche Übernahme vollziehen konnte. Beide Hersteller hofften, mit dieser Maßnahme dem aggressiven Marktauftritt der »Großen Drei«, die versuchten, mittels Dumpingpreisen die kleinen Wettbewerber auszuschalten, begegnen zu können.

Die neu konstituierte Holding bekam den Namen Kaiser-Willys Corporation, und Willys-Overland wurde im gleichen Zug in Willys Motor Company umbenannt. Die Fahrzeugproduktion von Kaiser, Henry J und Willys sollte künftig aus Rationalisierungsgründen in Toledo konzentriert werden.

KAPITEL 4

Kaiser-Willys: die neue Schicksalsgemeinschaft – 1953 bis 1963

1953
Kleine Lichtblicke

Nach der Verschmelzung zur Kaiser-Willys Corporation stand der Rest des Jahres ganz im Zeichen der Neustrukturierung. Vor allem betraf dies die Fertigungsprozesse in Toledo, in die nun die Fahrzeuge der Kaiser K-Modellfamilie und der Kleinwagen Henry J integriert werden mussten. Beide waren beileibe keine Stückzahlgiganten und bedienten vielfach ein eigenwilliges, aber auch preissensibles Käuferpublikum, das mit den Mainstream-Produkten der US-amerikanischen Automobilindustrie wenig anfangen konnte. Angesichts dieser Herausforderung war es ein Glücksfall, dass nach mehreren Krisenjahren im Zeichen des Koreakriegs die Verkaufszahlen auf den einheimischen Absatzmärkten wieder nach oben zeigten – und zwar steil und auf breiter Front. Im Fall von Willys bedeutete das statt etwa 90.000 Einheiten wie 1952 nun rund 120.000 verkaufte zivile Fahrzeuge.

Wer sich in den USA als Autokäufer für einen Henry J entschied, wollte ein preiswertes Fahrzeug und hatte zudem den besonderen Geschmack.

Der kompakte Viersitzer war primär nach Kostengesichtspunkten konzipiert worden, wurde aber dennoch kein wirklicher Verkaufserfolg.

Unter der Haube werkelten alte Bekannte: zunächst der 2,2-Liter-»Go-Devil«-Vierzylinder, später dann auch dessen Sechszylinder-Variante.

Das wären gute Nachrichten für die Auslastungsquote der Produktionsstätten in Toledo gewesen, wenn nicht Kaiser und Henry J entgegen der Branchenentwicklung noch weitere Einbußen gegenüber dem katastrophalen Vorjahr hätten hinnehmen müssen. So blieb am Ende eine gemischte Bilanz: Willys hatte sich mit seinem Modellprogramm gut geschlagen, wobei auch die Aero-Baureihe in ihrem ersten vollen Produktionsjahr ein Plus von fast 40 % verzeichnen konnte. Die Zahlen von Kaiser und Henry J dagegen ließen jegliche Perspektive vermissen. Da die ohnehin schon marktbeherrschenden »Großen Drei« mit ihren Marken von der Erholung am meisten profitierten – deren Fahrzeugverkäufe stiegen gegenüber dem Vorjahr um bis zu 70 % –, und letztlich noch stärker aus der Krise hervorgingen, gewann in der Führungsetage von Kaiser-Willys die Frage danach, wie man sich als Automobilhersteller künftig aufstellen wolle, immer weiter an Brisanz.

Nach der Übernahme von Willys-Overland musste die Fertigung von Kaiser-Fahrzeugen wie dem Typ Manhattan in Toledo integriert werden.

Extravagantes Karosseriedesign war das Markenzeichen auch des Kaiser Darrin, der ebenfalls bei Willys gebaut wurde.

1954
Ein Schluck aus der PS-Pulle

Das erste komplette Jahr unter der neuen Firmenstruktur brachte für die allradgetriebenen größeren Willys-Modelle Station Wagon, Delivery Van und Pickup endlich einen Durchbruch in puncto Motorleistung. Hatte man sich in Toledo bisher mangels anderer Alternativen mit den zwar verlässlichen, aber relativ kleinvolumigen und eher trägen Vier- und Sechszylindern in seiten- oder wechselgesteuerter Bauart begnügen müssen, so bot der nun zur Verfügung stehende Komponentenbaukasten von Kaiser Motors neue Möglichkeiten. Die Entwickler wandten sich dem 3707 cm^3 großen Reihensechszylinder zu, der mehr oder weniger die ganze Palette der Kaiser-Pkw antrieb. Das Triebwerk wurde schon seit 1947 verwendet und war eine Konstruktion des renommierten US-amerikanischen Motorenherstellers Continental, der fast alle unabhängigen Automobilproduzenten des Landes mit Antriebsaggregaten versorgte. Zwar brachte der 3,7-Liter-Motor keinen Modernisierungsschub, da auch er als Seitenventiler ausgelegt war, aber zumindest sorgte der deutlich üppigere Hubraum für einen Leistungssprung: Der Sechszylinder stellte 115 PS/85 kW bei moderaten 3850/min und einen Drehmomentbestwert von strammen 258 Nm bereit, die bei nur 1800/min anlagen. Bei Willys lief das Triebwerk, das gegen Aufpreis anstelle des unverändert verfügbaren »F-Head«-Vierzylinders lieferbar war, unter der wieder etwas überenthusiastischen Bezeichnung »Super Hurricane«. Dass das Käuferpublikum die nun wesentlich souveränere Motorisierung mit offenen Armen aufnahm, zeigten die Verkaufszahlen, die sich in der Folge immer stärker vom Vierzylinder in Richtung des Sechszylinders bewegten. Besonders die als Lastesel fungierende Pickup-Variante profitierte schon zu Anfang von den nun zur Verfügung stehenden Mehr-PS. Als äußeres Kennzeichen der 1954er-Modelle – auch der mit Heckantrieb – wurde die Gestaltung des V-förmigen Kühlergrills ein weiteres Mal geändert: Durch den Wegfall zweier horizontaler Streben wurde optisch die vertikale Ausrichtung des Grills betont.

Neben dem Einzug des Sechszylinders war die Präsentation der nächsten Entwicklungsstufe der CJ-Baureihe im Oktober das beherrschende Thema des Jahres. Der nummerischen Reihenfolge

Der Pickup im Jeep-Gewand erfreute sich in seiner Eigenschaft als Arbeitsgerät bis Ende der 1950er-Jahre einer nicht allzu großen, aber stabilen Kundschaft.

Mit seinen 2,6 Liter Hubraum stellte der »Super Hurricane«-Sechszylinder einen ersten wesentlichen Fortschritt in puncto Motorisierung dar.

nach hätte nun eigentlich der CJ-4 kommen müssen, doch der war bereits 1950/51 als eine Art Konzeptfahrzeug entwickelt worden, hatte es aber nicht in die Serie geschafft. So wurde nun der CJ-5 vorgestellt, der sich in seiner Auslegung stark am Militär-Jeep M38-A1 orientierte. Das neue Modell bot wegen des wie im A1 verlängerten Radstands etwas mehr Platz im Innenraum und dank neuer Sitze und eines stark verbesserten Verdecks zusätzlichen Komfort. Typisch waren ab jetzt auch für die Zivilmodelle die neuen teilintegrierten, vorne abgerundeten Vorderkotflügel. Natürlich waren militärspezifische Ausstattungsmerkmale im CJ-5 nicht mehr vorhanden, etwa die 24-Volt-Elektrik, der verstärkte Leiterrahmen oder die speziellen Schutzmaßnahmen zur Erhöhung der Watfähigkeit. Dies reduzierte das Fahrzeuggewicht auf unter 880 kg, was in Verbindung mit dem »Hurricane«-Vierzylinder für lebhaftere Fahrleistungen sorgte.

In Sachen Verkaufszahlen konnte aber bei der CJ-Baureihe vorerst kein anderes Modell dem vergleichsweise kargen CJ-3B, der mit dem Erscheinen des CJ-5 nicht aus dem Programm

Der CJ-5, hier ein Exemplar im Originalzustand, bahnte mit seiner neuen, weitestgehend vom M38-A1 übernommenen Gestaltung von Motorhaube und Vorderkotflügeln optisch den Weg in die Zukunft.

genommen worden war, etwas vormachen: Mit fast 32.000 Fahrzeugen erreichte er – trotz oder vielleicht sogar wegen des Marktstarts des CJ-5 – einen absoluten Absatzrekord, den er niemals mehr brach. Zugleich zeichnete sich der Beginn einer Entwicklung ab, die für die CJ-Baureihe von größter Relevanz werden sollte: Die Käuferzielgruppe für diese Fahrzeuge verlor zusehends an Homogenität. Der CJ-3B blieb bis zu seinem Ende eher ein robustes Arbeitsgerät für Farmer und Rancher, das bis 1964 mit Erfolg vermarktet werden konnte, während der CJ-5 auch im urbanen Umfeld oder in der Freizeit täglich einsetzbar war. Das ließ im Ansatz eine entsprechende neue Kundenklientel entstehen – ein schleichender, auch gesellschaftlich eingebetteter Prozess, der die Grundlage für die Entstehung einer neuartigen Fahrzeuggattung schuf.

1955
(K)ein gewagter Schritt

Während sich bei Willys Motors die modellstrategischen Entscheidungen für das Jeep-basierte Fahrzeugprogramm als richtig erwiesen hatten, was in diesem Bereich zu deutlichen Verkaufszuwächsen führte, blieb die Situation im klassischen Pkw-Geschäft und insgesamt bei Kaiser Motors deprimierend. Die 1952 unter recht positiven Vorzeichen gestartete Baureihe Aero musste nach einem 1953 erzielten Absatzhoch mit über 42.000 verkauften Fahrzeugen schon im Folgejahr dramatische Einbußen hinnehmen, und es kam noch schlimmer: Statt der 1954 noch ca. 12.000 abgesetzten Einheiten konnten 1955 nur mehr knapp 6000 Exemplare der Aero-Baureihe an Kunden übergeben werden. Bei Kaiser war alles noch viel desaströser: Nicht einmal mehr 1300 Fahrzeuge wurden in diesem Jahr verkauft.

Unter diesen Rahmenbedingungen waren ebenso schnelle wie klare Entscheidungen gefragt. Da die Kaiser-Willys Holding angesichts der Struktur des US-Automobilmarkts keinerlei weitere Perspektive für die Etablierung eines erfolgversprechenden klassischen Pkw-Programms sah, entschloss man sich zu weitreichenden Schritten. Zum einen stoppte man die Fertigung der hochmodernen Willys Aero-Modelle und mottete die entsprechenden Produktionsanlagen fürs erste ein, und zum anderen beendete man den Bau von Kaiser-Pkw komplett und unwiderruflich. Allerdings gelang es, sämtliche Rechte an den Kaiser-Modellen und ca. 1000 noch aus Teilebeständen fertiggestellte Fahrzeuge an die in Argentinien neu gegründete Industrias Kaiser Argentina (IKA) zu verkaufen, wo die Produktion unter dem Markennamen Kaiser, aber unter neuen Typenbezeichnungen noch bis 1961 fortgesetzt wurde. Zwar befreite sich das Unternehmen mit dieser Maßnahme von erheblichem finanziellem Druck, aber nun lag das Wohl und Wehe von Kaiser-Willys ausschließlich auf den Schultern des Jeep und seiner Ableitungen – eine alles andere als geringe Last.

Nach anfänglich vielversprechendem Start rutschten die Verkaufszahlen der Willys Aero-Fahrzeuge schnell in den Keller.

Das 2-türige Hardtop-Modell namens »Bermuda« war das Spitzenmodell der Baureihe, die ein anderes Schicksal verdient gehabt hätte.

Derweil bemühte man sich in Toledo, weiterhin die richtigen Weichen für die Zukunft zu stellen. Als Volltreffer erwies sich die Einführung des 3,7-Liter-Sechszylinders, der die Verkäufe allein der allradgetriebenen Station Wagon Version rasant in die Höhe schnellen ließ. Das Vierzylinder-motorisierte Basismodell verlor im Gegenzug massiv an Zuspruch und wurde mit all seinen Karosserievarianten nur noch rund 3000 Mal verkauft, weniger als die Hälfte des Vorjahresabsatzes. Bei den Hecktrieblern, die 1955 erstmals in den Genuss des 3,7-Liter-Motors kamen, verhielt es sich ähnlich: Hier konnten von den Vierzylindern nur noch homöopathische Mengen im zweistelligen Bereich abgesetzt werden, und auch der bisher gegen Aufpreis angebotene 2,7-Liter-IOE-Sechszylinder mit immerhin 90 PS/66 kW hatte dem neuen hubraumstarken Aggregat nur wenig entgegenzusetzen.

Dass man bei Willys Motors allerdings im gleichen Zug die gut eingeführte vordere Einzelradaufhängung wegfallen ließ und stattdessen wieder eine Lkw-typische Starrachse einbaute, mag – rückblickend betrachtet – vielleicht auch nicht nur technische Gründe gehabt haben. Denn jetzt, wo alles am Willys-Fahrzeugprogramm, sprich: am Jeep hing, gab es gute Gründe, mit einer schrittweisen Ausdifferenzierung der Modellpalette zu beginnen. Indizien dafür, dass dieser Weg möglicherweise eingeschlagen wurde, waren nicht nur die bevorzugte Behandlung der 4x4-Modelle – siehe früherer Ersteinsatz des 3,7-Liter-Motors, siehe Rückkehr zur vorderen Starrachse bei den Hecktrieblern –, sondern auch das Erscheinen des neuen CJ-6, der zum Jahresende auf den Markt kam. So wie der CJ-5 eine auch im eigentlichen Sinn zivilisierte Version des M38-A1 war, war der CJ-6 ein auf den Alltagseinsatz zugeschnittener M-170. Mit seinem auf 2565 mm verlängerten Radstand bot das technisch mit dem CJ-5 identische Modell nun für private, vor allem aber auch gewerbliche Verwendungszwecke neue Einsatzmöglichkeiten. Hinsichtlich der Absatzzahlen sollte sich aber zeigen, dass der CJ-6, der bis zu seinem Produktionsauslauf 1971 parallel zum CJ-5 gebaut wurde, anders als Letzterer nur selten in private Kundenkreise vordrang. Während vom CJ-5 jährlich rund 15.000 bis 20.000 Exemplare verkauft werden konnten, pendelte diese Zahl beim CJ-6 lediglich um die 2000er-Marke. Kein großer Erfolg, aber immerhin eine gelungene und dauerhaft akzeptierte Diversifizierung innerhalb der CJ-Familie. Der gute alte CJ-3B schien allerdings seine Hochzeit endgültig hinter sich zu haben, büßte gut zwei Drittel seiner Rekordzahlen aus dem Vorjahr wieder ein, stabilisierte sich aber im Lauf der folgenden Jahre auf Absatzgrößenordnungen, die im Schnitt bei rund 10.000 Einheiten pro Jahr lagen.

Dank seines größeren Raumangebots war der CJ-6 eine gute Wahl auch für gewerbliche Nutzer.

Der CJ-6 hielt sich bis 1971 ohne tiefgreifende Veränderungen im Programm, danach startete er eine zweite Karriere.

Externe Anbieter versuchten sich an Hardtop-Lösungen, um den CJ-5 auch für extreme Bedingungen wetterfest zu machen.

Unter dem Baureihencode DJ wurde seit 1955 der Jeep »Dispatcher« gebaut. Er besaß Heckantrieb und war als Kurzstrecken-Verteilerfahrzeug konzipiert.

1956
Kurze Verschnaufpause

Nach dem Auf und Ab der beiden vergangenen Jahre kehrte 1956 vorübergehend etwas Ruhe bei Kaiser-Willys ein. Das Produktprogramm, bestehend aus CJ-3B, CJ-5 und CJ-6 einerseits und den größeren Kombi-, Lieferwagen- und Pickup-Modellen in 4x4- und 4x2-Ausführung andererseits – die beiden ersten wurden jetzt übrigens unter den neuen Bezeichnungen Utility Wagon und Utility Delivery angeboten –, wurde nur mithilfe einiger kleiner Retuschen aktuell gehalten. Technisch gab es Detailänderungen an den Blattfedern und optisch am Karosseriezierrat. Die Verkaufszahlen der größeren allradgetriebenen Modelle, speziell der Pickup-Version, entwickelten sich besonders mit dem leistungsfähigeren 3,7-Liter-Sechszylindertriebwerk weiterhin erfreulich.

Der frühere Willys Station Wagon war ab 1956 unter der neuen Modellbezeichnung Utility Wagon unterwegs.

Streng praxisorientiert präsentierte sich auch die Innenraumgestaltung des Kombis. Für erste Komfortfeatures war die Zeit noch nicht gekommen.

Die beiden Passagiere auf den zusätzlichen hinteren Einzelsitzen mussten sich den Platz mit dem voluminösen Ersatzrad teilen.

Mithilfe von immer mehr Chromschmuck versuchte man in Toledo, das rustikale Erscheinungsbild der großen Modelle attraktiver zu machen.

Das konnte man von den Hecktrieblern trotz identischer Motorisierung nicht gerade behaupten, denn 1956 kam es hier zu dramatischen Einbrüchen. Es schien, als schwenkte das Jeep-Publikum bei dieser Modellfamilie mit Nachdruck auf Fahrzeuge mit zuschaltbarem Allradantrieb um – eine Entwicklung, die den Entscheidungsträgern in Toledo vor Augen führte, dass es absolut zielführend war, künftig die 4x4-Technologie zu forcieren. Schließlich hatte man hier umfangreiche Kompetenz und konnte vielfältig nutzbare Fahrzeuge anbieten, deren technisches Konzept ihnen vorerst eine Alleinstellung auf dem hart umkämpften US-Fahrzeugmarkt sicherte. Trotz der fast nur noch dreistelligen Verkaufszahlen der einzelnen heckgetriebenen Modelle entschied das Management von Kaiser-Willys jedoch, diese Fahrzeuge bis auf Weiteres im Programm zu belassen, da sie relativ günstig zu produzieren waren. Am Ende konnte man jeden eingenommenen Dollar gut gebrauchen, denn 1957 liefen vorerst die Lieferungen des M38-A1 an die U.S. Army aus.

1957
Endlich mehr Spannung

Nach dem kurzen Luftholen des Vorjahres ging es nun wieder mit einigen bedeutenden Neuerungen weiter. Die gezielte Modernisierung sämtlicher traditioneller Jeep-Baureihen wurde vor allem mit der Umstellung auf eine leistungsfähigere und stabilere 12-Volt-Elektrik vorangetrieben. Darüber hinaus stand für die Modelle CJ-5 und 6 erstmals ein optional lieferbares 4-Gang-Schaltgetriebe in der Sonderausstattungsliste, ebenso war nun ein Sperrdifferenzial für Vorder- oder Hinterachse erhältlich, das die Offroad-Fähigkeiten der CJ-Jeeps noch einmal deutlich verbesserte. Bei der größeren Kombi-, Lieferwagen und Pickup-Modellfamilie gab es neben dem fast schon obligatorischen veränderten Arrangement der Kühlergitterstäbe auch eine neue Heizungs-

Auch in die Fahrzeuge der CJ-Baureihe zog eine 12-Volt-Elektrik ein. Sie bot größere Reserven und mehr Stabilität bei der Stromversorgung.

Erstmals war ab 1957 für die angebotenen CJ-Modelle auf Wunsch auch ein 4-Gang-Schaltgetriebe verfügbar.

anlage, die den Aufenthalt im Fahrzeug insbesondere im Winter angenehmer machte. Hiervon profitierten nicht nur die Allradausführungen, sondern auch die heckgetriebenen Modelle, bei denen vor allem der Sechszylinder-motorisierte Kombi sich in puncto Verkaufszahlen etwas erholte – freilich auf niedrigem Niveau.

Das war neben der grundsätzlichen Verlässlichkeit des CJ-Absatzmarktes eine der wenigen besseren Nachrichten aus der Vertriebsabteilung in Toledo. Während die »Big Three« mit ihren Marken Millionen von Fahrzeugen auf die Straße brachten und 1957 neue Verkaufsrekorde vermelden konnten, musste Kaiser-Willys wieder Absatzeinbußen hinnehmen und tauchte nicht einmal mehr in den entsprechenden Statistiken auf. Selbst wenn man einräumte, dass der US-amerikanische Automobilmarkt mitunter stark schwankte, musste man besorgt sein, ob das Unternehmen angesichts seiner Angebots-Monokultur mittelfristig überleben konnte.

Halbmoderne Brüder: die FC-Baureihe

Das Management von Kaiser-Willys bemühte sich trotz beschränkter Möglichkeiten nach Kräften, das nur auf den klassischen Jeep und seine größeren Modellvarianten fußende Verkaufsprogramm breiter aufzustellen, um für allfällige Marktschwankungen besser gewappnet zu sein. So präsentierte man zum Jahresende 1956 mit der FC-Baureihe

In moderner Frontlenker-Auslegung präsentierten sich die Klein-Lkw auf der technischen Basis des CJ-5.

Unter der Baureihen-Bezeichnung »FC« für »Forward Control« waren die Fahrzeuge eine vielseitig einsetzbare Alternative zu den Angeboten des Wettbewerbs.

ein modern konzipiertes Nutzfahrzeug, das ausschließlich auf Gewerbekunden abzielte. Geschickt hatten die Entwickler eine fortschrittliche Frontlenker-Auslegung mit sämtlichen Technikkomponenten des CJ-5 kombiniert. Optisch setzte sich das Fahrzeug komplett von den bisherigen Modellen ab – eine Familienähnlichkeit war nur noch in Spuren zu erkennen, man vertraute voll auf die Strahlkraft des Namens »Jeep«.

Die ambitionierte Idee hinter dem FC – die Buchstabenkombination stand für »Forward Control«, also in etwa »Frontlenker« – war, die »Big Three« endlich einmal in einem lukrativen Marktsegment anzugreifen, ohne horrende Entwicklungskosten stemmen zu müssen. Vom Leiterrahmen über das Fahrwerk und den »Hurricane«-Vierzylinder bis hin zur Kraftübertragung mit 3-Gang-Getriebe und zuschaltbarem Allradantrieb entstammte alles dem bewährten Teilefundus. Den Unterschied sollte, nach Vorstellung von Kaiser-Willys, neben dem 4x4-Chassis, die Frontlenker-Auslegung mit moderner Fahrerkabine machen. Denn die bot gegenüber den herkömmlichen damaligen Leicht-Lkw etwa von Chevrolet oder Ford, die zudem nur heckgetrieben waren, den handfesten Vorteil einer in Relation zu den Fahrzeugdimensionen größeren Ladekapazität. Der dadurch für Gewerbetreibende erzielbare größere wirtschaftliche Nutzen sollte die FC-Modelle in eine komfortable Marktposition gegenüber den mächtigen Wettbewerbern hieven, flankiert von einer offensiven Preispolitik.

Den Start machte noch im Dezember 1956 das Premierenmodell FC-150, dem wenige Monate später der mit längerem Radstand und dem »Super-Hurricane«-Sechszylinder ausgestattete FC-170 folgte. Beide waren in verschiedenen Aufbauvarianten zu haben. Im ersten vollen Verkaufsjahr 1957 verzeichnete man durchaus ermutigende Verkäufe, aber das insgeheim vom Kaiser-Jeep Management erwartete Stückzahlfeuerwerk blieb aus. Bald wurden auch die problematischen Fahreigenschaften des FC-150 beklagt, die auf eine ungute Mischung aus schmaler Spurweite, kurzem Radstand und betonter Kopflastigkeit zurückgingen. Es hatte sich gezeigt, dass es unter gewissen Einsatzbedingungen gern einmal zu Überschlägen um die Längs- oder sogar Querachse kam. Zwar ergriffen die Techniker aus Toledo umgehend entsprechende Gegenmaßnahmen, aber zumindest das Bild des kurzen FC hatte schon erste Kratzer abbekommen.

Die FC-Modelle blieben zwar einige Jahre auf dem Markt, doch konnten sie sich, trotz aller angepriesenen Vorteile, nicht gegen die Konkurrenz durchsetzen.

Bei Willys tat man in der Folge einiges, um die Frontlenker-Modelle zu einem nachhaltigen Erfolg zu führen. 1959 gab es ein neues Fahrerhaus, und es kam eine aufgelastete Version mit hinteren Zwillingsreifen auf den Markt. Auch wurde eine De-Luxe-Ausstattung für die Kabine angeboten, man plante

Die Frontlenker-bedingte gute Transportkapazität und der Allradantrieb prädestinierten die Fahrzeuge der FC-Baureihe auch für den Feuerwehrdienst. Im Bild ein Beispiel aus Norwegen.

sogar eine Ausweitung des FC-Konzepts auf die mittlere und höhere Gewichtsklasse. Am Ende musste man in Toledo aber einsehen, dass die Frontlenker nicht das halten konnten, was sie versprochen hatten: Die Verkaufszahlen für den FC-150 erodierten bis 1961 so stark, dass er aus dem Programm genommen werden musste, die des 170er-Modells hielten sich bis 1965 im Bereich um gut 2000 Exemplare pro Jahr, nicht selten gestützt durch Bestellungen der U.S. Army. Und auch die »Großen Drei« ließen sich erwartungsgemäß nicht in Verlegenheit bringen: Sie konterten die Attacke noch vor dem Auslaufen der FC-Baureihe mit eigenen Frontlenker-Konstruktionen.

So blieb der moderne Leicht-Lkw letztlich eine Fußnote der Jeep-Historie. Zwar kostete er Kaiser-Jeep glücklicherweise keine weitere wirtschaftliche Substanz, doch leisteten die Fahrzeuge auch keinen Beitrag zu einer durchgreifenden Verbesserung der Situation.

Die schon von außen erkennbare Kopflastigkeit sorgte in Verbindung mit schmaler Spur und vor allem dem kurzem Radstand des FC-150 für heikle Fahreigenschaften.

Besonders bei Einsätzen auf unwegsamem Terrain war ein Jeep FC – hier ein Modell 170 – dank seines Allradantriebs ein nützlicher Helfer.

1958
Start des ersten Sondermodells

Die angestrengte wirtschaftliche Lage von Kaiser-Willys, aber auch die beschränkte Struktur des bisherigen Fahrzeugprogramms erlaubten keine großen Sprünge, um die Verkäufe anzukurbeln. Vorerst erreichten die CJ-Modelle noch keine breiten Interessentenkreise, sondern waren in erster Linie immer noch Nischenfahrzeuge, die aber immerhin für einigermaßen stabile Umsätze sorgten. Sämtliche anderen Modelle hatten bereits um die zehn Jahre Marktpräsenz auf dem Buckel und durften Ende der 1950er-Jahre selbst in den USA, wo Innovationsgeist nicht gerade zu den großen Stärken der Automobilindustrie zählte, als in Ehren ergraut gelten. Was also tun, wenn Ressourcen und schlagkräftige Ideen knapp waren?

Man ließ in diesem Jahr jegliche Modellpflegemaßnahmen für das Fahrzeugprogramm fallen und beschränkte sich stattdessen darauf, etwas für die besonders notleidenden heckgetriebenen Fahrzeuge zu tun. So wurde die Idee geboren, das mit einem speziellen Ausstattungspaket versehene Sondermodell namens »Maverick« zu präsentieren. Das Management in Toledo versprach sich davon, die tatsächlich in den mittleren dreistelligen Bereich abgerutschten Verkaufszahlen des mit dem Vierzylinder-»Hurricane«-Motor ausgerüsteten Kombimodells Utility Wagon in Bewegung zu bringen. Die Bezeichnung »Maverick« rührte von einer Art früher Crossmarketing-Maßnahme mit dem US-Sender ABC her und bezog sich auf eine erfolgreiche Western-Fernsehserie, die dort produziert wurde. Von den regulären Modellen unterschied sich der »Maverick«-Kombi durch – wieder einmal – veränderten Chromzierrat, eine Zweifarbenlackierung und Sitzbezüge aus Kunstleder. Nette Details, die aber in puncto Verkaufszahlen im Premierenjahr des Sondermodells noch nichts Nennenswertes ausrichten konnten.

In Toledo hoffte man, durch die Kreation eines ersten Sondermodells, das Bezug auf die populäre TV-Westernserie »Maverick« nahm und zusätzliche Ausstattungsumfänge bot, die notleidenden Absatzzahlen besonders der großen Utility Wagons wieder in Schwung zu bringen. In der Mitte des Ensembles ist übrigens der Hauptdarsteller James Garner zu erkennen.

1959
Trendwende in Sicht?

Die grundsätzliche Wirksamkeit des in Toledo kreierten Sondermodell-Konzepts zum Zweck der Verkaufsförderung untermauerte aber bereits das Verkaufsgeschehen im neuen Jahr. Trotz der wenig attraktiven Vierzylinder-Motorisierung schoss die »Maverick«-Version des Hecktrieblers auf über 2500 Exemplare nach oben. Dass das Sondermodell im Lauf des Jahres auch in Verbindung mit dem 3,7-Liter-Sechszylinder geordert werden konnte, resultierte auch hier in zusätzlichen Verkäufen. Dies alles vollzog sich jedoch vor dem Hintergrund eines wieder anziehenden Gesamtmarkts, von dem auch das komplette restliche Kaiser-Willys Fahrzeugprogramm profitierte.

Einen Beitrag dazu leisteten vermutlich einige modernisierend wirkende Modifikationen an den Karosserien der heckgetriebenen Kombi- und Lieferwagenmodelle. Diese traten nun mit einer leicht gewölbten einteiligen Windschutzscheibe sowie einem weniger gewölbten Dach an, das den Fahrzeugen eine etwas flachere Silhouette verlieh. Während Letzteres auch für die 4x4-Versionen zutraf, dauerte es noch bis zum Folgejahr, bis dass in diesen auch die neue Frontscheibe zum Einsatz kam. Die Pickups mussten vorerst auf beides verzichten und sich mit einer neuen Seitenzierleiste begnügen.

1960
Der CJ hält Kurs

Auf einem starken, erneut auf Wachstumskurs eingeschwenkten Gesamtmarkt konnte das arg angestaubte Programm der Willys Utility-Modelle das gerade erst erzeugte Verkaufsmomentum nicht halten. Es fehlten zündende Impulse, wie man sich aus der Situation des »Zu wenig zum Leben, zum Sterben zu viel« befreien

Seit Mitte der 1950er-Jahre hatte sich der Pickup als die Variante mit den bei weitem höchsten und stabilsten Absatzzahlen unter den größeren Willys-Modellen etabliert. In Toledo gab man sich Mühe, die Attraktivität des Lastesels – und sei es durch neue Zierleisten – hochzuhalten.

Mit seiner robusten Art, hoher Praxistauglichkeit und natürlich dem zuschaltbaren Allradantrieb machte sich der Pickup viele Freunde.

konnte. So blieb es, wie fast schon gewohnt, bei wenigen Retuschen an der Fahrzeugoptik und der Einführung einer anders spezifizierten Modellvariante bei den allrad- und heckgetriebenen Lieferwagen. Erstere beschränkten sich auf eine andere Gestaltung der Seitenzierleisten für die 4x4-Kombimodelle in Normal- und »Maverick«-Ausstattung, während die neue Variante mit Namen »Traveller« eine spezielle Spielart des Utility-Delivery-Lieferwagens darstellte. Als Erkennungsmerkmale verfügten diese für kleine Gewerbetreibende gedachten Fahrzeuge über das alte rundlichere Dach, statt verblechter Laderaumwände über Glasfenster, und seitliche, quer zur Fahrtrichtung installierte Klappsitze – angesichts der über die Folgejahre verkauften minimalen Stückzahlen konnten diese »Traveller«-Modelle bestenfalls als Antwort auf eine kaum je gestellte Frage gelten. Von deutlich mehr Kreativität zeugte dagegen die wiederum veränderte Zierleistengestaltung bei den 4x2-Kombis und -Lieferwagen. Sie bestand pro Fahrzeugflanke aus zwei Elementen, die sich auf Höhe der Gürtellinie vom vorderen zum hinteren Fahrzeugende zogen und – ganz im Sinne des damaligen Zeitgeistes – die Umrisse einer Rakete beschrieben: vorne spitz zu- und auf Höhe der A-Säule nach hinten verbreitert auslaufend.

Von solchen, insbesondere bei den US-Herstellern beliebten Spielchen blieben CJ-5 und CJ-6 gänzlich unbehelligt. Beide zogen verlässlich und unaufgeregt ihre Bahn und konnten mit akkumuliert fast 24.000 Fahrzeugen das zweitbeste Verkaufsergebnis seit ihrem 1955 erfolgten Debüt erzielen. Alles war wie immer: Der klassische Jeep erwies sich auch zu Beginn der neuen Dekade als unantastbar – man musste sich in Toledo nur trauen, ihn mit dem erforderlichen Fingerspitzengefühl in die Zukunft zu führen.

1961
Zögerliche Fortschritte

Tatsächlich entfaltete man bei Kaiser-Willys in diesem Jahr vorsichtige Aktivitäten in diese Richtung. Dabei verfolgte man einen zweigleisigen Kurs: Zum einen in Richtung der traditionellen Käuferkreise und zum anderen mit Blick auf eine neue Art von Kunden, deren Einstellungen und Erwartungen die Marketingexperten und Produktplaner des Unternehmens zu Beginn der 1960er allmählich besser zu verstehen begannen. Für CJ-5 und CJ-6 bedeutete dies, dass erstmals ein Dieseltriebwerk als Motorisierungsoption verfügbar gemacht wurde. Diese Maßnahme, die sich in erster Linie an professionelle Kundenkreise richtete, war insofern recht ungewöhnlich, als Selbstzünderaggregate in Nordamerika fast ausschließlich in mittleren und schweren Transport- und Bau-Lkw eingesetzt wurden. In kleineren, privat genutzten Fahrzeugen oder gar Pkw kamen sie schlicht nicht vor, da ihnen ihr Truck-Image im Weg stand.

Dennoch hielten die Entscheider bei Willys die Vorteile eines Dieselmotors offenbar für so überzeugend, dass sie ihn ungeachtet seines nachteiligen Images für den Jeep anboten. Man griff dabei auf einen gut 3,1 Liter großen Vierzylinder des renommierten britischen Herstellers Perkins zurück, der zahlreiche Nutzfahrzeughersteller mit seinen ausgereiften und langlebigen Triebwerken belieferte. Bezeichnend war, dass die Grundkonstruktion des ausschließlich auf Drehmomentstärke und Strapazierfähigkeit ausgelegten Langhubers moderner war als die des »Hurricane«-Benziners. Verfügte Letzterer immer noch über die mittlerweile vorsintflutliche IOE-Wechselsteuerung mit einem seitlich stehendem Auslass- und einem im Zylinderkopf hängenden Einlassventil pro Zylinder, so war der Perkins-Diesel als OHV-

Dieser mit Schmuck-Radkappen und Weißwandreifen ausstaffierte CJ-5 deutete an, wo die Reise der CJ-Baureihe langfristig hinging.

Motor mit zwei hängenden Ventilen konstruktiv auf der Höhe der Zeit. Das Triebwerk war ein typischer Langsamdreher mit einer Nenndrehzahl von nur 3000/min, bot aber ein sattes Drehmoment von 194 Nm, das schon bei 1350/min anlag und für hohe Zugkraft sorgte. Seine Spitzenleistung betrug 62 PS/46 kW. Gekoppelt war der großvolumige Vierzylinder an das seit 1957 auf Wunsch erhältliche 4-Gang-Getriebe T98 von Warner Gears.

Natürlich machte der britische Eisenklotz im Motorraum den CJ kopflastig und die Lenkung schwergängig, aber es ging hier ja nicht um agiles Fahrverhalten, sondern um Langlebigkeit und wirtschaftlichen Betrieb des Jeep. Dass die Dieselmotor-Option trotzdem ein Riesenflop wurde und hinsichtlich des US-amerikanischen Absatzmarktes Jahrzehnte zu früh kam, hatte wohl in der Tat mit dem kulturellen Problem zu tun, das der Selbstzünder jenseits des Atlantiks hatte. Genaue jährliche Stückzahlen gibt es nicht, aber Kenner vermuten, dass insgesamt weniger als 3000 CJ mit dem Perkins-Diesel gebaut wurden, und fast alle wurden letztlich exportiert.

Die andere nun weiterverfolgte Entwicklungslinie der CJ-Baureihe lief in die exakt entgegengesetzte Richtung: Als erstes Sondermodell des klassischen Jeep wurde im selben Jahr der zunächst in beschränkter Auflage angebotene CJ-5 »Tuxedo Park« eingeführt. Er zielte auf die sich in den USA entwickelnde Freizeitgesellschaft ab, eine Klientel, die auf Individualität bedacht war und im privaten Umfeld die Vielseitigkeit des Jeep ebenso schätzte wie ein eher urban geprägtes Maß an Komfort. Das spiegelte der »Tuxedo Park« im Ansatz wider: Sein optischer Auftritt war durch Pkw-hafte Attribute charakterisiert. Dazu gehörten etwa blecherne Zierradkappen, modische Weißwandreifen und Chromstoßstangen. Im Interieur gab es nun unter anderem eine Drei-Mann-Sitzbank. Technisch blieb der CJ-5 jedoch ganz der Alte, wobei aber unstrittig war, dass über kurz oder lang auch hier einschneidende Maßnahmen ergriffen werden mussten, um die weitere Zivilisierung der CJ-Baureihe glaubwürdig vorantreiben zu können. Obwohl die Statistiken keinerlei Aufschluss darüber geben, wie oft das zwei Jahre lang angebotene Sondermodell verkauft wurde, deutet der weitere Verlauf der Jeep-Historie darauf hin, dass der hier eingeschlagene Weg den Verantwortlichen in Toledo erfolgversprechend erschien.

Bei den antiquierten Kombi-, Lieferwagen- und Pickup-Baureihen von Willys tat sich 1961 nichts Nennenswertes, nicht einmal neue Zierleisten waren in Sicht. Die bewährten Fahrzeuge mit Heck- oder Allradantrieb hatten auf dem riesigen US-Fahrzeugmarkt einen kleinen, aber stabilen Kundenstamm. Obwohl sie mittlerweile aus der Zeit gefallen waren, wurden sie wegen der – wenn auch bescheidenen – Deckungsbeiträge, die sie erwirtschafteten, noch eine Zeit lang gebraucht. Ihr Ende rückte aber langsam näher, denn im Hintergrund kündigten sich sensationelle Dinge an, die die Zukunft der Jeep-Produktfamilie nachhaltig prägen sollten.

1962
Start in eine neue Ära

Im Mai gab es eine Neuerung für die Willys-Modelle, die so überraschend und eigentlich eher unpassend war, dass man etwas anderes, Großes dahinter vermuten musste: Für den altväterlichen Kombi und Lieferwagen in Allrad- und Hecktrieblerversion sowie den Pickup wurde ein wahrlich moderner 3,8-Liter-Reihensechszylinder gegen Aufpreis verfügbar gemacht. Tatsächlich war das Triebwerk nichts anderes als der Vorbote einer Bombe, die im November platzte und alles änderte: Kaiser-Willys präsentierte den Jeep Wagoneer, ein Fahrzeug völlig neuen Zuschnitts, das eine Synthese aller Erfahrungen und zukunftsweisender Überlegungen der Entwickler und Verkaufsstrategen in Toledo darstellte. Was da als Ergebnis einer fünfjährigen Entwicklungsphase auf die Räder gestellt worden war, ließ die uninspiriert wirkende Modellpolitik, die seit vielen Jahren geherrscht hatte, in einem anderen Licht erscheinen. Offenbar waren alle nur verfügbaren Ressourcen benötigt worden, um das Wagoneer-Konzept zu entwickeln und Wirklichkeit werden zu lassen.

Im Vergleich zu den jenseits des CJ angebotenen Fahrzeugen des Willys-Programms markierte der Wagoneer nicht weniger als einen Quantensprung. Alles war neu, modern und richtungweisend: Das Leiterrahmen-Fahrgestell konnte auf Wunsch mit einer komplett neu entwickelten vorderen Einzelradaufhängung versehen werden, den Antrieb des in 4x2- und 4x4-Version erhältlichen Wagens übernahm eben dieser im Mai eingeführte, selbst konstruierte 3,8-Liter-Reihensechszylinder mit obenliegender Nockenwelle, und auf Wunsch standen typische Luxusausstattungen wie Servolenkung, Automatikgetriebe, Klimaanlage und Radio bereit. Kurzum: Der Wagoneer schuf ein eigenes neues Fahrzeugsegment, das die Fähigkeiten eines Offroaders mit denen eines Straßen-Pkw in bisher unbekannter Weise verband. Zwar hatten die »Big Three« zu diesem Zeitpunkt ähnlich konzipierte Fahrzeuge im Angebot, doch keines von ihnen hatte so viele Pkw-Gene wie der Wagoneer, weshalb er als eigentlicher Urvater einer neuen, später als »Sports Utility Vehicle« bezeichneten Fahrzeuggattung gelten darf.

Ende 1962 markierte die Premiere des Wagoneer – hier als Pickup namens »Gladiator« – den Beginn einer neuen Zeitrechnung für Jeep. Mit einem Mal erschloss sich eine klare Zukunftsperspektive jenseits der klassischen CJ-Baureihe.

Relativ kompakt, praktisch und mit einer eigenen, modernen Designsprache setzte der Wagoneer einen neuen Standard im Modellprogramm.

Für Aufsehen sorgte zudem, dass die moderne Technik in ein überaus attraktives Blechgewand gepackt war: Geradlinig, durchaus auch etwas dynamisch gezeichnet, verabschiedete sich die Karosseriegestaltung von der bekannten Jeep-Optik und begründete eine eher an Personenwagen orientierte Designsprache, die Jahrzehnte lang prägend wirkte. Dabei fehlte es dem Wagoneer weder in der Stadt noch abseits befestigter Wege an Vielseitigkeit und Praktikabilität. Innen bot er genügend Platz und Stauraum, und die bis zu sechs Passagiere konnten sich an dem sehr Pkw-artigen Ambiente erfreuen, das durch ein optional lieferbares »Custom«-Ausstattungspaket mit Bodenteppichen und vielen anderen Annehmlichkeiten noch aufgewertet werden konnte. Serienmäßig an Bord war eine manuelle Lenkradschaltung, die anfangs noch mit drei Gangstufen auskommen musste. Gegen Aufpreis lieferbar war eine ebenfalls per Lenkstockhebel bedienbare 3-Gang-Automatik von Borg Warner. Als nachteilig galt, dass Letztere in Kombination mit einem Verteilergetriebe ohne Geländeuntersetzung arbeitete, was Offroadeinsätzen frühzeitig Grenzen setzte.

Der neue, für US-amerikanische Verhältnisse hochmoderne Sechszylinder nahm gewisse Anleihen am bekannten »Super Hurricane«-Motor von Continental, war aber dank der obenliegenden Nockenwelle agiler und leistungsfreudiger. Darüber hinaus zeichnete er sich durch seine Durchzugskraft aus. Mit einer nominellen Höchstleistung von 142 PS/105 kW erschloss das Triebwerk dem Wagoneer neue Fahrleistungsdimensionen: Als Höchstgeschwindigkeit wurden nun fast 150 km/h erreicht. Leider erwies sich das Triebwerk als noch nicht vollständig ausgereift, denn schnell zeigten sich konstruktive Mängel. Die Kunden plagten defekte Nockenwellen, Motorundichtigkeiten und hohe Ölverbräuche. Als Konsequenz wurde die Maschine zum Modelljahr 1965 gegen einen von AMC gebauten, ebenfalls 3,8 Liter Hubraum messenden Sechszylinder mit eher landläufiger OHV-Ventilsteuerung ausgetauscht, der aber noch 5 Mehr-PS lieferte.

Auf den Markt kam der Wagoneer in drei unterschiedlichen Ausführungen: Als 2/3-Türer, als 4/5-Türer und als Lieferwagen mit verblechten hinteren Seitenteilen. Vom Marktstart an entschieden sich allerdings mehr als zwei Drittel der Käufer für die 4/5-türige Variante, die beiden anderen blieben jedoch noch bis 1969 im Programm. Im Grunde genommen gab es noch eine vierte Ausführung: Parallel zum Wagoneer kam der mit dem martialischen Namen »Gladiator« bedachte Pickup auf den Markt. Der wurde als Nachfolger der alten Willys Trucks als leichtes Nutzfahrzeug vermarktet, unterschied sich technisch aber nicht nennenswert vom Wagoneer. Er konnte auf Wunsch ebenfalls mit vorderer Einzelradaufhängung ausgestattet werden, und auch das mechanische 4-Gang-Getriebe wie die Automatik standen auf der Aufpreisliste. Anders als beim alten Willys-Vorgänger, den es bald nur noch mit Allradantrieb gab, konnte man sich beim Gladiator zwischen 4x2- und 4x4-Ausführung entscheiden. Zudem hatte der Kunde die Wahl zwischen verschiedenen Nutzlastgrößen und unterschiedlichen Radstandmaßen – dies alles machte den Jeep Pickup zu einem ernsthaften Konkurrenten der Angebote von GMC, Ford und Dodge. Tatsächlich verkaufte sich der Gladiator von Beginn an ausgezeichnet und knabberte merklich an den Marktanteilen der Konkurrenzmodelle.

»History Makers« – die Werbeanzeige nahm im Fall der neuen Wagoneer- und Gladiator-Modelle den Mund keinesfalls zu voll.

Der Jeep Gladiator mauserte sich binnen kurzem zu einem ernstzunehmenden Herausforderer für die Modelle der Detroiter Konkurrenz.

1963
Aus Willys wird Jeep

Passend zur neuen Ausrichtung des Fahrzeugprogramms gab es als wichtigste Änderung des Jahres eine Umbenennung des Unternehmens. Aus der bisherigen Willys Motor Company wurde die Kaiser Jeep Corporation. Die neue Firmierung und der unter dem Markennamen »Jeep« herausgebrachte Wagoneer reflektierten lediglich den vor sich gehenden Epochenwechsel: Während Willys in jeder Beziehung für die Vergangenheit stand, war der Begriff Jeep emotional rundum positiv aufgeladen und bezeichnete inzwischen sogar markenübergreifend eine ganze Gattung bestimmter Fahrzeuge, was ihn zukunftsorientiert erscheinen ließ.

Ansonsten beschäftigte man sich in Toledo vor allem mit dem neuen Wagoneer und dessen Kinderkrankheiten, die nicht nur den Sechszylindermotor, sondern zunehmend auch die als Sonderausstattung spezifizierbare vordere Einzelradaufhängung betrafen. Die korrekte Justierung der Drehstabfedern erwies sich als Alptraum für alle Servicemechaniker und Selberschrauber, und so verschwand diese Option, die im Konkurrenzumfeld ein Alleinstellungsmerkmal des Wagoneer war, 1965 wieder in der Versenkung. Trotz des Erscheinens von Wagoneer und Gladiator wurden die alten Willys-Modelle aber noch nicht aus dem Programm genommen. Vermutlich, weil sie im Vorjahr antriebseitig noch einmal eine Frischzellenkur verabreicht bekommen hatten, verkauften sie sich zum Ende ihrer Lebenszeit nicht einmal schlecht, verzeichneten sogar leichte Zuwächse. Sicher konnten sich manche der neuen und auch der Stammkunden noch nicht auf Anhieb mit den radikal modernisierten neuen Jeep-Modellen anfreunden – doch sorgten gerade diese bei der Geschäftsleitung in Toledo für entspannte Gesichter, denn im Premierenjahr konnten fast 20.000 Wagoneers und Gladiators an ihre Besitzer übergeben werden. Ein Start, wie man ihn sich gewünscht hatte.

In den Werbekampagnen stellte man mit Recht die Vielseitigkeit der neuen Modelle – in diesem Fall des Gladiator – heraus.

KAPITEL 5

Kaiser Jeep Corporation: Blick nach vorn – 1964 bis 1969

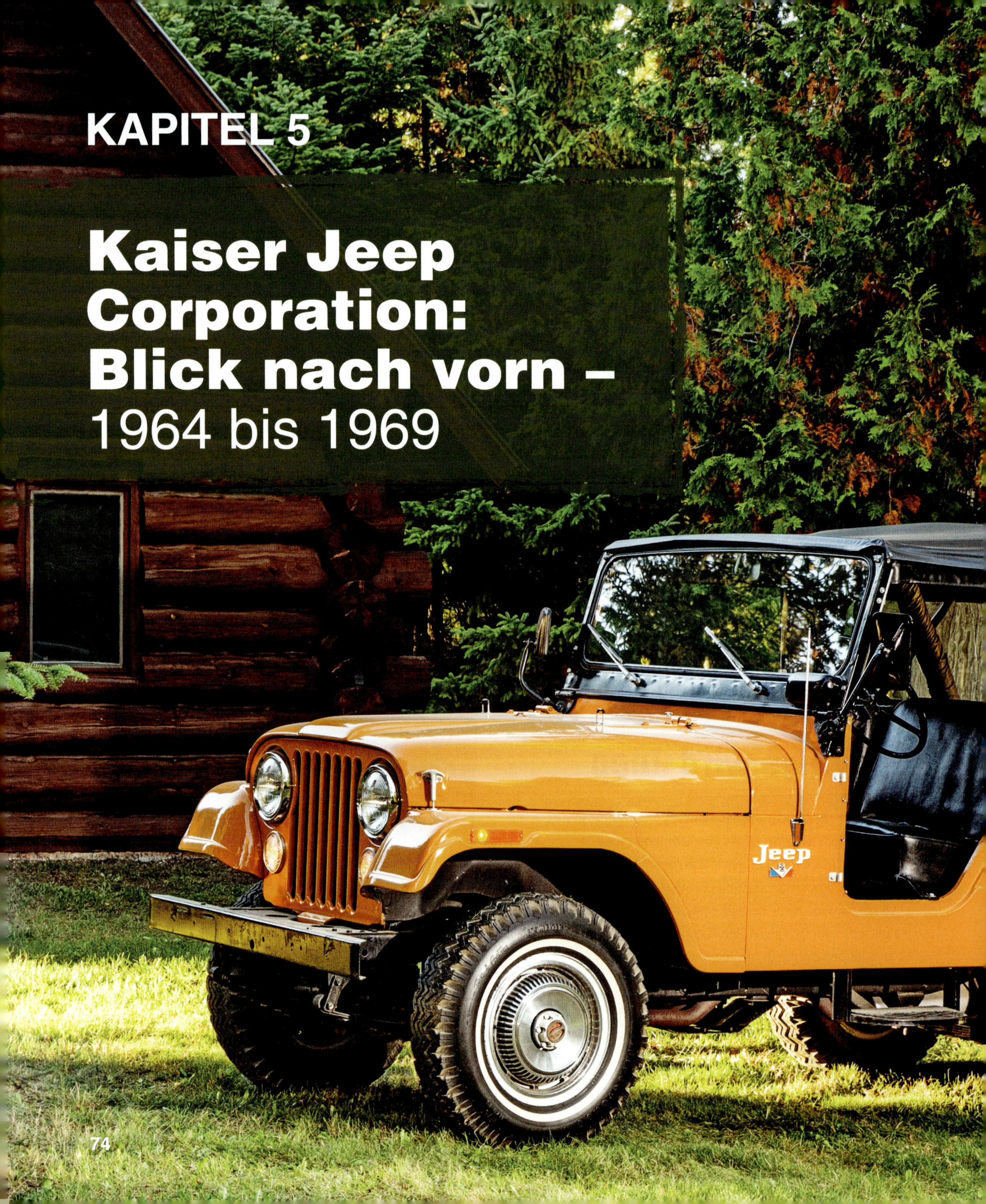

1964
Old soldiers never die …

Nachdem die Markteinführung von Wagoneer und Gladiator bis auf das ärgerliche Motorenproblem mit dem neuen Sechszylinder recht geschmeidig über die Bühne gegangen war, gab es in diesem Jahr nur wenig Neues. Erstmals war nun auf Wunsch eine Klimaanlage für die beiden Modelle lieferbar, und man versuchte, durch die Einführung einer wahlweise verfügbaren, niedriger verdichteten und deshalb auf 133 PS/98 kW leistungsreduzierten Version die Empfindlichkeit des Reihensechsers etwas zu verringern. Insgesamt hielten sich die Verkäufe trotz der Anfangsprobleme im Wesentlichen auf Vorjahresniveau.

Der Wagoneer zielte auf die sich in den 1960er-Jahren immer stärker herauskristallisierende Freizeitgesellschaft ab und schuf eine ganz neue Fahrzeuggattung.

Die legendären Qualitäten des Ur-Jeep im Kleid eines attraktiven und zivilisierten Familienkombis – eine zielführende Marketingstrategie.

Damit war klar, dass Wagoneer und Gladiator vom Publikum angenommen wurden und die Frage beantwortet werden musste, was nun mit den alten Willys-Kombis, -Lieferwagen und -Pickups geschehen sollte.

Wie zu erwarten, hatte der erhebliche Leistungszuwachs vom Jahr zuvor, als kurioserweise der neue OHC-Sechszylinder noch zur Topmotorisierung gemacht worden war, keine relevanten Steigerungen der Verkaufszahlen hervorgebracht. 1964 zeichnete sich ab, dass der Jahresabsatz sowohl der allrad- wie der heckgetriebenen Varianten im zwei- bis dreistelligen Bereich verharren würde – höchste Zeit, endlich Schluss zu machen.

So fiel die einzig richtige Entscheidung: Zum Jahresende wurde die Produktion der kompletten Modellfamilie eingestellt. Das geschah sicher auch mit einer gewissen Wehmut, denn die jederzeit verlässlichen Fahrzeuge hatten über rund fünfzehn Jahre einen wichtigen Beitrag zum Überleben von Willys-Overland und der Willys Motor Company geleistet. Um möglicherweise übrigbleibende Lagerfahrzeuge auch noch abverkaufen zu können, beschloss man in Toledo, diese auch im Folgejahr noch anzubieten – unter der fälschlichen Angabe, es handele sich um Exemplare des Modelljahrs 1965 …

Wichtiger als dieser leicht unseriöse Kunstgriff der Vertriebsabteilung war, dass sich nun auch bei der CJ-Baureihe wieder etwas tat. Da man an der sehr positiven Aufnahme von Wagoneer und Gladiator ablesen konnte, dass eine weitere Zivilisierung geländetauglicher Kombis und Pickups offenbar den Nerv des Publikums traf, versuchte man Ähnliches auch bei den

Die traditionellen Willys Pickup-Modelle gingen mit der Einführung des Jeep Gladiator unweigerlich ihrem Ende entgegen.

Klassikern CJ-5 und CJ-6 umzusetzen, obwohl hier die Grundvoraussetzungen wesentlich anders waren. Weil aber die 1961 quasi als Versuchsballon eingeführten »Tuxedo Park«-Sondermodelle immerhin so viele Abnehmer gefunden hatten, dass sie drei Jahre lang – jeweils leicht aufgewertet als »Tuxedo Park II« und »Tuxedo Park III« – im Programm geblieben waren, nahm man diesen Faden auch 1965 wieder auf und präsentierte unter der Bezeichnung »Tuxedo Park IV« eine umfangreicher verfeinerte

Der leistungsstarke 3,7-Liter-OHC-Sechszylinder war eine wegweisende Eigenkonstruktion, litt aber unter Kinderkrankheiten.

Dieser CJ-5 von 1963 lässt einige Indizien im Hinblick auf die weitere Zivilisierung der Baureihe erkennen, beispielsweise die sportlichen Einzelsitze oder die glänzenden Chromradkappen.

Ausbaustufe des Ausstattungspakets. Verchromte Stoßstangen, Windschutzscheibenscharniere, Motorhaubenscharniere und -verschlüsse, Tankdeckel, Spiegel- und Rückleuchtengehäuse erfreuten ebenso das Auge potenzieller Käufer wie speziell entworfene Radkappen und eine breite Auswahl an Verdeckfarben und Sitzbezügen, die nun in Kunstleder ausgeführt waren. Außerdem gab es eine Lenkradschaltung, diverse Bedienungserleichterungen und eine Auswahl an Extras, die exklusiv den »Tuxedo Park IV«-Modellen vorbehalten waren. Angesichts der Fülle an Veränderungen hielt man es in Toledo dann auch für angezeigt, den Sondermodellen sogar eine eigene Modellbezeichnung zuzuerkennen: CJ-5A und CJ-6A – denn auch die Variante mit verlängertem Radstand kam nun in den Genuss dieses Ausstattungspakets. Leider verpuffte der ganze Aufwand ein wenig, da die Absatzzahlen dieser Modelle überschaubar blieben: Vom CJ-5 wurden viermal so viele Exemplare verkauft wie vom aufgewerteten CJ-5A. Man darf annehmen, dass die Verantwortlichen in Toledo auch ahnten, woran das lag. Schließlich entfaltete sich auf dem US-Automobilmarkt gerade ein Phänomen, dass bald als »PS-Rennen« zwischen den maßgeblichen Herstellern in die Geschichte eingehen und eine Gattung sehr spezieller Autos, die »Muscle Cars«, hervorbringen sollte. Da waren die CJ-Jeeps zwar nicht gerade typische Zielobjekte, aber dem Drang des Publikums nach wesentlich mehr PS unter der Haube unterlagen offenbar auch sie immer stärker. Mit dem bisherigen »Hurricane«-Vierzylinder und seinen spärlichen 75 PS/55 kW war unter diesen Umständen kein Staat mehr zu machen.

1965
Eintritt in die V8-Welt

Das Jahr brachte substanzielle Lösungen für die Probleme, mit denen sich die beiden noch jungen Jeep-Modelle Wagoneer und Gladiator zu Anfang hatten herumschlagen müssen. Zum einen verabschiedete man sich von der Option einer vorderen Einzelradaufhängung und kehrte standardmäßig zur bewährten Starrachse zurück, zum anderen ersetzte man den kränkelnden OHC-Motor durch den von AMC zugekauften, sogar noch etwas stärkeren OHV-Sechszylinder. Zwar hatte man inzwischen die

Der Jeep Gladiator verdiente sich als verlässlicher Begleiter im Gewerbe, aber auch in der Landwirtschaft viele Meriten.

Auch in Kommunen, wie hier bei der Feuerwehr, oder bei Behörden versah der Gladiator, gegebenenfalls mit Spezialaufbau, zuverlässig seinen Dienst.

Populär waren auch Abschleppwagenaufbauten, die von spezialisierten Zulieferern bezogen werden konnten.

Schwächen der Eigenkonstruktion mehr oder weniger ausgemerzt, aber das so modern konzipierte Triebwerk war potenziellen Kunden nicht mehr vermittelbar, sodass nur diese radikale Maßnahme half.

Noch viel radikaler, aber dem allgemeinen Verlangen nach massiv steigenden PS-Leistungen geschuldet, war dagegen die Einführung des V8-Motors. Das gegen Aufpreis für Kombi und Pickup lieferbare, ebenfalls von American Motors übernommene Aggregat mit einem klassischen Zylinderbankwinkel von 90 ° und OHV-Ventilsteuerung spiegelte den technischen Mainstream wider und lieferte das, was alle US-amerikanischen V8-Motoren klassischer Bauart seinerzeit boten: Zuverlässigkeit, Langlebigkeit, hohe Laufkultur und dank üppigem Hubraum ein aus dem Ärmel geschütteltes stattliches Leistungsvolumen, das souveränes und entspanntes Vorankommen garantierte. Mit einer im Vergleich zum Sechszylinder um rund 100 PS/74 kW auf 250 PS/184 kW gesteigerten Höchstleistung, die nun einem Hubraum von 5,3 Litern entsprang, beteiligten sich Wagoneer und Gladiator auf ihre Art am berühmt-berüchtigten PS-Rennen ihrer Zeit – auch wenn es bei ihnen nicht um Beschleunigungszeit und Höchstgeschwindigkeit ging. Begleitet wurde die Ankunft des Achtzylinders, der serienmäßig mit dem mechanischen 3-Gang-Schaltgetriebe T85 von Warner Gears gekoppelt war, von einem neuen, gegen Aufpreis lieferbaren 4-Gang-Automaten von General Motors und einer ebenfalls optionalen neuen Servolenkung, die weniger indirekt übersetzt war.

Auch in puncto Insassensicherheit zeigte die inzwischen in den USA lebhaft geführte Diskussion zu diesem Thema Wirkung. Alle Modelle wurden mit einem Sicherheitspaket ausgestattet, das unter anderem Sicherheitsgurte vorne und hinten, ein gepolstertes Armaturenbrett und eine Verbundglas-Windschutzscheibe sowie ein Zweikreis-Bremssystem umfasste. Die neue, ausschließlich auf AMC-Konstruktionen setzende Motorenpalette zog an den Wagoneer-Modellen auch äußerliche Veränderungen nach sich. Statt des vertikal ausgerichteten, noch entfernt an die Willys-Vorgänger erinnernden Kühlergrills kam nun eine streng horizontal gezeichnete, dadurch flacher wirkende Fahrzeugfront mit über die volle Breite reichendem Chromgrill zum Einsatz, die ein weiteres Stück Modernität in die Wagoneer-Karosserie trug. Am Gladiator Pickup blieb die traditionelle Kühlergrill-Gestaltung dagegen noch bis 1969 erhalten.

Fast zwangsläufig führte der mit V8-Motorisierung und zunehmendem Passagierkomfort eingeschlagene Weg zu einer Art Paukenschlag in der Modellpalette von Kaiser-Jeep. Man versuchte in Toledo, das Thema, bei dem mangels entsprechendem Fahrzeugangebot zunächst keine Konkurrenz von den »Big Three« zu fürchten war, bis aufs Letzte auszureizen und sich damit endgültig die gefundene Marktnische bestmöglich zu sichern. Denn eines war klar: Wer zuerst da war, ergatterte das größte Stück vom Kuchen. So präsentierte man Ende des Jahres als absolutes Spitzenmodell den Super Wagoneer – den eigentlichen und wahren Urvater der heutigen Luxus-SUV. Bedenkt man, dass erst im Jahr zuvor die

Der von American Motors zugekaufte 5,3-Liter-V8 katapultierte mit seinen 250 PS/184 kW Wagoneer und Gladiator in neue Leistungssphären.

Als erster, auch nach heutigen Begriffen als Luxus-SUV zu titulierender Vertreter der Gattung feierte Ende 1965 der Jeep Super Wagoneer sein Debüt.

kargen Willys Wagon-Modelle aufs Altenteil geschickt worden waren, konnte man sich nur die Augen reiben, was man nun in Toledo auf die Räder gestellt hatte. Auf Basis des bisherigen V8-Wagoneer war ein Superluxus-Großkombi mit Geländefähigkeiten entstanden, der mit nichts anderem auf dem Pkw-Markt vergleichbar war.

Unter der Haube arbeitete nun ein dank Vierfach-Vergaser und höherer Verdichtung auf 274 PS/202 kW leistungsgesteigerter AMC-V8, an den die TH 400 3-Gang-Automatik von GM gekoppelt war. Von außen war der Super Wagoneer am neuen horizontalen Kühlergrill, einem modischen Vinyldach samt verchromter Dachreling, seitlicher Doppelzierleiste samt spezieller Ornamentik und sportlich akzentuierten Radkappen zu erkennen. Sensationell war aber, was sich im Innenraum getan hatte: Hier gab es Luxus-Ausstattungselemente, die nicht einmal eine Limousine von Cadillac oder Lincoln vorweisen konnte. Dazu zählten beispielsweise ein Stereo-Drucktastenradio mit vier Lautsprechern, ein vielfach verstellbares Lenkrad, automatisch abblendbarer Innenspiegel, Automatikgurte und sogar eine elektrisch betätigte Heckklappe. Da waren die Klimaanlage, ausgeformte vordere Einzelsitze oder der üppig mit Teppich ausgeschlagene Fußraum fast schon alltägliche Luxusmerkmale. Das alles hatte natürlich seinen Preis und richtete sich damit an eine Käuferklientel, die bisher keine Notiz von der Jeep-Modellpalette genommen hatte. Wer sich einen Super Wagoneer zulegen wollte, musste doppelt so viele Dollar auf den Tisch legen, wie das Wagoneer-Einsteigermodell kostete.

Rückblickend betrachtet, waren die Verantwortlichen in Toledo mit dem Super Wagoneer vielleicht ein wenig zu früh und zu stark vorgeprescht. Die großen Hoffnungen, die man in den Luxus-Kombi gesetzt hatte, erfüllten sich nicht. Zwar gibt es keine offiziellen Zahlen, aber es wird vermutet, dass bis zu seinem Auslaufen im Jahr 1969 weniger als 4000 Exemplare verkauft werden konnten. Tatsächlich begann erst der 1970 vorgestellte Range Rover das neue Marktsegment zu erschließen und schöpfte mindestens zwei Jahrzehnte lang – nahezu unbehelligt von europäischer Konkurrenz – den Rahm ab.

1966
Der CJ bekommt Muskeln

So wie sich der US-Automobilmarkt im Allgemeinen und die Modellpolitik von Kaiser-Jeep im Besonderen entwickelte, war zu erwarten, was zur Jahresmitte auch für die klassischen CJ-5- und CJ-6-Modelle zur Realität wurde. Ergänzend zum altbekannten »Hurricane«-Vierzylinder konnten Interessenten gegen Aufpreis nun auch eine mehr als doppelt so starke Powerversion ordern. Bei diesem Triebwerk handelte es sich um einen 3,7-Liter-V6 von GM,

Auch heute noch absolut alltagstauglich und eine Augenweide im SUV-Meer: Ein Sechszylinder-motorisierter Wagoneer, Modelljahr 1964.

Der von General Motors stammende 3,7-Liter-V6 stammte von einem V8-Motor ab und war mit seinem 90°-Zylinderbankwinkel ein etwas rauer Geselle.

Die mit dem V8-Triebwerk ausgestatteten Wagoneer-Modelle wiesen den modernen Horizontal-Kühlergrill auf.

Blick in die Endkontrolle: Neue Wagoneer- und CJ-Modelle vor dem Verlassen der Fertigungshalle in Toledo.

Die 162 PS/119 kW eines mit dem neuen V6 motorisierten CJ-5 befähigten den Klassiker zu deutlich besseren Fahrleistungen. Nichts für Übermütige.

eine Buick-Konstruktion, an der Kaiser-Jeep vorübergehend die Rechte erworben hatte. Ausgestattet mit einem Doppelvergaser von Rochester, lieferte das OHV-Aggregat, das auf einem V8-Motor basierte und deshalb mit dem für V6-Aggregate ungünstigen Zylinderbankwinkel von 90 ° aufwartete, 162 PS/119 kW bei 4200/min und ein Drehmomentmaximum von 319 Nm bei 2400/min.

Das durchzugsstarke, aber rau laufende Triebwerk machte aus dem CJ zwar keinen Sportwagen, veränderte seinen Charakter aber grundlegend. Statt der mit Mühe erreichten 110 km/h des Vierzylinder-CJ-5, standen nun plötzlich etwa 135 km/h als Höchstgeschwindigkeit zu Buche. Noch weit spürbarer nahm die Beschleunigungsfähigkeit des 1100 kg schweren Jeep mit V6-Motor zu. Während er zuvor fast eine halbe Minute benötigt hatte, um aus dem Stand die 100-km/h-Marke zu erreichen, schaffte die serienmäßig mit einem mechanischen 3-Gang-Getriebe ausgestattete Sechszylinder-Version dies in ungefähr 10 Sekunden. Da schien der Jeep-typische Kampfname des Motors, »Dauntless«, zu Deutsch etwa »furchtlos«, durchaus angebracht, denn trotz des höheren Leistungsvolumens hatte man in Toledo an den Fahrwerksspezifikationen von CJ-5 und CJ-6 vorerst festgehalten.

1967
Neuer Wein in alten Schläuchen

Auf der Suche nach Möglichkeiten zur kostengünstigen Erweiterung der Modellpalette leuchteten die Produktplaner bei Kaiser-Jeep jeden Winkel der eigenen Typenhistorie aus und fanden – den Jeepster. Das kurzlebige Station-Wagon-Derivat, das 1948 erstmalig auf den Markt gekommen war, hatte die potenzielle Kundschaft der frühen Nachkriegszeit mit seinem herausfordernden Konzeptmix – und vor allem dem lahmen Vierzylinder unter der Haube – einigermaßen strapaziert und war dementsprechend gefloppt. Nun hatten sich die Zeiten geändert, und das Thema geländefähiger Freizeitfahrzeuge rückte zunehmend ins Blickfeld. Da bot es sich an, dem Jeepster, nun mit der zusätzlichen Typbezeichnung »Commando« und dem internen Typencode C-101 versehen, noch einmal eine Chance zu geben.

Optisch und technisch aufgefrischt, aber nicht neu gedacht, präsentierte sich fast 20 Jahre nach ihrer Erstauflage die neue Jeepster-Generation.

Die modernisierte Jeepster-Version basierte auf dem verlängerten CJ-6-Chassis und war seinerzeit das erste allradgetriebene Kompaktfahrzeug auf dem Markt, das es auf Wunsch auch mit Automatik gab. Bei der zu Jahresanfang erfolgenden Markteinführung standen gleich vier Aufbau-Ausführungen zur Wahl: Roadster, Convertible (auf Wunsch mit elektrohydraulischer Verdeckbetätigung!), Station Wagon und Pickup. Der Kombi war dabei ein Convertible, das anstelle des Faltdachs mit einem über die ganze Wagenlänge reichenden Ganzmetall-Hardtop samt zu öffnendem Heckfenster verfügte. Beim Pickup handelte es sich um einen Roadster mit fester Zweimannkabine, hinter der sich nun die übliche offene Ladefläche befand. Neben dem tatsächlich immer noch als Basismotorisierung vorgesehenen »Hurricane«-Vierzylinder war für alle Modelle als Option glücklicherweise auch der kräftige »Dauntless«-V6 lieferbar, der der Neuauflage zu recht lebhaften Fahrleistungen verhalf. Als Spitze wurden gut 150 km/h angegeben, der klassische 0-100-km/h-Sprint wurde in etwa 12 Sekunden absolviert. Sorgfältig hatten die Marketingexperten in Toledo die einzelnen Versionen zugeschnitten: Während der Roadster gattungstypisch eher karg-funktional ausgestattet war und mit einem knöpfbaren Flatterverdeck, aber immerhin mit Kurbelfenstern daherkam, spielte das Convertible die Rolle als Topmodell der Typenfamilie. Dies war erkennbar an einem vergleichsweise komfortabel gestalteten, sportlich gezeichneten Faltdach und einer Zweifarbenlackierung des Karosseriekörpers.

Anders als erhofft, blieb auch der Erfolg der Jeepster-Neuauflage zunächst eher begrenzt. Die bei weitem meisten Käufer konnte etwas überraschend der Station Wagon auf sich vereinen, ebenso überraschend gefolgt vom Pickup, obwohl es beiden Versionen letztlich an Stauraum und Zuladungsfähigkeit mangelte. Von den im Premierenjahr abgesetzten gut 12.000 Jeepster-Commando-Modellen entfielen auf die beiden eher praxisorientierten Fahrzeuge fast 9000 – da hatte auch nicht die auf das Lebensgefühl junger Käufergruppen abgestimmte große Werbekampagne von Kaiser-Jeep geholfen, bei der zur Markteinführung die offenen Versionen in den Mittelpunkt gerückt worden waren.

Zum Glück für die Kassenwarte in Toledo gab es aber immer noch und immer wieder substanzielle Fahrzeuglieferungen an die U.S. Army. So bekam man ebenfalls 1967 den Zuschlag für die Ausstattung der Truppe mit einem neuen taktischen Nutzfahrzeug der 1,1-Tonnen-Klasse, das den seit fast 20 Jahren im Dienst befindlichen 0,7-Tonner Dodge M37 ablösen sollte. Der als Basis dienende Jeep Gladiator wurde damit zum ersten solchen Fahrzeug, dessen wesentlichen Bauteile aus ziviler Fertigung stammten. Das galt für den kompletten Antriebsstrang ebenso wie für die gesamte vordere Karosseriestruktur einschließlich des Dachs, der Türen und des Frontblechs samt Kühlergrill, nicht aber für die Ladepritsche, die nach Vorgaben des Militärs neu konstruiert worden war. Neben dem standardmäßigen Pickup mit der Bezeichnung M-715 entstanden auch der M-724 ohne Ladepritsche, dafür mit Stromgenerator, Elektroschweißgerät und

Erstaunlich: Nicht die Freizeit-orientierten, sondern die eher praktischen Commando-Versionen, wie der Pickup, verkauften sich am besten.

Trotz aller Markterfolge waren für die U.S. Army kreierte Fahrzeuge, zum Beispiel der M-715, für Kaiser-Jeep überlebenswichtig.

1970
Fast ein Kulturschock

Von der Papierform her schien die geschickt eingefädelte Übernahme durch AMC eine perfekte Idee zu sein, die mit Blick auf den US-Automobilmarkt beiden Beteiligten das einbrachte, was man heute gemeinhin als »Win-Win-Situation« bezeichnet. Doch als die Experten von AMC in Toledo hinter die Kulissen blickten, sorgte das, was sie sahen – so wird es wenigstens überliefert –, für erhebliches Stirnrunzeln. In Kenosha hatte man sich inzwischen vom eingeführten Markennamen Rambler verabschiedet und bereitete sich gerade auf eine Modelloffensive vor, die die Position von AMC im Schatten der drei »Big Player« stärken sollte. Hierbei sollte auch die Marke Jeep eine wichtige Rolle einnehmen, aber den Arbeitsweisen und Abläufen, die die AMC-Abordnung in Toledo zur Kenntnis nehmen musste, fehlte es in erschreckendem Maß an Modernität und Effizienz. Zudem empfand man das technische Qualitätsniveau der hergestellten Produkte als unzureichend, und auch die schläfrige Vertriebsorganisation rief erhebliches Kopfschütteln hervor und forderte größte Aufmerk-

In diesem Jahr konnten sich die Pickup-Modelle vom alten Kühlergrill verabschieden und bekamen nun auch die modernere, die Horizontale betonende Version.

samkeit. Das, was man sich in Kenosha über viele Jahre hart erkämpft hatte, musste in Toledo erst einmal umgesetzt werden. Daraus folgte, dass sich die neuen Eigentümer von Beginn an wesentlich stärker bei Jeep involvierten, als das zu Zeiten von Kaiser Industries jemals der Fall gewesen war.

Im laufenden Jahr blieb es unter den gegebenen Umständen bei minimalen Veränderungen an den Fahrzeugen der Jeep-Palette. Es wurden zum Beispiel generell seitliche Begrenzungsleuchten eingeführt, die Pickup-Modelle bekamen den alten Wagoneer-Kühlergrill verpasst, und für die Jeepster war nun auf Wunsch eine dringend benötigte Servolenkung zu bekommen. Bald wurde der Einfluss von AMC jedoch erstmals spürbar: Man begann, den V6-motorisierten CJ-5 mithilfe eines speziellen Ausstattungspakets namens »Renegade«, das nicht einmal in den offiziellen Modellbroschüren aufgeführt wurde, deutlich sportlicher zu positionieren. Das Paket umfasste unter anderem einen Überrollbügel, eine schwenkbare Reserveradhalterung, ein Sperrdifferenzial, fette Reifen auf 8-Zoll-Felgen und zusätzliche Anzeigeinstrumente an der Armaturentafel. Für sportliche Optik sorgten Zierstreifen auf der Motorhaube.

Keine Frage: Der urwüchsige »Bauernbursche« der 1950er-Jahre war als CJ-5 »Renegade II« auf dem Weg in eine Zukunft als sexy Freizeitvehikel.

1971
Beginnender Umbruch

Während sich die »Renegade«-Ausstattung, wenn auch stückzahlmäßig noch auf niedrigem Niveau, allmählich Freunde schuf und im neuen Modelljahr durch klassisch amerikanische Leichtmetallfelgen mit noch breiterer Bereifung aufgewertet wurde, gehörte die wesentliche Aufmerksamkeit den neuen AMC-Motoren, die zunächst im Wagoneer Einzug hielten. Ab Mitte des Jahres wurde der bisherige 3,8-Liter gegen einen überarbeiteten, gut 4,2 Liter großen Reihensechszylinder ausgetauscht. Optional standen zwei V8-Triebwerke neuer Generation zur Wahl, ein 5- sowie ein 5,9-Liter. Das waren gute Nachrichten für die Umwelt, aber schlechte für die Freunde hoher PS-Zahlen: Die US-Umweltbehörde EPA hatte erstmals strikte Emissionsgrenzen erlassen, die nur durch eine drastische Reduzierung der Motorleistungen eingehalten werden konnten. Im Fall des Wagoneer bedeutete dies, dass die Basismotorisierung nur noch 112 PS/82 kW

Mit dem zuschaltbaren Allradantrieb verfügte der Wagoneer über ein Merkmal, das auch jenseits harter Geländetouren handfeste Vorteile bot.

Aus der eher emotionalen Modellbezeichnung Gladiator wurde für die Pickup-Modelle ein simples J-10 und J-20, je nach Radstandmaß. Technisch gab es parallel dazu einige Optimierungen im Sinne noch höherer Strapazierfähigkeit.

Heute ein ganz seltenes Stück: Ein Commando aus der Sonderedition SC-1, ausgestattet mit V6-Triebwerk, Automatik und Allradantrieb.

Auch unter AMC wurde das verkaufsfördernde Konzept der Sondermodelle fortgesetzt. Im Fall des Commando allerdings ohne erkennbaren Erfolg.

Auch der Hurst/Jeepster bewirkte trotz des klingenden Namens aus der Tuner/Zubehör-Szene keine Belebung der ewig schleppenden Verkäufe.

Mittelkonsole mit Automatik-Wählhebel, Klimaanlage und ein Schalterpaneel links vom Hauptinstrument gaben dem Commando SC-1 einen modernen Touch.

zustande brachte und sich die beiden Achtzylinder mit 152 PS/112 kW bzw. 177 PS/130 kW begnügen mussten – ein weiten Teilen des Kaufpublikums seinerzeit nur schwer vermittelbarer Aderlass.

Bei den Jeepster-Modellen gab es antriebseitig zunächst noch keine Veränderungen, dafür kamen zwei sportlich akzentuierte Sondermodelle mit dem bekannten V6-Motor in Kleinserien auf den Markt: der in Zusammenarbeit mit dem gleichnamigen Zubehörhersteller kreierte Hurst/Jeepster und der Jeepster Commando SC-1. Auch hier sorgten Breitreifen, eine aufgewertete Innenausstattung und natürlich diverse Zierstreifen für ein sportliches Outfit.

Die Jeep Pickups verloren in diesem Jahr ihre Modellbezeichnung Gladiator. Stattdessen wurden sie nach spröder Nutzfahrzeugmanier in J-10 bzw. J-20 umgetauft, wobei die erstere Variante einen Radstand von 3022 mm und die letztere einen von 3327 mm aufwies. Neu waren auch die Vorderachse sowie die erstmalige Verfügbarkeit vorderer Scheibenbremsen, verstärkte Rahmenquerträger und eine Radbefestigung mit nun sechs Radmuttern.

1972
AMC wird wirksam

Die von AMC verfolgte Motorisierungsoffensive wandte sich Mitte des Jahres den Modellen CJ-5 und CJ-6 zu. Endlich wurde der antike Vierzylinder ausgesondert und neben dem bekannten 3,8-Liter auf Wunsch der neue 4,2-Liter-V6 und – Achtung! – erstmals der auch aus dem Wagoneer bekannte 5-Liter-V8 eingebaut. Damit stand für den Klassiker ein Leistungsspektrum von 101 PS/75 kW, 112 PS/82 kW und 152 PS/112 kW bereit. Während die beiden Sechszylinder mit einem 3- oder 4-Gang-Schaltgetriebe geordert werden konnten, war der V8 obligatorisch noch mit dem 3-Gang-Schalter ausgestattet.

Ein allzu schwerer Gasfuß konnte beim CJ-5 mit der neuen V8-Motorisierung böse Folgen haben.

Mit dem werblich zu Recht herausgestellten innovativen, permanenten Allradsystem »Quadra-Trac« setzte Jeep einen neuen Branchenstandard.

Ansonsten gab es ein umfassendes Modernisierungsprogramm: Der Leiterrahmen wurde leicht modifiziert, und zugleich verlängerte man motorenbedingt den Radstand des CJ-5 um 77 mm. Ebenfalls an Bord waren nun leistungsfähigere Bremsen – auf Wunsch servounterstützt – eine ebenfalls optionale Servolenkung sowie ein auf 58 Liter vergrößerter, jetzt im Heck platzierter Tank. Außerdem wurden in alle Versionen neue, strapazierfähigere Achsen vorne und hinten eingebaut. Was die Handlingeigenschaften des allmählich stärker auch auf Straßenbetrieb reflektierenden CJ-5 anbelangte, sorgte das alles für keine durchgreifende Besserung. Insbesondere die Verbindung des relativ leistungsstarken V8-Motors mit dem immer noch kurzen Radstand des CJ-5, den schicken Breitreifen und nutzfahrzeugartiger Fahrwerkstechnik machte den Power-Jeep – wie schon seinen Vorläufer mit dem »Dauntless«-V6 – zu einem Fall für Kenner. Anders gesagt: Hier war bei beherzter Fahrweise äußerste Umsicht gefragt.

Das optionale »Renegade«-Ausstattungspaket war für den CJ-5 nun ausschließlich in Kombination mit der V8-Motorisierung spezifizierbar. Es enthielt neue Lackfarben und Zierstreifendekors, wurde aber, obwohl noch immer nicht auf der regulären Extraliste verzeichnet, immer beliebter. Man schätzt, dass sich bis zu 2500 Käufer dafür entschieden.

Das große Ding des Jahres und eine echte Pionierleistung im Automobilbau war aber die Einführung des »Quadra-Trac« genannten neuen Allradsystems. Es war gegen Aufpreis für den Wagoneer mit 5,9-Liter-Motor und Automatik verfügbar und machte Schluss mit dem lästigen Zuschalten des Frontantriebs, das überdies nur bei Geländefahrten zulässig war. Das von

Borg-Warner entwickelte System war im Gegensatz dazu permanent ausgelegt und ständig im Eingriff. Es bediente sich eines am Getriebeausgang platzierten Verteilergetriebes, in dessen Aluminiumgehäuse die Motorkraft mithilfe einer Zahnkette über ein Zentraldifferenzial und je eine Antriebswelle im Verhältnis 50:50 % an die Vorder- und die Hinterachse weitergeleitet wurde. Dank seiner permanenten Funktionsweise bot das »Quadra-Trac«-System neben der Möglichkeit leichterer Offroadeinsätze vor allem eine Verbesserung des Traktionsverhaltens bei widrigen Straßenverhältnissen, etwa bei Regen, Schnee oder Schneematsch. Das Thema Fahrdynamik hatte dabei seinerzeit allerdings noch niemand im Sinn...

Die neuartige Allradantriebstechnologie etablierte sich aber nur langsam, zumal es anfangs noch Probleme mit der Zuverlässigkeit der Zahnkette gab, die sich gerne vorzeitig längte und spätestens alle 100.000 Kilometer ausgetauscht werden musste. Auch der merkliche Mehrverbrauch der 4x4-Fahrzeuge sorgte zunächst für Irritationen beim Publikum. Dennoch sollte das »Quadra-Trac«-System mit der Zeit zu einem der bedeutendsten Markenzeichen für die Allradkompetenz von Jeep werden.

Damit waren die Aktivitäten unter Führung von AMC aber noch nicht am Ende. Hartnäckig, wie man war, widmete man sich auch wieder dem Jeepster Commando, dem etwas skurrilen und nicht sonderlich beliebten Mauerblümchen im Programm. Trotz mäßiger Verkaufszahlen ließ man dem Modell eine

Auch beim Commando ließ AMC nicht locker. Aber selbst die neuerliche tiefgreifende Modellpflege brachte keinen Durchbruch.

Mit der neuen Front ging einiges an Charakter verloren. Die Geradlinigkeit machte den Commando C-104 für das Zielpublikum aber kaum attraktiver.

Im Lauf des Jahres 1973 musste AMC die Nutzlosigkeit aller Maßnahmen zur Kenntnis nehmen und entfernte den C-104 aus dem Programm.

tiefgreifende Überarbeitung angedeihen, die ihm zudem die Baureihenbezeichnung C-104 einbrachte. Sie begann mit einem neuen Motorenangebot, bestehend aus den 3,8- und 4,2-Liter-Sechszylindern sowie – sensationellerweise – dem 5-Liter-V8, erstreckte sich auf eine entsprechende Verlängerung des Radstands auf das Maß des CJ-6 und umfasste sogar eine völlig neu gestaltete Fahrzeugfront, die nun dem modernen, die Horizontale betonenden Designstil folgte. Verbesserungen am Fahrwerk und eine aufgewertete Innenausstattung runde-ten die Modellpflegemaßnahme ab – und natürlich die Streichung der Modellbezeichnung Jeepster: Von nun an hießen die Fahrzeuge nur noch »Commando«. Trotz aller Bemühungen der neuen Hausherren und der Lancierung eines limitierten Sondermodells mit dem bekannten Namen SC-2, das in Verbindung mit dem V8 kurzzeitig angeboten wurde, legten die Verkäufe nur in bescheidenem Maß zu. Um die 10.000 Fahrzeuge pro Jahr reichten nicht aus, um AMC zufriedenzustellen. Als Konsequenz wurde die gesamte Modellfamilie im Lauf des Folgejahres aus dem Programm genommen.

1973

Wachsender Markterfolg

Nach einer Phase zahlreicher Initiativen, die unter der neuen Führung von AMC ergriffen worden waren, um das Jeep-Programm nachhaltig zu stärken, ging das laufende Jahr eher ruhig vonstatten. Beachtung verdienen im Wesentlichen zwei Vorgänge, die richtungweisend waren. Zum einen hielt man es hinsichtlich einer angepeilten Höherpositionierung des Wagoneer für geboten, die Motorisierungsoptionen klarer voneinander abzugrenzen und wieder ein Signal in Richtung Leistungszuwachs zu setzen. So entfiel künftig der 152 PS/112 kW starke 5-Liter-V8, und es wurde stattdessen eine mit Vierfachvergaser aufgerüstete Spitzenversion des großen V8 mit 195 PS/143 kW ins Programm genommen, die den bisherigen 5,9-Liter mit seinen 177 PS/130 kW ins zweite Glied zurücktreten ließ. Als Einstiegsmodell fungierte weiterhin der 112 PS/82 kW leistende Sechszylinder mit gut 4,2 Liter Hubraum.

Zum anderen entschied man sich endlich dafür, die »Renegade«-Ausstattung für den CJ-5 auf die reguläre Sonderausstattungsliste zu setzen – ein Schritt, dessen Richtigkeit sich noch erweisen sollte, denn die verstärkte Betonung sportlicher Akzente sollte die Zukunft der CJ-Baureihe erkennbar mitbestimmen. Überhaupt hatten Jeep als Marke und das entsprechende Fahrzeugprogramm von den Aktivitäten des neuen Managements sehr profitiert. In allen Segmenten zeigten die Verkaufszahlen deutlich nach oben. So konnten 1973 über 30.000 CJ-5 und fast 20.000 der nicht ganz billigen Wagoneer-Modelle an ihre Käufer übergeben werden, ebenso wie insgesamt rund 12.000 Pickups der J-Serie. Bei Letzteren konnte die Version mit kürzerem Radstand nun auch mit dem »Quadra-Trac«-Allradsystem ausgerüstet werden.

Wie es schien, hatten die Verantwortlichen bei AMC alles richtig gemacht.

1974

Ein neuer Name: Cherokee

Um den offensichtlich erfolgreichen Weg des Wagoneer fortzusetzen, kam es in diesem Jahr zu einer weiteren, sehr aufwendigen Modellpflege. Neben einem erweiterten Angebot an Extras waren ein neuer Kühlergrill in attraktiver Gitteroptik, in den nun die Blinkleuchten integriert worden waren, sowie eine gummibelegte Frontstoßstange äußerliche Erkennungszeichen der 74er-Modelle. Vieles hatte sich aber auch unter dem Blech getan. Verstärkte Achsen brachten eine um über 10 Zentimeter größere Spurweite mit sich, die nicht nur dem Erscheinungsbild des Wagoneer größere Präsenz verlieh, sondern auch seine Straßenlage verbesserte. Dies schien angesichts des neuerlich modifizierten Motorenprogramms auch wünschenswert: Man hatte den zunehmend müder wirkenden Sechszylinder in den wohlverdienten Ruhestand geschickt und den 5,9-Liter-V8 in Doppelvergaser-Ausführung mit 177 PS/130 kW zum Basismodell zurückgestutzt. Darüber rangierten nun die Vierfachvergaser-Version mit inzwischen 198 PS/146 kW und als Krönung ein fast 6,6 Liter großer »Big Block«-V8 mit 238 PS/175 kW – womit fast wieder das Leistungsniveau der End-60er-Jahre erreicht worden war.

Der neue Cherokee spielte als Zweitürer die Rolle eines sportlich-jugendlichen Wagoneer-Bruders – und tat dies sehr erfolgreich.

Sinnvollerweise gab es die neue Motorenauswahl nur noch in Kombination mit dem bekannten Turbo-Hydramatik 3-Gang-Automatikgetriebe und dem »Quadra-Trac«-Allradantrieb. Die Ära der mechanischen Schaltgetriebe im Wagoneer war damit fürs Erste beendet.

Dafür startete eine neue und überaus erfolgreiche: die des Cherokee. Bei Licht betrachtet, handelte es sich bei dem neuen Modell um eine mit wenig Aufwand realisierte Erweiterung des Fahrzeugprogramms. Man nahm einfach den Wagoneer, wandelte ihn zum Zweitürer um und verpasste ihm einen anderen Kühlergrill. Durch modische – und zumeist aufpreispflichtige – Beigaben wie Seitenstreifen und Leichtmetallfelgen positionierte man den Cherokee als jugendlich-sportliche Alternative zum Viertürer. Unter dem Blech unterschied sich der Neue kaum vom Wagoneer. Antriebseitig bestand die Wahl zwischen dem 4,2-Liter Sechszylinder und den beiden großvolumigen V8-Triebwerken. Schalt- und Automatikgetriebe standen ebenso im Angebot wie das »Quadra-Trac«-Allradsystem.

So simpel und durchschaubar die Strategie der Marketingprofis von AMC im Fall des Cherokee auch war – sie erwies sich als absolut zielführend: Das Thema Sportlichkeit mithilfe eines Zweitürers sowie einiger preiswert darstellbarer optischer Gimmicks zu spielen und damit jüngere, freizeitorientierte Zielgruppen anzusprechen, verfing wie erhofft. Und besser noch: Unter dem Strich führte dies nicht einmal zu einer kritischen Kannibalisierung der Verkaufszahlen von Wagoneer und Cherokee. Ganz im Gegenteil: Während vom Viertürer allein im Vorjahr gut 19.000 Fahrzeuge verkauft worden waren, brachten es beide zusammen 1974 auf rund 25.000 Einheiten. Kein Zweifel: Die Verantwortlichen in Kenosha hatten einmal mehr ihren Instinkt für den sich ausbreitenden Zeitgeist unter Beweis gestellt.

Wie gewieft die Marketingstrategen von AMC waren, zeigte sich übrigens auch im eher professionell geprägten Pickup-Segment. Der Halbtonner J-10 und der Dreivierteltonner J-20 wurden in diesem Jahr nicht nur in puncto Antriebstrang, »Quadra-Trac«-Technologie und Vorderachse an die Familien- und Freizeitmodelle Wagoneer und Cherokee angepasst, sie wurden auch im Innenraum- und Bedienkomfort sowie ihrem äußeren Erscheinungsbild nahezu auf Pkw-Niveau gebracht. Elemente wie zum Beispiel Einzelsitze, eine verstellbare Lenksäule, Leichtmetallfelgen oder Dekorstreifen in Holzoptik tauchten nun auf der Liste aufpreispflichtiger Extras oder als Teil von Ausstattungspaketen auf.

Der permanente Allradantrieb »Quadra-Trac« wurde über die Jahre immer mehr zum elementaren Bestandteil der Jeep-DNA.

1975
Der Kat zieht ein

Mithilfe weiterer Aufwertungen der Serienausstattung versuchte man bei AMC, den seit drei Jahren anhaltenden Absatzboom beim CJ-5 – und in dessen Schlepptau auch des CJ-6 – aufrechtzuerhalten. Waren in den letzten Jahren unter der Ägide von Kaiser die jährlichen Verkaufszahlen auf unter 15.000 Einheiten gesunken, so hatte sich diese Zahl unter AMC bis einschließlich 1974 mehr als verdreifacht – wohlgemerkt für eine Fahrzeugbaureihe, die bereits seit rund zwanzig Jahren auf dem Markt war, ohne technisch oder optisch grundlegend überarbeitet worden zu sein. Der klassische Jeep war ohne Zweifel inzwischen von einer automobilen Ikone zum echten Kultobjekt aufgestiegen, das sich rationaler Bewertung entzog, und in Kenosha war man in der Lage, meisterlich auf dieser Klaviatur zu spielen.

So ergänzte im laufenden Jahr nicht nur ein serienmäßiges Radio den Ausstattungsumfang, der Klassiker passte sich auch in technischer Hinsicht veränderten Rahmenbedingungen an. Kontinuierlich strikter werdende Emissionsschutzvorschriften zogen den obligatorischen Einbau einer elektronischen Zündanlage ebenso nach sich wie den Einsatz eines Abgaskatalysators, der jedoch zunächst nur für den 5-Liter-V8 vorgesehen wurde. Dies genügte, um mit über 32.000 CJ-5 und fast 3000 CJ-6 das bis dahin zweitbeste Gesamtverkaufsergebnis aller Zeiten zu erzielen.

Während sich der Wagoneer mit der Einführung optional verfügbarer, fast die kompletten Wagenflanken umfassender Dekorflächen in Holzoptik begnügen und eine unerklärliche Absatzdelle verkraften musste, entwickelte sich der Cherokee im ersten vollen Jahr seiner Marktpräsenz weiterhin sehr positiv. Dazu trug vor allem die bereits im Januar eingeführte Ausstattungsoption namens »Chief« bei. Der »Anführer« verschaffte sich mit um fast 8 Zentimeter verbreiterten Achsen, aus denen ein um 16 Zentimeter breiteres Spurmaß resultierte und speziellen, weiß lackierten 8-Zoll-Stahlfelgen – alles von massiven Kotflügelverbreiterungen abgedeckt – gehörigen Respekt beim Publikum. Das schmeichelte natürlich dem Fahrer, während er das besonders üppig ausgestattete Interieur genießen konnte. Vervollständigt wurde das »Chief«-Package, das in Kombination mit allen für den Cherokee erhältlichen Motorisierungen angeboten

Die amerikanische Tradition der »Woody«-Optik für geräumige Familienkombis setzte auch der Wagoneer würdig fort.

Heute gilt ein – nach wie vor uneingeschränkt alltagstauglicher – Wagoneer in Spitzenausstattung als stilvolles automobiles Statement. Im Bild ein Exemplar des Jahrgangs 1975.

Das sportliche Outfit eines 70er-Jahre-Cherokee prägten nicht zuletzt die typischen Leichtmetallfelgen des US-Herstellers American Racing.

wurde, durch spezielle Lackfarben und Dekore. Obwohl der »Chief« noch vor dem bisherigen Spitzenmodell Cherokee »S« die teuerste Version war, traf er voll den Nerv der Kunden und ließ die Verkaufszahlen der Baureihe bereits zu seinem Marktstart nach oben schnellen.

Alle Cherokee-Modelle profitierten 1975 von höheren Nutzlasten sowie einem ausgeweiteten Angebot an lieferbaren Sonderausstattungen. Das freute die AMC-Finanzabteilung besonders, denn der immer stärker werdende Wunsch der Käufer nach Individualisierung spülte über die Aufpreisliste zusätzliche Einnahmen in die Kassen. Einzige nennenswerte Modifikation im Programm der Pickup-Modelle war die – eigentlich längst überfällige – serienmäßige Einführung vorderer Scheibenbremsen beim größeren J-20. Für den J-10 waren sie weiterhin nur auf Wunsch spezifizierbar.

1976
Evolution beim CJ

In diesem Jahr unternahm AMC den bis dahin eindeutig größten Schritt in der Weiterentwicklung der CJ-Baureihe hin zu einem Multifunktionsfahrzeug mit hohem Alltagnutzen und wesentlich verbesserter Modernität. Bei näherer Betrachtung galt das für alle technischen Bereiche – bis auf einen: den Antrieb. Hier blieb mit dem 3,8- und dem 4,2-Liter-Sechszylinder aus dem AMC-Regal sowie dem 5-Liter-V8 grundsätzlich alles beim Alten. Zu beklagen war allerdings wieder ein massiver Abgasnorm-bedingter Muskelschwund bei diesen inzwischen schon einigermaßen betagten Triebwerken. Die beiden Sechszylinder brachten nur noch erschütternde 91 PS/67 kW bzw. 96 PS/71 kW hervor, während sich der V8 zu immerhin 122 PS/90 kW aufschwang – das entsprach Leistungseinbußen gegenüber einem letztjährigen CJ-5 im Bereich zwischen 10 und 20 %.

Aufgrund der Vielzahl technischer Aktualisierungen hielt man für das CJ-Evolutionsmodell am Ende auch eine neue Typenbezeichnung für angebracht. Allerdings löste der neue CJ-7 den bisherigen CJ-5 keineswegs ab, sondern ergänzte ihn. Die Jeep-Spezialisten bei AMC konnten ihr Zielpublikum erstaunlich gut einschätzen, denn auch diesmal führte das neue, noch einmal zivilisierter ausgelegte Modell nicht zu einer erkennbaren

Der das Programm zunächst nur ergänzende CJ-7 repräsentierte den nächsten großen Schritt hin zu mehr Modernität in der klassischen Jeep-Baureihe.

Kannibalisierung der CJ-5-Verkäufe, sondern im Gegenteil zu einem erheblichen Nettozuwachs der CJ-Gesamtabsatzzahlen auf gut 54.500 Fahrzeuge – fast 20.000 Einheiten mehr als im Jahr zuvor.

Im Zentrum der Weiterentwicklung stand ein um exakt 10 Zoll, d. h. um gut 25 Zentimeter verlängerter Radstand. Der damit verfügbare größere Raum zwischen den Achsen kam zum einen den Platzverhältnissen im Interieur, aber vor allem auch dem erstmals angebotenen Automatikgetriebe – wieder handelte es sich um die GM Turbo-Hydramatik TH-400 – sowie dem nun – ebenfalls eine Premiere – für die V8-Motorisierung auf Wunsch lieferbaren Allradsystem »Quadra-Trac« mit kettengetriebenem Borg-Warner-Verteilergetriebe zugute. Für eine weitere Steigerung der Geländefähigkeiten stand auch das Hinterachs-Sperrdifferenzial namens »Trak-Lok« auf der Optionenliste. Um die mit der Radstandverlängerung einhergehende Verbesserung der Fahrstabilität noch weiter zu optimieren, wurde zudem die Anordnung von Federn und Stoßdämpfern weiter nach außen gerückt. In optischer Hinsicht fielen neben dem offensichtlich längeren Radstand vor allem die ersten vollständigen Stahlblechtüren samt neuen eckigen Türausschnitten auf. Im Zusammenwirken mit einem ebenfalls neuen, optionalen Kunststoff-Hardtop hoben diese das Sicherheits- und Komfortangebot – gläserne Kurbelfenster! – des CJ-7 auf ein neues Niveau. Damit profilierte sich dieser als perfektes Ganzjahresfahrzeug, das mithilfe einer umfangreichen Sonderausstattungsliste geradezu luxuriös ausstaffiert werden konnte.

Da sich die Modellpflegeaktivitäten in diesem Jahr vornehmlich auf die CJ-Baureihe konzentrierten, veränderte sich bei den Wagoneer-Modellen bis auf Detailmodifikationen am Fahrgestell und bei den Karosserie-Zierelementen im Holzlook nichts Erwähnenswertes. Die Verkäufe zogen auch so wieder an. Bei den Pickups, den Arbeitstieren im Modellprogramm, hielt das nun für den kurzen J-10 gegen Aufpreis lieferbare »Honcho«-Ausstattungspaket Optik und Flair des breitbeinigen Cherokee »Chief« bereit. Es war in den Ausführungen »Sportside« und »Stepside« lieferbar, und umfasste unter anderem goldfarbene Dekorstreifen an Pritsche, Kotflügeln sowie Ladeklappe, die beliebten weißen 8-Zoll-Stahlfelgen mit stark profilierter Offroad-Bereifung, die zusätzlich über eine ebenfalls weiße Flankenbeschriftung verfügte, eine Innenausstattung mit Sitzbezügen in Denimstoff sowie ein Sportlenkrad. Ein auf Wunsch spezifizierbarer massiver Überrollbügel hinter dem Fahrerhaus schärfte weiter den sportlich-rustikalen Auftritt des »Honcho«.

Von ein paar kleineren, provisorisch geflickten Rostschäden und manchen Aftermarket-Gimmicks abgesehen, steht dieser aus dem Debütjahr des Evolutionsmodells stammende – mithin 45 Jahre alte – CJ-7 tadellos da.

Fast vollständig im Originalzustand befindet sich dieser ebenfalls dem Jahrgang 1976 entstammende J-10 in »Honcho«-Ausführung.

»Mucho Macho« – mehr mussten die Jeep-Werber Mitte der 1970er-Jahre über die Ausstrahlung eines »Honcho«-Pickups nicht sagen.

1977
Neujustierung des Programms

AMC marschierte bei der Pflege der CJ-Baureihe weiter in Richtung Lifestyle – obwohl dieser Begriff in der zweiten Hälfte der 1970er-Jahre noch längst nicht in aller Munde war. Der CJ-5 bekam in diesem Jahr serienmäßig vordere Scheibenbremsen, und für ihn wie für den CJ-7 wurde auf Wunsch eine Klimaanlage verfügbar gemacht. Die für beide lieferbare »Renegade«-Ausstattung hatte inzwischen ihren Status der Besonderheit verloren und war auch nicht mehr mit dem V8-Triebwerk kombinierbar. Stattdessen wurde nun auf dieser Basis eine Sechszylinder-motorisierte Modellversion mit Namen »Super Jeep« kreiert, die sich durch spezielle Zierstreifen auf der Motorhaube und den Sitzen, eine vordere Chromstoßstange, einen Überrollbügel, schwarze Kotflügelverbreiterungen aus Gummi sowie üppig dimensionierte Polyglas-Weißwandreifen auszeichnete. Ebenfalls neu und über dem »Renegade«-Paket positioniert war die für CJ-5 und CJ-7 lieferbare »Golden Eagle«-Ausstattung. Sie enthielt neben dem V8-Motor als wichtigste Erkennungsmerkmale unter anderem ein vaterländisches Adler-Dekor auf der Motorhaube, breitere Reifen, ein Soft-Top im Denimstoff-Style, ein hinten montiertes Reserverad mit Schloss, die schwarzen Gummi-Kotflügelverbreiterungen, verschiedene Komfortausstattungspakete, Drehzahlmesser, Uhr und einen mit Teppichboden belegten Fußraum.

Bei den Modellzwillingen Wagoneer und Cherokee nahm AMC eine weitere Separierung vor: Während Ersterer nun ausschließlich als luxuriöse – und relativ kostspielige – V8-motorisierte Mehrzweck-Familienlimousine mit Top-Ausstattung angeboten wurde, sollte der Cherokee, der jetzt auch als Viertürer lieferbar war, in der neuen »S«-Version die weniger betuchten Kaufinteressenten ansprechen, die sich bisher für die nicht so aufwendig spezifizierten Wagoneer-Modelle interessiert hatten.

Da sich bei den Pickup-Modellen gezeigt hatte, dass auch deren Kundschaft ein attraktives Outfit sehr zu schätzen wusste, wurde im laufenden Jahr die »Golden Eagle«-Ausstattung auch für diese eher professionell genutzten Fahrzeuge angeboten. Darüber hinaus wertete man nun den J-10 ebenfalls durch serienmäßige Scheibenbremsen an den Vorderrädern technisch auf.

Das »Golden Eagle«-Package wartete in CJ-5 und CJ-7 mit luxuriösem Innenraum, optischen äußeren Reizen und stets präsentem patriotischen Flair auf.

Zwar hatte die »Renegade«-Ausstattung viel von ihrem früheren Nimbus eingebüßt, blieb aber über lange Jahre eines der beliebtesten Pakete zur Aufwertung von CJ-Modellen.

Die großen Jeeps, hier ein viertüriger Cherokee »Chief«, waren – bei aller Begeisterung – an der Schwelle zur 1980er-Dekade technisch überholt.

Was die Verkaufserfolge anging, so befand sich das Jeep-Programm weiterhin in allen Segmenten im Aufwind. Obwohl nun auch ein viertüriger Cherokee zur Wahl stand, der sich auf Anhieb als absatzstärkste Variante der Baureihe etablierte, konnte der Wagoneer noch einmal über 10 % zulegen, und auch die CJ-Modelle erzielten, über alles betrachtet, neue Rekordzahlen.

1978
Der »Christbaum«-Wagoneer

In einem Jahr, das von weitestgehender Kontinuität geprägt war, ragte im Jeep-Programm nur eine Begebenheit heraus: die Mitte des Jahres erfolgte Präsentation des Wagoneer »Limited«. AMC trieb mit dieser Edelversion seine ausgefuchste Marketingstrategie auf die Spitze und setzte sich ganz entspannt über die als unüberwindbar geltende 10.000-Dollar-Preisgrenze hinweg. Dafür wurde der mit Blick auf das Konkurrenzumfeld in einer eigenen Liga spielende Wagoneer zum umfassend talentierten Luxusautomobil, das es in puncto Ausstattung mühelos mit den Highend-Limousinen von Cadillac oder Lincoln aufnehmen konnte. An Bord waren zum Beispiel servounterstützte Scheibenbremsen, Klimaanlage, elektrisch verstellbare Einzelsitze, Zentralverriegelung, elektrische Fensterheber, verstellbares Lenkrad, Tempomat, Lederpolsterung, plüschige Bodenteppiche, ein Stereo-Kassettenradio mit CB-Funk und sechs Lautsprechern, ein lederbezogenes Lenkrad, Dachgepäckträger, geschmiedete Aluminiumräder mit Weißwandreifen, üppiger Chrombesatz und das beliebte Holzoptik-Dekor an den Karosserieflanken. Serienmäßiges Antriebsaggregat war der 5,9-Liter-Zweivergaser-V8, der »Big Block«-Motor konnte gegen Aufpreis geordert werden. Die zum Jahresende um 30 % gestiegenen Absatzzahlen des Wagoneer bestätigten eindrucksvoll die Einschätzung der Verantwortlichen bei AMC, dass für ein derart zugeschnittenes Fahrzeug sehr wohl ein lukrativer und dazu offenbar noch preisunempfindlicher Markt existierte.

Der Wagoneer »Limited« spielte mit seiner Mischung aus Praktikabilität, außerordentlichem Luxus und hohem Imagefaktor in einer eigenen Liga.

Durchschnittsverdiener orientierten sich eher in Richtung Cherokee und erwarteten mit Recht einen baldigen Modellwechsel.

So ließ es sich genussvoll über US-Highways gleiten – härtere Offroad-Einsätze waren eher weniger das Rollenfach des Wagoneer »Limited«, wenngleich von seinen technischen Anlagen her jederzeit möglich.

Dass im selben Zeitraum auch die Verkäufe der CJ-Modelle geradezu explosionsartig auf insgesamt über 75.000 Einheiten stiegen, und der viertürige Cherokee und die »Chief«-Modelle ebenfalls deutliche Zuwächse verzeichnen konnten, ließ die Chefetage in Kenosha überaus freudig in die Zukunft blicken.

1979
French Connection

AMC brauchte nicht viel zu tun, um für die Fahrzeuge der Jeep-Palette Käufer zu finden – sie wurden dem Unternehmen geradezu aus den Händen gerissen. Da spielte es auch keine Rolle, dass man zunächst nur für den besonders auf Emissionsreduzierung fokussierten Bundesstaat Kalifornien den V8 aus dem Angebot der CJ-Baureihe streichen musste (die restlichen Bundesstaaten folgten übrigens zwei Jahre später). Ansonsten beschränkten sich die Neuigkeiten für die ewigen Klassiker auf eine robustere Hinterachse sowie die Einführung der auf 1000 Fahrzeuge limitierten »Silver Anniversary Edition«-Modelle. Dabei handelte es sich um eine spezielle »Renegade«-Version, die zur Feier des 25-jährigen Produktionsjubiläums des CJ-5 aufgelegt wurde. Zum Ausstattungspaket gehörten unter anderem eine exklusive Silbermetallic-Lackierung, schwarz-silberne Dekorstreifen an der Karosserie und spezielle »Renegade«-Folienaufkleber an den Seiten der Motorhaube, ein schwarzes Verdeck, eine spezielle Reserveradabdeckung, schwarze, Vinyl-bezogene Einzelsitze und eine Editionsplakette am Armaturenbrett.

Wagoneer und Cherokee machten in diesem Jahr durch eine aktualisierte Frontoptik auf sich aufmerksam. Ein neuer, feinmaschig gestalteter Kühlergrill, modische Rechteckscheinwerfer und eine einteilige Chromstoßstange sorgten für ein weniger barockes Erscheinungsbild. Dass es auch bei diesen beiden Baureihen zu einer Reduzierung des verfügbaren Motorenangebots kam, sollte sich als schlechtes Vorzeichen erweisen. Bei Wagoneer und Cherokee entfiel das bisher auf Wunsch lieferbare 6,5-Liter-Triebwerk. Während Ersterer jetzt nur noch vom 5,9-Liter-Zweivergaser-V8 mit Vortrieb versorgt wurde, bestand beim Cherokee, für den nun auch ein »Golden Eagle«-Ausstattungspaket verfügbar war, unverändert die Wahl zwischen diesem oder, als Basismotorisierung, dem 4,2-Liter-Reihensechszylinder.

Absatztechnisch brannte in diesem letzten Jahr der 1970er-Dekade ein finales Feuerwerk ab: Von den CJ-Modellen wurden tatsächlich knapp 100.000 Einheiten verkauft, über die Hälfte davon in Form des CJ-7, und von Wagoneer und Cherokee konnten in allen Versionen fast 85.000 Fahrzeuge an ihre Käufer übergeben werden. Dabei stellten der Wagoneer mit über 36.000 und der Cherokee »Chief« mit fast 28.000 Exemplaren gewaltige neue Rekorde auf. Flankiert wurden diese Erfolge von einem strategisch wichtigen Schachzug der Unternehmensleitung in Kenosha. Um sich wirtschaftlich zu wappnen, aber auch, um in technischer Hinsicht von einer industriellen Kooperation zu profitieren, schloss AMC im Verlauf des Jahres eine Vereinbarung mit dem französischen Staatskonzern Renault. Dieser erwarb zum Jahresende zunächst einen Anteil von 22,5 % am Unternehmen. Dafür übernahm AMC den Vertrieb und in weiterer Folge auch die Produktion bestimmter, in ihrer Ausführung leicht an die Erfordernisse des Übersee-Markts adaptierter Renault-Modelle für ganz Nordamerika. Im Gegenzug kümmerte sich Renault um den Absatz von Jeep-Modellen auf dem französischen Markt. Die Konzernleitung in Billancourt erhoffte sich, durch diese Kooperation selbst Zutritt zum potenziell lukrativen US-Pkw-Markt zu bekommen, auf dem die Marke bis dahin nicht präsent gewesen war.

Die Zusammenarbeit gestaltete sich über die nächsten Jahre durchaus positiv, wenngleich sich die Absatzzahlen der Renault-basierten Modelle in den USA in Grenzen hielten. Mittelfristig erwies sich die Kooperation aber vor allem für AMC als nutzbringend, denn dort machte man sich mit modernen Konstruktionsmethoden vertraut, was sich noch bezahlt machen sollte. Vor allem aber sicherte die Régie Renault mit ihrer Finanzkraft das weitere Überleben von AMC, denn zunächst standen für den einzigen unabhängigen Großserien-Automobilhersteller der USA alle Zeichen auf Sturm.

Das luftige Interieur der »Silver Anniversary Edition«-Modelle war durch schwarze Einzelsitze mit strapazierfähigem Vinylbezug gekennzeichnet.

Unter der Haube der auf 1000 Exemplare limitierten Jubiläumsmodelle grummelte der bekannte 5-Liter-V8.

1980
Desaströser Einbruch

Schon im Jahr zuvor hatten sich vor dem Hintergrund der Islamischen Revolution im Iran, einem Erdöllieferanten von globaler Bedeutung, wirtschaftliche und politische Verwerfungen auf internationaler Ebene abzuzeichnen begonnen. Es war zu ersten Förderausfällen und Verunsicherungen über die weitere politische Zukunft des ganzen Mittleren Ostens gekommen. Den Kulminationspunkt bildete ab September 1980 schließlich der Beginn des Ersten Golfkriegs zwischen Iran und Irak, der die Volkswirtschaften der westlichen Welt nachfolgend auf Talfahrt schickte. Besonders stark von solchen Entwicklungen in Mitleidenschaft gezogen wurde, wie immer, die globale Automobilindustrie. Während sich der US-Gesamtmarkt vorerst noch recht stabil hielt und erst ab 1981 massive Absatzverluste hinnehmen musste, schlugen die weltpolitischen Probleme sofort und unerwartet stark auf die Verkaufszahlen der Jeep-Palette durch. Auf Jahre eines ungebremst scheinenden Booms folgten Jahre mit zumeist katastrophalen Absatzzahlen, von denen sich AMC nicht wirklich zu erholen vermochte.

Der neue 2,5-Liter-Vierzylinder mit seinem Kampfnamen »Eiserner Herzog« war für die Ewigkeit gebaut, für die CJ-Modelle aber zu schwachbrüstig.

Noch halbwegs glimpflich lief das alles für die CJ-Baureihe ab, die 1980 eine Vielzahl von Neuerungen erfuhr. An erster Stelle

Während des ersten Golfkriegs rauschten auch die Jeep-Verkäufe in den Keller. Nur die CJ-Modelle konnten sich anfangs so gerade noch halten.

stand dabei die Rückkehr eines Vierzylinder-Benziners als Basistriebwerk für CJ-5 und CJ-7. Der Motor besaß einen Hubraum von 2471 cm^3, war drei Jahre zuvor von General Motors neu eingeführt worden und trug die vielsagende Zusatzbezeichnung »Iron Duke« – »Eiserner Herzog«. Das bezog sich auf die komplett gusseiserne Auslegung von Zylinderblock und -kopf, die für hohe Robustheit, aber niedrige Leistungsausbeute stand. Im Jeep leistete der extreme Kurzhuber, der ausschließlich mit mechanischem 4-Gang-Getriebe kombiniert war, dezente 88 PS/65 kW. Die Suche nach Selbstbescheidung kennzeichnete auch die neue Kraftübertragung für die Sechszylinder-Motorisierung: Hier war man von der guten alten GM Turbo-Hydramatic und dem optional lieferbaren »Quadra-Trac«-Allradsystem auf die ebenfalls über drei Gangstufen verfügende Torqueflite-Automatik von Chrysler übergegangen. Deshalb stand anstelle des permanenten Allradantriebs nun auf Wunsch nur noch das zuschaltbare Dana 300-Verteilergetriebe zur Verfügung.

Zur allgemeinen Stimmungsaufhellung wurden in diesem Jahr die Ausstattungspakete »Golden Hawk« und »Laredo« präsentiert, die – jeweils unterschiedlich zugeschnitten – für attraktivere Optik und mehr Komfort sorgten. Sie umfassten Merkmale wie spezielle Lackfarben, Zierdekore, Chromumfänge, Breitreifen, getönte Schieben, Überrollbügel oder Komfortdetails wie Lederlenkrad, Bodenteppiche, hintere Sitzbank und Zeituhr. Die »Laredo«-Ausstattung avancierte dabei zur eigenen Modellversion und blieb bis 1986 im Programm. Dies alles stützte die Verkäufe der CJ-Modelle ganz ordentlich, aber AMC musste immer noch einen um rund 30 % reduzierten Absatz bei der Traditionsbaureihe hinnehmen. Dennoch erwies sich der Klassiker wieder mal als einigermaßen resistent gegen die Unwägbarkeiten des US-Automobilmarkts.

Ungleich dramatischer stellte sich die Situation bei den größeren Baureihen dar: Vom teuren Wagoneer konnte 1980 nicht einmal mehr ein Drittel der im Vorjahr verkauften Exemplare abgesetzt werden. Noch übler waren die Zahlen der Cherokee-Modellfamilie: Statt rund 50.000 Fahrzeugen fanden nur noch gut 11.000 einen Käufer. Dabei hatte AMC einiges getan, um auf die sich verändernden Rahmenbedingungen zu reagieren. Abgesehen von einer strapazierfähigeren Hinterachse, gab es für den Wagoneer wieder den 4,2-Liter-Sechszylinder als Einsteigermodell, und neben der Kombination Torqueflite-Automatik und permanenter »Quadra-Trac«-Allradantrieb stand jetzt zusätzlich wieder die Option eines zuschaltbaren Allradsystems, genannt »Command-Trac«, zur Wahl. Beim Schwestermodell Cherokee wurde ebenfalls der Wechsel auf die Chrysler-Automatik und die neue Hinterachse vollzogen, es gab darüber hinaus aber noch ein neues, kürzer abgestuftes 4-Gang-Schaltgetriebe sowie zusätzlich das »Command-Trac«-Verteilergetriebe. Außerdem wurde die aus der CJ-Baureihe bekannte »Laredo«-Ausstattung im Cherokee zum Kennzeichen des neuen gleichnamigen Topmodells. Die Pickups übernahmen in puncto Antriebsstrang die Modifikationen aus dem Cherokee; es gab also ebenfalls die Chrysler-Automatik, den kurz übersetzten mechanischen 4-Gang-Schalter und das neue Verteilergetriebe. Eine neue Version war jedoch der J-10 in »Sportside«-Ausführung. Hier war die seitlich eingezogene Oldschool-Ladefläche »Thriftside« mit breiten bauchigen Hinterradkotflügeln kombiniert.

Angesichts der trotz aller Anstrengungen deprimierenden Verkaufsresultate blieb in Kenosha nur noch die Hoffnung auf eine Besserung der Situation im Folgejahr. Da sich die Banken inzwischen weigerten, AMC neue Kredite zu geben, wandte man sich an den Partner Renault. Um die größten finanziellen Löcher bei AMC zu stopfen, stockten die Franzosen am Jahresende ihr Engagement sukzessive weiter auf. Als bei weitem größter Einzelaktionär war der französische Staatskonzern nun de facto Besitzer der American Motors Corporation und entsandte in der Folge eigene Vertreter in die Geschäftsleitung.

1981
Stabil auf niedrigem Niveau

Leider war auch 1981 kein Licht am Ende des Tunnels zu erkennen. Der Golfkrieg zog sich hin, die weltpolitische Lage blieb angespannt. Jetzt erst bekamen auch die Großen Drei den radikalen Abschwung der US-Autokonjunktur im vollen Umfang zu spüren. Die Jeep-Verkäufe dagegen waren bereits so weit gefallen, dass man die Talsohle eigentlich erreicht zu haben glaubte. Doch diese Einschätzung sollte sich als voreilig erweisen.

Dennoch konnte AMC die Dinge nicht einfach so laufen lassen und auf bessere Zeiten warten, sondern musste im Gegenteil seine Produktlinien auch weiterhin aktiv pflegen. So ergänzte als große Neuigkeit ab Mai ein besonderes CJ-Modell die Traditionsbaureihe. Der CJ-8, auch »Scrambler« genannt, war eine Art Pickup auf Basis des CJ-7, der in gewisser Weise das Erbe des CJ-6 fortführen sollte. Dieser wurde seit 1976 nicht mehr auf dem US-Heimmarkt angeboten, war seitdem nur noch für den Export in kleinen vierstelligen Stückzahlen gefertigt worden und ging 1981 in sein allerletztes Produktionsjahr. Mit seinem längeren hinteren Überhang ergab sich beim CJ-8 in Verbindung mit dem CJ-7-Radstand ein recht üppiger Laderaum in Form einer Pritsche. Das Zwei-Mann-Fahrerhaus war mit Kunststoff-Hardtop oder Faltdach sowie Stahlblech- oder Stofftüren bestellbar, ein großes Hardtop, das sich auch über die Pritsche spannte, gab es als

Der CJ-8, auch »Scrambler« genannt, war ein Versuch von AMC, der Absatzmisere 1981 ein wenig entgegenzuwirken.

Zubehör. Die mögliche Zuladung von 560 Kilogramm war für die anvisierten Einsatzzwecke nicht allzu üppig, aber ausreichend. Antriebseitig bildete der »Iron Duke«-Vierzylinder die Grundmotorisierung, gegen Aufpreis waren auch der 4,2-Liter-Sechszylinder, ein verstärktes 4-Gang-Schaltgetriebe sowie eine Torqueflite-Automatik zu haben. Drei Ausstattungsvarianten standen zur Wahl: Neben der eher kargen Basisausführung gab es mit »SR Sport« und »SL Sport« zwei unterschiedlich umfangreiche Pakete, die durch bestimmte Lackfarben, den Chrombesatz, Dekor- und Innenausstattungselemente differenziert waren. Im Jahr darauf war auch die »Laredo«-Ausstattung verfügbar.

Es zeigte sich, dass in schwierigen Zeiten auch ein Modell wie der CJ-8 keine grundlegende Besserung der Situation herbeiführen konnte. Die Verkäufe blieben im hohen vierstelligen Bereich hängen und stempelten den CJ Pickup eher zu einem Nischenfahrzeug ohne durchschlagende Breitenwirkung. Bei den anderen Modellen der Baureihe tat sich in diesem Jahr fast nichts. Ausnahme: Für den CJ-5 war nun auch ein Automatikgetriebe zu bekommen. Und man musste in Kenosha zur Kenntnis nehmen, dass der Vierzylinder keine Motorisierung war, mit der man CJ-7-Interessenten überzeugen konnte – die Absatzzahlen dieser Version waren und blieben minimal. Ebenfalls akzeptieren musste man, dass nun auch die CJ-Baureihe in einen Abwärtssog bei den Fahrzeugverkäufen geraten war. Weniger als 50.000 Kunden entschieden sich für einen CJ-5, CJ-7 oder CJ-8, wobei der CJ-7 mit fast 28.000 Einheiten noch vergleichsweise gut dastand, während der seit gut 25 Jahren im Programm befindliche CJ-5 mit einer Halbierung der Vorjahreszahlen offenbar seinem Ende entgegenging.

Dass sich eine Zeitenwende anbahnte, wurde auch bei Wagoneer und Cherokee deutlich. Die Themen Verbrauchs- und Emissionsreduzierung waren nicht mehr zu ignorieren und bestimmten allmählich immer stärker die Agenda der Hersteller. So wurde der Wagoneer in Kalifornien nur noch mit dem 4,2-Liter-Sechszylinder angeboten, dem der dort nun serienmäßige Abgaskatalysator den letzten Rest von Leistungswilligkeit raubte. Auch die Einführung eines neuen, effizienteren Drehmomentwandlers bei der Torqueflite-Automatik, der Einbau einer drehzahlsenkenden Hinterachsübersetzung und die Verfügbarmachung eines 4-Gang-Schaltgetriebes wiesen unverkennbar in diese Richtung. In puncto Ausstattung versuchte man mit der neuen, unterhalb des teuren »Limited«-Modells angesiedelten »Brougham«-Version das Spektrum der Kaufinteressenten wieder etwas zu erweitern. Bei der Cherokee-Familie wurden exakt die gleichen technischen Veränderungen vorgenommen, allerdings präsentierte sich das Modellangebot teilweise neu sortiert. Das »S«-Modell entfiel, und stattdessen rückten der viertürige »Chief« und die »Laredo«-Version in den Vordergrund. Alle gut und schön, aber dennoch wurden insgesamt nur etwa 20.000 Wagoneer- und Cherokee-Exemplare verkauft – damit war fraglos der absolute Tiefpunkt erreicht.

Eines war Akteuren und Beobachtern klar: Mit Blick auf das sich rasant wandelnde Umfeld, in dem sich auch die komplette US-Autoindustrie bewegte, würde nach Ende der akuten Krise nichts mehr so sein wie zuvor. Schon gar nicht für AMC und deren Jeep-Programm, das alles andere als zukunftsträchtig aufgestellt war. Überdies redete Renault nun ein starkes Wörtchen mit.

1982
Keine Lichtblicke

Unverdrossen arbeitete man in Kenosha an einer Stabilisierung der längst bedrohlich gewordenen Lage. Die Kassen waren so leer, wie sie nur sein konnten, da auch das unter dem Markennamen AMC angebotene herkömmliche Pkw-Programm massiv schwächelte. Auf der anderen Seite tat Renault sein Möglichstes, schoss weitere Mittel nach und erhöhte bereits im Januar seinen Anteil an AMC auf 46 %. Dank der diversen Finanzspritzen der Franzosen konnte man wenigstens weiter daran arbeiten, die Situation zu verbessern.

Bei der Jeep CJ-Baureihe konzentrierte man sich deshalb auf die Weiterführung des CJ-7. Die Verkaufszahlen des CJ-5 waren so in den Keller gefallen, dass sich hier keine Investitionen in eine Modellpflege mehr lohnten, man hielt ihn einfach unverändert im Programm und verkaufte so viele Exemplare wie eben möglich. Das Schwestermodell profitierte in diesem Jahr jedoch von einigen Verbesserungen. Um den Kraftstoffkonsum zu reduzieren, wurde sowohl für die Vier- wie für die Sechszylinderversion erstmalig ein mechanisches 5-Gang-Getriebe als Option angeboten. Es reduzierte in der höchsten Gangstufe das Drehzahlniveau und bot insgesamt günstigere Abstufungen. Ebenfalls neu war eine deutlich größere Spurweite: An der Vorderachse betrug das Maß nun 1417 mm, 109 mm mehr als zuvor, während es an der

Ein edles Erscheinungsbild mit Farbcodierung, Chromschmuck und Luxusinterieur bot der CJ-7 »Limited«.

Dagegen war der CJ-10, der dem Heimmarkt vorenthalten blieb, ein harter Arbeiter. Ein nachhaltiger Erfolg war ihm aber nicht beschieden.

Hinterachse um 130 mm auf 1400 mm gewachsen war. Neben optischen Vorteilen bot diese Modifikation vor allem ein optimiertes Fahrverhalten.

Darüber hinaus versuchte man, mithilfe zweier neuer limitierter Sondermodelle Kaufanreize zu schaffen. Der Jeep CJ-7 »Limited« war als Edelversion positioniert und mit allem ausgestattet, was gut und teuer war. Unter anderem gehörten Sonderlackierungen mit jeweils angepasster Verdeckfarbe, 225/75 x 15-Reifen auf speziellen Felgen, Chromstoßstangen und seitliche Trittbretter, Klimaanlage, zusätzliche Geräuschdämmung sowie eine Mittelkonsole zum Ausstattungsumfang. Als Antrieb diente der Sechszylindermotor in Verbindung entweder mit dem neuen 5-Gang-Getriebe oder der Automatik. Insgesamt liefen 2500 Fahrzeuge in der »Limited«-Spezifikation vom Band.

Noch wesentlich seltener – es entstanden nur etwa 630 Exemplare – war der CJ-7 »Jamboree Edition«. Das Modell sollte an den 30. Jahrestag des ersten »Rubicon Trail«-Treffens der Jeep-Enthusiasten erinnern. Der historische »Rubicon Trail« ist ein nahe dem kalifornischen Lake Tahoe gelegener, etwa 40 Kilometer langer Postweg aus dem 19. Jahrhundert, der inzwischen als eine der weltweit schwierigsten Geländestrecken galt und seit Jahrzehnten zu einer Pilgerstätte der stark vom Jeep geprägten US-amerikanischen Offroadgemeinde geworden war. Auch dieses Editionsmodell verfügte grundsätzlich über den Sechszylinder, der hier aber obligatorisch mit dem 5-Gang-Schalter kombiniert war. Neben einer Reihe von Luxusfeatures war das Ausstattungspaket der »Jamboree Edition« eher geländeorientiert zugeschnitten und enthielt zum Beispiel einen Überrollbügel, stark profilierte Offroadreifen, einen vergrößerten Tank, eine leistungsfähigere Kühlung und Halogen-Zusatzleuchten.

Da man bei AMC nichts unversucht ließ, ergänzte ab diesem Jahr auch ein weiteres leichtes Nutzfahrzeug auf CJ-Basis das Programm. Der CJ-10 stellte eine in weiten Teilen neu karossierte Version des J-10 Pickups dar. Er wies mit 3020 mm einen identischen Radstand auf, präsentierte optisch aber einen Mix aus alten und neuen CJ-Elementen mit einem Kühlergrill nach klassischer MB-Art, aber modernen Rechteckscheinwerfern und schnörkelloser Ladepritsche. Das Fahrzeug zielte ausschließlich auf Exportmärkte und dort sowohl auf militärische wie private Abnehmer. Angetrieben wurde der CJ-10 von den bekannten Vier- und Sechszylinder-Benzinern, es konnte aber auch ein 93 PS/68 kW starker 3,3-Liter Diesel-Reihensechszylinder geordert werden, der von Nissan zugeliefert wurde. Als Kraftübertragung standen das mechanische

4-Gang- sowie das Torqueflite-Automatikgetriebe bereit, jeweils in Kombination mit zuschaltbarem Allradantrieb. Mangels entsprechenden Zahlenmaterials ist unbekannt, wie viele CJ-10 insgesamt hergestellt wurden. Ihre Produktion endete jedenfalls 1985, nachdem veränderte Währungsparitäten den Pickup auf den Exportmärkten zu teuer machten.

Über das Jahr gesehen, blieb die Einführung des gegen Aufpreis lieferbaren mechanischen 5-Gang-Getriebes die einzige hervorzuhebende Neuerung im Jeep-Programm. Von ihr profitierten auch die Baureihen Wagoneer, Cherokee und sogar der Halbtonnen-Pickup J-10. Bei den Lasteseln hatte aber mit der Zeit eine deutliche Straffung des Angebots stattgefunden. Zwar war der Dreivierteltonner J-20 nach wie vor im Programm, jedoch waren die verfügbaren Karosserievarianten auf drei reduziert worden, von denen die »Townside«- und die »Sportside«-Version am populärsten waren.

Trotz aller Initiativen von AMC halbierten sich die Gesamtabsatzzahlen des Konzerns gegenüber einem schon verheerenden Vorjahr noch einmal: Gerade mal 70.000 Fahrzeuge aller vorhandenen Marken verließen die Fließbänder in Kenosha und Toledo. Wenn sich nicht schnell Entscheidendes tat, war ein Konkurs des Unternehmens nicht mehr auszuschließen. Wieder wurde Renault gebeten, weitere liquide Mittel nachzuschießen – für die Franzosen schien sich das Abenteuer nordamerikanischer Markt langsam zum Fass ohne Boden zu entwickeln.

Nur noch in zweitüriger Ausführung verfügbar, rollte der Cherokee »Chief« dem Ende seiner langen und erfolgreichen Karriere entgegen.

1983
Ende einer Legende

Die seit zwei Jahren radikal schrumpfenden Verkaufszahlen des CJ-5 machten den Schritt unausweichlich – und insofern war es aus Sicht der Unternehmensleitung von AMC kein großer Verlust –, aber natürlich war die zum Jahresende auslaufende Produktion des Klassikers aller Klassiker im Jeep-Programm ein Grund zur Trauer in der Jeep-Gemeinde. Seit 1955 hatte der CJ-5, dessen Wurzeln noch nah am Willys MB lagen, alle Stürme überlebt, seinem Hersteller als stabiler Eckpfeiler im jeweiligen Fahrzeugprogramm gedient und letztlich die Existenz gesichert. Nun hatte der modernere CJ-7 diese Rolle in weiten Teilen übernommen und in der zweiten Hälfte der 1970er-Jahre das Schwestermodell stückzahlmäßig überflügelt. Zum Glück gab es 1983 erste Lichtblicke in Richtung einer Erholung des US-Pkw-Markts, sodass der stets sorgfältig modellgepflegte CJ-7, obwohl er in diesem Jahr weitestgehend unverändert blieb, allmählich wieder zu alter Verkaufsstärke zurückfand: Fast 38.000 Exemplare konnten an Kunden übergeben werden, über 50 % mehr als im Vorjahr.

Auch bei Wagoneer und Cherokee ging es wieder bergauf, wenn auch in deutlich bescheidenerem Maß – man kann nur vermuten, dass diese Baureihen, die nicht den ganz besonderen Nimbus der CJ-Modelle genossen, bei Teilen der potenziellen Kundschaft inzwischen als in vielfacher Hinsicht überholt betrachtet wurden. Immerhin wurde beim Wagoneer aber das neue »Selec-Trac«-Allradsystem eingeführt. Dieses ähnelte in seinem Aufbau dem permanenten »Quadra-Trac«-4x4-Antrieb, bot aber die zusätzliche Möglichkeit, mittels einer Betätigungstaste am Armaturenbrett unterdruckgesteuert auf spritsparenden Hinterradantrieb umzuschalten. Auch wurde der alte Sechszylinder durch eine Verdichtungserhöhung auf

114 PS/84 kW leistungsgesteigert. Gegen Aufpreis war nach wie vor der 5,9-Liter-V8 zu haben, als Ausstattungslinien standen unverändert die Topversion »Limited« und, etwas abgerüstet, die Variante »Brougham« zur Wahl.

Dass man beim Cherokee auf das »Selec-Trac«-System verzichtete, ließ ahnen, dass in baldiger Zukunft Einschneidendes bevorstand. Für 1983 beschränkten sich die Produktplaner in Kenosha jedenfalls auf die Einführung der viertürigen Modellversion »Pioneer«, die den bisherigen »Chief«-Viertürer ablöste. Diese Ausführung wie auch der »Laredo« standen nun ausschließlich mit zwei Türen im Angebot.

Um die vor allem für professionelle Nutzer interessanten Pickups, bei denen insgesamt ein geringerer Modernisierungsdrang bestand, aktuell zu halten, landete das neue »Selec-Trac«-Allradsystem auch in der Sonderausstattungsliste für das kleinere J-10-Modell.

Begleitet wurden die Modellpflegeaktivitäten glücklicherweise vom Ende der mehrjährigen dramatischen Absatzflaute: AMC konnte seine Verkäufe mit all seinen Marken auf fast 169.000 Fahrzeuge steigern – das entsprach einem Zuwachs von mehr als 135 % und geschah angesichts der bevorstehenden Neuerungen gerade noch rechtzeitig. Dennoch blieb das Geschehen der beiden zurückliegenden Jahre nicht ohne langfristige Folgen: Zwar war nun das Schlimmste erst mal überstanden, aber Renault, deren Anteil an AMC mittlerweile auf 49 % angewachsen war, geriet auf seinen Kernmärkten nun selbst unter Druck.

1984
Wechsel auf die Zukunft – der XJ

Mit einer sich rasant verbessernden Autokonjunktur auf dem heimischen Markt kam wieder Schwung in die AMC-Modellpalette. Diese bestand bei den Pkw zum großen Teil aus adaptierten und inzwischen unter dem AMC-Label vermarkteten Renault-Frontantriebsmodellen, die in jeder Beziehung modernen europäischen Konstruktionsprinzipien folgten und ihren Beitrag zur Erholung des Unternehmens leisteten. Das auch von den Franzosen als Anker der Kontinuität betrachtete Jeep-Programm war zunächst

Die Fahrzeuge der komplett neu konstruierten XJ-Baureihe sollten sich als wahrer Glücksgriff erweisen und zu absoluten Bestsellern avancieren.

noch wie gehabt strukturiert. Aber es bewegte sich viel: Die aus CJ-7 und CJ-8 bestehende klassische Baureihe wurde mit der Einführung eines von AMC völlig neu konstruierten Vierzylinder-Benziners belohnt, der als Basismotorisierung dienen sollte. Das Triebwerk wies einen Hubraum von 2464 cm³ auf, war mit 98,4 x 80,9 mm sehr kurzhubig ausgelegt und leistete 106 PS/78 kW bei 4800/min – immerhin gut 20 PS/15 kW mehr als der bisherige »Eiserne Herzog«. Eisern war allerdings auch der neue Motor, denn Block und Kopf des OHV-Triebwerks bestanden wie beim Vorgänger aus Grauguss. An das neue Antriebsaggregat gekoppelt war entweder das bekannte 4-Gang-Schaltgetriebe oder gegen Aufpreis die 5-Gang-Box bzw. die Torqueflite-Automatik.

»Really Big News« des Jahres war allerdings die Präsentation des Jeep XJ, der auch bald offiziell Cherokee genannt wurde. Eigentlich tat die Verwendung des alten Namens und die herstellerseitige Darstellung, dass es sich dabei um den Nachfolger des bisherigen Cherokee handele, dem Neuen bitter Unrecht. Schließlich war der seit Ende der 1970er-Jahre in enger Kooperation mit Renault entwickelte XJ nichts weniger als eine Revolution, manifestierte er doch den Wandel hin zur automobilen Modernität. Er war um 40 Zentimeter kürzer und um rund 400 Kilogramm leichter als sein Vorgänger und nahm mit vergleichsweise kleinvolumiger, wesentlich sparsamerer Motorisierung vorlieb, ohne lahm zu sein. Konstruktives Highlight war die selbsttragende Auslegung seiner Karosserie, die den XJ in puncto Agilität und Fahrgefühl fast schon zu einem vollwertigen Pkw machte, ohne dass er an Geländetauglichkeit eingebüßt hatte. Tatsächlich war der XJ der weltweit erste zivile Offroad-Allradler mit selbsttragender Aufbaustruktur.

Betont schlank und sportlich sah der XJ als Cherokee »Chief« aus. Nur zu Anfang konnten die Zwei- gegenüber den Viertürern in puncto Verkaufszahlen mithalten.

Zur Markteinführung war der Neue in zwei- oder viertüriger Ausführung erhältlich, dazu gab es zwei Modellversionen, die – um doch Kontinuität vorzugaukeln – als Wagoneer und Cherokee bezeichnet wurden. Ersteren gab es als vollausgestatteten »Limited« oder als etwas reduzierten »Brougham«, den Cherokee als zweitürigen »Chief« oder als viertürigen »Pioneer«. Auch dies spiegelte mehr oder weniger exakt das Programm der traditionellen Modelle gleichen Namens wider.

Der Antriebsstrang bestand zunächst aus dem neuen 2,5-Liter-AMC-Vierzylinder und optional einem V6-Benziner von GM mit gut 2,8 Liter Hubraum und 112 PS/82 kW, die beide in Kombination mit einem mechanischen 4- oder 5-Gang-Getriebe sowie alternativ und ebenfalls gegen Aufpreis einer Chrysler Torqueflite 3-Gang-Automatikbox lieferbar waren. Das beim XJ serienmäßig eingesetzte Allradsystem war nicht-permanent und gehörte zur seit 1980 bekannten »Command-Trac«-Familie. Die Zuschaltung des Frontantriebs konnte hier manuell während der Fahrt erfolgen; der 4x4-Modus war aber nicht für den eigentlichen Straßenbetrieb vorgesehen. Alternativ war für das Spitzenmodell XJ Wagoneer optional auch das »Selec-Trac«-Verteilergetriebe zu bekommen, das permanent ausgelegt und damit für Straßendauerbetrieb geeignet war. Es bot aber die zusätzliche Möglichkeit, manuell auf Hinterradantrieb umzuschalten und dadurch den Kraftstoffverbrauch zu reduzieren. Diese Wahlmöglichkeit zwischen zwei Allradsystemen blieb stets eine Besonderheit des Jeep XJ.

Auch fahrwerkseitig verfügte das neue Modell dank wesentlich modernisierter Radaufhängungen über erheblich verbesserte Eigenschaften. Die Starrachsen vorne und hinten wurden durch mehrere Lenker im Zaum gehalten, was sich in angeneh-

In seiner eigenen, weitgehend vom sonstigen Geschehen losgelösten Welt reifte der Wagoneer zum Grand Wagoneer heran und hatte noch ein paar gute Jahre vor sich.

merem Fahrverhalten und höherer Fahrsicherheit bei zugleich gutem Fahrkomfort äußerte.

Blieb als wesentliches Kriterium die Optik des XJ: Hier unterschied sich der neue Jeep grundlegend von allen Modellen, die bisher unter diesem legendären Label auf den Markt gebracht worden waren. Er reflektierte deutlich die enge Entwicklungszusammenarbeit mit Renault und war in seinem äußeren Erscheinungsbild klar von der europäischen Automobilkultur geprägt. Der XJ war perfekt proportioniert, schlank, geradlinig, ohne übertrieben kantig gezeichnet zu sein, und verzichtete auf jede Form von Schnörkel oder gar US-amerikanischem Barock. Vielmehr strahlte er eine straffe jugendliche Sportlichkeit aus, die nahezu alle Betrachter auf beiden Seiten des Atlantiks gleichermaßen in ihren Bann zog. Kurzum: Der XJ war unwidersprochen eine Schönheit. Die Frage war nur, ob das neue Gesamtkonzept auf dem wichtigsten, dem einheimischen US-Markt so angenommen werden würde, wie sich AMC und Renault das wünschten – und wie es dringend notwendig war.

Schnell zeigte sich aber, dass jegliche Sorge unbegründet war: Die Fahrzeuge der neuen Baureihe lösten – medial wohlwollend begleitet – von Beginn an geradezu einen Käuferansturm aus. Noch im Premierenjahr konnten insgesamt fast 70.000 Exemplare abgesetzt werden, relativ gleich verteilt auf die Varianten Wagoneer und Cherokee bzw. 2- und 4-Türer. Das war aber erst der Anfang – für den Rest der 1980er-Dekade stiegen die Verkäufe auf jährlich zwischen etwa 120.000 und bis zu knapp 200.000 Einheiten an, wobei sich bald die viertürige Version als die klar beliebteste herausstellte. Am Ende hatten sich die enormen Anstrengungen, die AMC und Renault gemeinsam unternommen hatten, um diese neue Modellfamilie auf die Räder zu stellen, gelohnt. Die in das Projekt geflossenen rund 250 Millionen US-Dollar hatten vor allem vom französischen Staatskonzern aufgebracht werden müssen, der nicht zuletzt deswegen nun selbst zunehmend unter wirtschaftlichen Druck geriet.

Für AMC stellte sich jetzt – ganz nebenbei – die Frage, was mit dem alten Wagoneer zu geschehen hatte. Angesichts stabiler, sogar wieder leicht steigender Verkaufszahlen des traditionellen Fullsize-Modells, entschied man sich dafür, erst mal nichts zu tun und die Situation weiter zu beobachten. Nur eines unternahm man, nicht zuletzt, um Verwirrungen im Modellangebot vorzubeugen: Man taufte den alten Wagoneer zum »Grand Wagoneer« um und begründete damit nichtsahnend eine Produktlinie mit großer Zukunft. Im Schatten all dieser Veränderungen zogen die bisherigen Pickup-Modelle unbeirrt ihre Bahn. Gleichwohl nahm man auch hier eine, wenn auch nur geringfügige, Änderung vor, indem man die Ausstattungsversionen »Pioneer« und »Laredo« für alle Varianten der J-10- und J-20-Modelle verfügbar machte.

Von kontinuierlicher, wenn auch selten tiefgreifender Modellpflege hatten viele Jahre lang auch die Pickups J-10 und J-20 profitiert. Langsam näherte sich aber das Ende ihrer Produktionszeit.

Ein Cherokee XJ des Baujahr 1985 in der neuen Top-Ausstattung »Laredo«. Die Fahrzeuge der Modellfamilie wurden nicht nur in den USA begeistert aufgenommen, sondern sicherten sich während der folgenden Jahre auch in Europa und auf anderen Märkten eine treue Gefolgschaft.

1985

Neue Verwerfungen

Während die neuen XJ Jeeps großartig einschlugen, zeichneten sich in anderen Ecken des AMC-Fahrzeugprogramms wieder große Probleme ab. Die von kompakten, spritsparenden Frontantriebsfahrzeugen geprägte Pkw-Palette verlor im Zeichen sinkender Benzinpreise in den USA dramatisch an Kundenzuspruch, was den wirtschaftlichen Druck auf das Unternehmen aufrechthielt. Da Renault aufgrund eigener Finanzprobleme, die sich in Werksschließungen und Massenentlassungen äußerten, weder einspringen konnte noch wollte, kam es auch bei AMC zu einer massiven Verschlechterung der Arbeitsbeziehungen im mittlerweile veralteten Produktionswerk in Kenosha. Die Unternehmensleitung hielt Verpflichtungen nicht ein, es gab Streiks, auch sprach man von Sabotageaktionen von Teilen der Belegschaft. Das unter französischer Leitung stehende Management reagierte harsch und kündigte den Aufbau einer Fertigung in China an. Bereits zuvor hatte zu allem Überfluss AM General, die seit 1971 geschäftlich ausgegliederte, aber profitable Militärfahrzeugsparte von AMC, auf Druck der US-Regierung verkauft werden müssen, weil das Verteidigungsministerium keine Militärausrüster akzeptierte, die sich zu wesentlichen Teilen im Besitz ausländischer Unternehmen befanden – und das war im Fall des Engagements von Renault bei AMC gegeben. Allerorten herrschte höchste Anspannung und schlechte Laune.

Das galt in gewisser Hinsicht auch für die CJ-Baureihe, denn es gab weiterhin Propagandakampagnen gegen diese Fahrzeuge, denen man vorwarf, dass es ihnen im Extremfall an Fahrsicherheit mangele; vor allem der CJ-5 mit seinem kürzeren Radstand hatte darunter leiden müssen und war aus dem Programm genommen worden. Letztlich wurde auch der nie besonders geschätzte CJ-8 »Scrambler« zum Jahresende ersatzlos gestrichen. Am CJ-7 prallte dies alles jedoch weitgehend ab, denn er präsentierte sich auch in diesem Jahr so verkaufsstabil wie (fast) immer, obwohl man auf jegliche Modellpflegemaßnahmen verzichtete. Ganz der Alte blieb auch der Grand Wagoneer, der nach wie vor so viele Käufer fand, dass ein Auslaufen des Traditionsmodells nicht zur Debatte stand.

Die Positionierung des Wagoneer in der Hierarchie der XJ-Modelle war dem Publikum nie so recht zu vermitteln. Das galt auch für den »Limited«.

Deutlich gestrafft wurde dagegen das Pickup-Programm: Es wurde auf die J-10- und J-20-Modelle mit einheitlichem Radstand von 3320 mm und die Wahlmöglichkeit zwischen Grund- und »Pioneer«-Ausstattung reduziert.

Nur Freudiges gab es vom erweiterten Marktstart der XJ Jeeps zu berichten. Werblich geschickt als »Sportswagon« bezeichnet, gewannen die Neuen immer mehr Kunden – anscheinend hatte das im Kern europäisch zugeschnittene Fahrzeugkonzept das interessierte Publikum mitten ins Herz getroffen. Als Spitzenversion der Cherokee-Modelle kam der mit beiden verfügbaren Motorisierungen kombinierbare »Laredo« auf den Markt, der Wagoneer war nun alternativ auch als bestausgestatteter Wagoneer »Limited« zu bekommen, gekennzeichnet unter anderem durch PVC-Seitenbeplankungen in bekannter Holzoptik und Ledersitze. Mehr als eher nutzorientierter Kombi positioniert war eine nur mit Heckantrieb versehene zweitürige Version des XJ, die ebenfalls ins Angebot aufgenommen wurde, aber nicht die größten Wellen schlug.

Als Ableitung der höchst erfolgreichen XJ-Modelle wurde darüber hinaus bereits im August eine Pickup-Version mit der Baureihenbezeichnung MJ präsentiert, die auf Sicht die Nachfolge der alten Fullsize-Modelle J-10 und J-20 antreten sollte. Den US-Markt für vergleichsweise kleinformatige Pickups, die kostengünstig im Betrieb waren und vermehrt auch als Familienfahrzeuge genutzt wurden, hatten seit einigen Jahren die Japaner mit ihren extrem zuverlässigen und robusten Toyotas, Mazdas, Nissans und Mitsubishis fest im Griff. GM und Chrysler planten ebenfalls einen Einstieg, Ford war mit der Ranger-Baureihe dort bereits seit kurzem vertreten. Das neue, unter dem Namen Jeep Comanche laufende Fahrzeug war konstruktiv eng mit den XJ-Modellen verwandt. Es war ebenfalls – als einziges in seinem Segment – mit einer selbsttragenden Karosserie ausgestattet und brachte mit seiner Optik, die bis zur B-Säule im Grunde mit der des XJ identisch war, einen sportlichen Touch in die kleine Pickup-Klasse. Dank eines Radstands von 3045 mm wartete der Comanche aber mit einer größeren Pritsche auf als seine direkten Wettbewerber. Als Nutzlast standen 500 kg zu Buche, auf Wunsch gab es auch ein Ausstattungspaket namens »Metric Ton«, das eine Auflastung auf 800 kg beinhaltete.

Die Motorisierungsoptionen entsprachen denen der XJ-Modelle – mit zwei Ausnahmen: Zum einen war zusätzlich eine Spritspar-Version des 2,5-Liter-Vierzylinder-Benziners lieferbar, die über ein mechanisches Schaltgetriebe sowie eine längere

Der neue Pickup Comanche legte einen guten Marktstart hin, obwohl die Wettbewerbssituation in seinem Segment extrem herausfordernd war.

Hinterachsübersetzung verfügte. Zum anderen gelangte auch ein 85 PS/63 kW leistender 2,1-Liter-Vierzylinder-Turbodiesel aus dem Renault-Regal ins Angebot. Während die Auswahl der Kraftübertragungen für den Vierzylinder-Benziner und das V6-Aggregat mit der übereinstimmte, die auch für die Fahrzeuge des XJ-Programms angeboten wurden, stand für die Turbodiesel-Version ausschließlich ein mechanisches 5-Gang-Getriebe bereit. Weitere Unterschiede gab es bei der Antriebstechnologie: Zwar waren die bekannten Allradsysteme »Command-Trac« und »Selec-Trac« verfügbar, aber bei Letzterem kam im Comanche eine Variante zum Einsatz, bei der man nicht zwischen Allrad- und Heckantrieb umschalten konnte.

Anfangs war der Comanche in drei unterschiedlich spezifizierten Ausstattungslinien lieferbar: Die Basis hieß »Custom«, das Mittelfeld deckte die »X«-Ausstattung ab, und »XLS« war die Spitzenversion. AMC hatte sich auf jeden Fall vorgenommen, mit der neuen Pickup-Baureihe sehr preisaggressiv in den Markt zu starten und die direkte Konkurrenz um hunderte Dollar zu unterbieten. Man musste unter den gegebenen Umständen eben alles wagen, um so viele Exemplare wie möglich zu verkaufen – egal wie niedrig die Marge war.

1986
Goodbye and hello: Aus dem CJ wird der Wrangler

Bisher hatte sich die Kernzielgruppe der CJ-Enthusiasten von den Einflüsterungen zahlreicher medial wirksamer Bedenkenträger nicht beeindrucken lassen. Die in den USA immer wieder vorgetragenen Angriffe auf den Klassiker waren häufig auch eher agitatorisch – schließlich fügte das Baumuster seinen Benutzern nicht in statistisch irgendwie bedenklicher Weise Schaden zu. Wer sich also für einen CJ entschied, tat das vermutlich bewusst und musste, wenn auf der Straße oder im Gelände etwas ernstlich schiefging, die Konsequenzen eben tragen, wie andere Motorisierte in ähnlich gelagerten Fällen auch. Aber eines war natürlich unbestreitbar: Auch der CJ-7 als jüngster Vertreter der Baureihe war kein nach modernen Begriffen sicheres Auto, weder

Mit Blick auf seine Kerntugenden stand der Wrangler seinem legendären Vorgänger in kaum etwas nach. Angesichts der modernisierten Technik war – gefühlt – allenfalls eine gewisse Portion Authentizität verlorengegangen.

in aktiver noch in passiver Hinsicht. Das wussten die Verantwortlichen in Kenosha genauso, und so beschloss man, den CJ-7 zum Jahresende in den Ruhestand zu schicken. Zuvor gab es als letzte technische Modifikation noch den Übergang zu einer neuen Hinterachse. Trotz der ganzen Diskussionen blieb selbst im letzten Jahr die Kauflust der Kundschaft ungebrochen. Noch einmal konnten fast 26.000 Exemplare abgesetzt werden. Aber die Pensionierung des CJ-7 war beileibe kein Anlass zu trauern, denn die Reinkarnation des Klassikers war schon seit Monaten zum Teil des Straßenbildes geworden.

Tatsächlich hatte die Entwicklung eines potenziellen CJ-7-Nachfolgers bereits 1982 begonnen. Ein Jahr später wurden erste Versuchsträger gebaut, die noch weitgehend auf dem CJ-7 basierten, im Frühjahr 1984 folgten schließlich die ersten Prototypen für die Serienkarosserie. Ende 1985 war die Entwicklung abgeschlossen, und auf die Präsentation im Februar 1986 folgte am 13. Mai die Markteinführung. Vom Band lief das neue, von der Enthusiastenschar ebenso erwartungsvoll wie kritisch empfangene Modell im 1962 eröffneten kanadischen AMC-Werk Brampton/Ontario. Statt die emotional so aufgeladene CJ-Modellreihe fortzusetzen, entschied man sich in Kenosha dafür, das neue Modell unter der Verkaufsbezeichnung Jeep Wrangler anzubieten, um den Generationswechsel auch deutlich zu demonstrieren. Unter hohem finanziellem Druck stehend, hatte AMC den Nachfolger, der intern den Baureihencode YJ trug, so konzipiert, dass der Akzent deutlicher in Richtung Straßeneinsatz gesetzt war. Es sollte durch ein Mehr an Komfort und Fahrsicherheit eine höhere Alltagstauglichkeit erzielt und in der Folge eine breitere Käuferklientel sowie entsprechend höhere Absatzzahlen erreicht werden. Zwar wurden manche konstruktiven Details vom alten CJ übernommen, zum Beispiel das Starrachsfahrwerk, doch die meisten Technikkomponenten wurden neu arrangiert, und dank einer um 56 mm breiteren Spur, geringerer Bodenfreiheit zur Absenkung des Fahrzeugschwerpunkts, dem Einsatz von Querstabilisatoren und wesentlich präziser geführten Achsen verwöhnte der Wrangler Alltagsfahrer tatsächlich mit deutlich verbessertem Handling. Der Preis, der dafür zu zahlen war, bestand in einer geringfügig reduzierten Geländefähigkeit – was aber nach Einschätzung der AMC-Marketingspezialisten für die anvisierten neuen Kundenkreise von vernachlässigbarer Bedeutung war.

Auch optisch hatte sich mit der Einführung des Wrangler manches getan – wenn auch, bis auf eine Ausnahme, nur auf den zweiten Blick. Diese Ausnahme waren die modischen Rechteckscheinwerfer, die neben dem im Detail neu gestalteten Kühlergrill platziert waren, sofort ins Auge fielen und nicht selten zu wenig schmeichelhaften Publikumsreaktionen führten. In seiner Gesamterscheinung war der Wrangler dem CJ-7 jedoch sehr ähnlich, obwohl die komplette Wagenfront einschließlich größerer Windschutzscheibe samt darauf aufliegenden Scheibenwischern neu war. Im Interieur mit seinen neuen Sitzen und einer völlig anders gestalteten Instrumententafel bestand dagegen keinerlei Verwechslungsgefahr mit dem Vorgänger. Von der zum Marktstart verfügbaren Motorisierung konnte man dies jedoch nicht behaupten: Zur Wahl stand auf dem US-Markt der allerdings inzwischen mit Benzineinspritzung versehene und auf 119 PS/88 kW leistungsgesteigerte 2,5-Liter-Vierzylinder sowie der antike 4,2-Liter-Sechszylinder, der ganze 114 PS/84 kW zustande brachte. Beide waren mit manuellem 5-Gang-Getriebe von unterschiedlichen Herstellern und – immer noch – der Torqueflite 3-Gang-Automatik lieferbar. Von den neuen XJ-Modellen übernommen wurde dagegen das Verteilergetriebe für den zuschaltbaren Allradantrieb.

Vor allem dank seiner wesentlich verbesserten Straßenfahreigenschaften wurde der Wrangler von Medien und Publikum letztlich sehr wohlwollend aufgenommen. Natürlich geißelten die gusseisernen Jeep-Fans die beim Neuen deutlich werdenden Verweichlichungstendenzen, aber mit Blick auf die Absatzzahlen ging die Einführung einer neuen Fahrzeuggeneration der klassischen Jeep-Baureihe letztlich höchst geschmeidig über die Bühne.

Im Unterschied zum CJ nicht mit Anfeindungen zu kämpfen hatte der andere Dinosaurier im Jeep-Programm, der Grand Wagoneer. Er konnte es stattdessen genießen, nicht im medialen Rampenlicht zu stehen und zusammen mit seinem angestammten Publikum in Würde – und Luxus – zu altern. Immer noch wurden um die 15.000 Fahrzeuge pro Jahr an eine gut betuchte Klientel verkauft, die sich in diesem Jahr sogar über eine neu und opulent gestaltete Front mit neuem Kühlergrill und sogar einer Kühlerfigur freuen konnte. Im schwellenden Interieur war eine verbesserte Musikanlage und eine neue Armaturentafel zu bewundern. Auch am Fahrgestell tat sich Berichtenswertes: Es gab neue Achsen vorne und hinten, und ein »Handling Package« wurde lieferbar, das die Fahreigenschaften des Fullsize-Familienkombis auf ein zeitgemäßeres Niveau zu heben versprach. Ein Ende des Grand Wagoneer war unter diesen Umständen noch lange nicht in Sicht.

Für die alten Jeep-Pickups, deren Verkaufszahlen sich seit Jahren im Sinkflug befanden, waren die Zukunftsaussichten

Während der Grand Wagoneer scheinbar die Formel fürs ewige Leben gefunden hatte, war AMC von diesem Erkenntnisstand weiter entfernt denn je.

allerdings weniger günstig. Da half auch ein neues Armaturenbrett nicht, das in diesem Jahr noch in die laufende Serie übernommen wurde. Das Interesse der Kundschaft hatte sich eindeutig der neuen kompakten Pickup-Baureihe Comanche zugewandt, die, obwohl bisher nur ein Radstandmaß angeboten wurde, mit über 23.000 Fahrzeugen gut in den Markt startete.

Was die wirtschaftliche Gesamtsituation von AMC anbetraf, vermochten die Einnahmen aus den Verkäufen der XJ- und MJ- sowie der anderen Jeep-Modelle in keiner Weise jene Löcher zu stopfen, die durch ein sich grottenschlecht verkaufendes Pkw-Programm, angehäufte Entwicklungskosten für die neuen Fahrzeugbaureihen und zum Teil ineffiziente Fertigungsprozesse gerissen worden waren. Allein 1986 schrieb das Unternehmen Verluste von fast 100 Millionen Dollar, und in den vorangegangenen Jahren hatte es nicht besser ausgesehen. Von Renault war in dieser Hinsicht nichts mehr zu erwarten, ganz im Gegenteil: Es verdichteten sich Gerüchte, dass die Franzosen sich komplett aus den USA zurückziehen wollten.

KAPITEL 7

Die Chrysler-Ära: der große Aufschwung – 1987 bis 1997

1987
Der nächste Reset

Wie die Dinge lagen, zeichnete es sich immer deutlicher ab, dass es für AMC keine Zukunft mehr gab. Das Pkw-Programm des Konzerns aus Kenosha war so wenig gefragt, dass nicht nur die Marktanteile in den USA während der vergangenen Jahre in den Keller gegangen waren, sondern auf die Marke Jeep als Anbieter von Nischenfahrzeugen inzwischen zwei Drittel des Umsatzes und drei Viertel der Verkaufszahlen von AMC entfielen. Um profitabel zu agieren, reichte das aber bei weitem nicht.

Die immer prekärere Situation des Unternehmens blieb natürlich niemandem und schon gar nicht den großen Akteuren der Branche verborgen. Während GM und Ford sich offenbar selbst genug waren und kein Interesse zeigten, entfaltete die Chrysler Corporation in der Folge erhebliche Aktivitäten – schließlich hatte das Unternehmen besonders tiefe Einblicke, denn bereits seit 1985 bestand eine Vereinbarung mit AMC zur Produktion verschiedener Chrysler-Modelle, um brachliegende Kapazitäten in Kenosha zu nutzen. Dabei hatte Chrysler selbst noch Ende der 1970er-Jahre ebenfalls in einer existenzbedrohenden Krise gesteckt und war in der ersten Hälfte der 1980er nicht zuletzt dank eines mit großzügiger staatlicher Hilfe finanzierten, komplett erneuerten Fahrzeugprogramms wieder auf die Beine gekommen – so gut, dass man durchaus wieder auf Einkaufstour gehen konnte. Unter dem legendären Lee A. Iacocca als Vorstandschef konnte man allein 1986 einen Gewinn von 1,4 Milliarden Dollar einstreichen.

Natürlich interessierte den illustren Spitzenmanager keineswegs das nur noch rudimentäre AMC-Pkw-Programm, sondern einzig und allein die profitable Jeep-Sparte. Der Grund lag auf der Hand: Chrysler hatte bislang den beiden Großen auf dem Markt für praktische Freizeitautos mit zunehmendem Lifestyle-Charakter nichts entgegenzusetzen. Und was konnte diese Situation nachhaltiger verändern als der Erwerb der Kultmarke Jeep mit ihrem eingeführten, verkaufsstarken Fahrzeugangebot?

Lee Iacocca war nach über 30 Jahren bei Ford 1978 zum Vorstandschef der Chrysler Corporation berufen worden und hatte dort Großes geleistet.

Leider war der Weg dahin durchaus steinig, denn zunächst musste Renault seinen fast 50-prozentigen Anteil an AMC verkaufen, und dann waren für Chrysler noch die restlichen, in Streubesitz befindlichen Aktien einzusammeln. Auch durfte man sich bei alldem nicht vertun: AMC war kein mittelständischer Betrieb, sondern ein Großunternehmen mit fast 20.000 Beschäftigten und über 110.000 Aktionären. Dass eine Übernahme damit eher teuer werden würde, war vorhersagbar. Iacocca ließ sich davon aber nicht abhalten, und im März 1987 wurde ein Statement veröffentlicht, nach dem die Chrysler Corporation die American Motors Corporation zu übernehmen gedenke. Der endgültige Vollzug dieses Vorhabens gelang aber erst im August des Jahres, und tatsächlich musste Chrysler dafür tief in die Tasche greifen. Man übernahm über 850 Millionen Dollar an AMC-Altschulden und dazu noch rund 350 Millionen an Pensionsverpflichtungen für die Mitarbeiter an den AMC-Standorten. Summa summarum belief sich das von Chrysler getätigte Gesamtinvestment auf stattliche 2 Milliarden Dollar. Verlässlich auf der Habenseite war dabei die Marke Jeep, deren materieller Wert auf etwa 850 Millionen Dollar taxiert wurde, sowie die Produktionsstätten in Kenosha und dem kanadischen Brampton/Ontario, beide mit einem Ausstattungsstandard, der nicht mehr durchweg modernen Erfordernissen entsprach.

Im Chrysler-Hauptquartier in Auburn Hills/Michigan machte man sich nach Abschluss der Übernahme umgehend an die Arbeit, um die Neuakquisition schnellstens zu integrieren. Da sich Renault noch im selben Jahr als Marke komplett vom nordamerikanischen Markt verabschiedete, gründete man flugs die Jeep/Eagle Division, unter deren Ägide neben dem Jeep-Fahrzeugprogramm die verbliebenen Eagle-Modelle und sämtliche Renault-basierten Pkw, die nun auch das Eagle-Markenzeichen trugen, über das bisherige AMC-Händlernetz vertrieben wurden. Um so etwas wie eine eigene Identität für die Marke Eagle zu schaffen, wurde deren Programm während der folgenden Jahre durch umgelabelte, aber technisch unveränderte Mitsubishi-Modelle im unteren und mittleren Fahrzeugsegment ergänzt. Erstaunlicherweise hielt sich dieses zusammengestückelte Pkw-Programm noch rund zehn Jahre am Markt, bis es im Umfeld der DaimlerChrysler-Fusion endgültig begraben wurde.

Mit der wertvollen Marke Jeep ging das neue Management dagegen erheblich sensibler um, wenngleich es noch im selben Jahr zu ersten Straffungen im Modellangebot kam. Die alten Pickups J-10 und J-20, von denen sich nur noch dreistellige Stückzahlen absetzen ließen, wurden aus dem Programm genommen. Währenddessen ließ man den Grand Wagoneer unverdrossen gutes Geld verdienen – immer noch entschieden sich im Jahr über 15.000 Kauflustige für den stilvollen Fullsize-Familienkombi. Er war nun ausschließlich mit dem 5,9-Liter-V8 und insgesamt drei zur Wahl stehenden Verteilergetrieben lieferbar: dem zuschaltbaren Allradsystem »Command-Trac«, dem permanenten Allradantrieb »Quadra-Trac« sowie dem »Selec-Trac«-System, bei zwischen permanentem Allradantrieb und wahlweisem Hinterradantrieb selektiert werden konnte.

Natürlich richtete sich der Fokus der neuen Eigentümer nun auf die Pflege der gerade erst eingeführten Baureihen. Für den Wrangler bedeutete das, dass neben dem Basismodell »S«, dem in der Grundausführung eine hintere Sitzbank ebenso fehlte wie

Die bewährten Pickups der J-Serie waren auf dem Markt nicht mehr gefragt und mussten 1987 das Feld räumen.

Trotz gelegentlicher Nörgeleien wurde der neue Wrangler hervorragend vom Publikum angenommen – und das völlig verdient.

eine rückwärtige Stoßstange und ein Stereo-Autoradio, nun die beliebte »Laredo«-Ausstattungslinie spezifiziert werden konnte. Sie umfasste unter anderem einen verchromten Kühlergrill, Chromstoßstangen und -zierleisten, ein Kunststoff-Hardtop samt Blechtüren mit Kurbelfenstern, getönte Scheiben, Kotflügelverbreiterungen in Wagenfarbe und Leichtmetallräder. Darüber hinaus gab es ein Stereo-Kassettenradio mit zusätzlichen Lautsprechern, eine Klimaanlage, eine herausnehmbare Rücksitzbank sowie sportlich geformte Sitze mit integrierter Kopfstütze. Unvermeidlich waren auch die diversen »Laredo«-Dekorsticker an der Karosserie. Erfreulich und nicht von allen Beobachtern erwartet worden war, dass der Wrangler in seinem ersten Jahr tatsächlich und trotz mancher Seitenhiebe, vor allem wegen seiner Frontoptik mit den eckigen Scheinwerfern, ein Verkaufserfolg wurde: Über 30.000 Fahrzeuge konnten durch das Vertriebsnetz der Jeep/Eagle Division abgesetzt werden.

Bedeutendere Veränderungen gab es bei den XJ- und den MJ-Modellen, die nach wie vor stark gefragt waren. Hier wurde der lahme 2,8-Liter-V6 aus GM-Beständen gegen einen neuen 4-Liter-Reihensechszylinder ausgetauscht, der eine Art Vermächtnis aus AMC-Zeiten darstellte. Das wie immer vollmundig als »PowerTech Six« bezeichnete Aggregat basierte in vielerlei Hinsicht auf dem alten 4,2-Liter, präsentierte sich aber, nicht zuletzt dank einer Multipoint-Benzineinspritzung, wesentlich modernisiert. Seine Grundarchitektur war nun klar kurzhubig ausgelegt, und in Verbindung mit einer ebenfalls neuen 4-Gang-

Der 4-Liter-»PowerTech«-Sechszylinder löste nach nicht einmal drei Jahren den alten 2,8-Liter-Motor von GM als Antriebsaggregat der XJ-Modelle ab.

Automatik von Aisin-Warner machte das 172 PS/127 kW starke OHV-Triebwerk aus Cherokee und Wagoneer völlig neue Autos. Mit einer Mehrleistung von 55 PS/41 kW gegenüber dem bisherigen V6-Motor gab es nun ein bislang ungekanntes Fahrleistungsniveau, das endlich dem sportlich-schlanken Erscheinungsbild der XJ-Modelle gerecht wurde. Dazu passend, kam im Sommer der Cherokee »Limited« heraus, der unter anderem mit einem Frontspoiler, Leichtmetallfelgen und einer speziell zugeschnittenen Innenausstattung die Themen Sportlichkeit und Luxus noch stärker spielte. Bei der Pickup-Version Comanche wurde der Wechsel auf den 4-Liter-Motor ebenfalls vollzogen, aber es wurde auch eine kürzere Version mit einem Radstand von 2870 mm und entsprechend verkleinerter Pritsche ins Programm aufgenommen. Zur Wahl standen nun das Grundmodell und die besser ausstaffierte »Pioneer«-Version, beide mit beiden Radständen erhältlich, der Comanche »Chief«, nur mit kurzem, und als Topmodell der Comanche »Laredo« nur mit langem Radstand.

In puncto Verkaufszahlen hielten sich die XJ-Modelle auf hohem Niveau stabil. Wieder konnten insgesamt rund 122.000 Fahrzeuge an ihre Käufer übergeben werden, während beim Comanche dank der neuen Radstandversion ein Zuwachs auf über 43.000 Exemplare zu verzeichnen war.

1988
Konsolidierung des Programms

Nach den hektischen Monaten des Übergangs beschränkte man sich beim Jeep-Portfolio in diesem Jahr vorrangig auf das Ausrollen neuer Ausstattungsversionen. Der Wrangler kam nun auch erstmalig als Modell »Sahara« auf den Markt. Dieses verfügte über fast alle lieferbaren Optionen, zeigte zusätzlich aber auch Merkmale wie in Wagenfarbe gehaltene Kotflügelverbreiterungen und Stahlfelgen. Zudem gab es auf der Stoßstange montierte Nebelscheinwerfer, speziell gestaltete grüne Stoffsitze mit Ablagetaschen, Türinnenverkleidungen ebenfalls mit Taschen, ein Stereo-Kassettenradio mit Hecklautsprechern, spezielle Sportsitze sowie eine herausnehmbare Rücksitzbank. Die »Sahara«-Version sollte sich als überaus beliebt erweisen und blieb über mehrere Wrangler-Generationen hinweg im Programm.

In ähnlicher Weise wurde auch das Angebot der XJ-Modelle mithilfe von speziell zugeschnittenen Ausstattungspaketen differenziert. So kam das Modell »Sport« heraus, eine 2-türige Version, die einschlägige Elemente wie Leichtmetallfelgen, spezielle Zierstreifen und ein manuelles 5-Gang-Getriebe aufwies und sich ebenfalls viele Jahre im Angebot hielt. Außerdem bereicherten eine 2-türige und eine 4-türige Ausführung der »Limited«-Linie das Programm, Erstere für den Cherokee, Letztere für den Wagoneer.

Die beiden XJ-Modelle vollführten in diesem Jahr noch einmal einen gewaltigen Sprung in puncto Verkaufszahlen: Am Jahresende hatten sich die Zahlen für die gesamte Baureihe auf geradezu sensationelle 173.000 Fahrzeuge summiert – ein Plus von fast 45 % gegenüber dem Vorjahr. Dabei hatte sich der Cherokee als Viertürer mit allein nahezu 139.000 Fahrzeugen als absoluter Bestseller profiliert. Weiterhin unbeeindruckt von jeglichem Modernisierungsdruck und allen Wechselfällen des US-Automobilmarkts zog der Grand Wagoneer seine Bahn. Obwohl er mit seinem antiken Vergaser-V8 den Flottenverbrauch der Jeep-Modellpalette gnadenlos nach oben trieb und auch sein Fahrverhalten modernen Ansprüchen schon lange nicht mehr genügte, entschieden sich in diesem Jahr gut 16.000 Käufer für den zur Legende gewordenen Oldschool-SUV.

Ein Wrangler des Jahrgangs 1988 in der neuen, hoch dotierten »Sahara«-Ausführung – passenderweise im Sand fotografiert.

Heutzutage ein seltener Anblick: ein Vierzylinder-Cherokee aus dem Jahr 1988 in offenbar gutem – wenn auch nicht ganz serienmäßigem – Zustand.

1989
Premiere für das ABS

Auch in diesem Jahr fielen relevante technische Weiterentwicklungen aus – unter Chrysler-Führung versuchte man, Modellpflegemaßnahmen nur mit wohldosiertem finanziellem Einsatz zu realisieren. Über alles gesehen, verkaufte sich das gesamte Jeep-Programm blendend, und deshalb ging es den neuen Eigentümern in erster Linie um die Erzielung von Erlösen und damit nicht zuletzt um die möglichst schnelle Refinanzierung des Milliarden-Investments der AMC-Übernahme. In der Wrangler-Baureihe wurde das seit zwei Jahren verwendete, vielgescholtene 5-Gang-Schaltgetriebe von Peugeot durch ein neues, von Aisin-Warner zugeliefertes ersetzt. Chrysler steuerte ergänzend eine neue 3-Gang-Automatik aus eigenen Beständen bei, sodass in Sachen Kraftübertragung deutliche Fortschritte zu vermelden waren. Auch zog mit dem Modell »Islander« eine neue Ausstattungsversion ein. Zu ihren äußeren Kennzeichen gehörten beispielsweise Kotflügelverbreiterungen und seitliche Trittbretter in Wagenfarbe sowie die üblichen Dekorsticker, -schriftzüge und -logos an der Karosserie und der Ersatzradabdeckung. Innen gab es eine in Grau gehaltene Ausstattung, Sitze mit integrierter Kopfstütze, Bodenteppiche sowie eine Mittelkonsole mit Becherhalter. Auf Wunsch konnten unter anderem 5-Speichen-Leichtmetallräder sowie ein auf 76 Liter vergrößerter Tank geordert werden. Durch eine aus zwei quer verlaufenden Bügeln bestehende Dachkonsole, die als Basis für weitere Trägeraufbauten diente, wurde der Umfang der »Limited«-Ausstattung bei den XJ-Modellen erweitert. Gegen Aufpreis stand nun erstmals auch ein Antiblockiersystem (ABS) zur Wahl. Diesbezüglich gehörte man zwar nicht gerade zu den Pionieren im Automobilbau, aber man zeigte, dass Jeep – zumindest im Bereich Fahrsicherheit – die Zeichen der Zeit sehr wohl erkannt hatte. Mangels Nachfrage aus dem Programm entfernt wurde dagegen der seit dem Marktstart der XJ-Modelle angebotene »Chief«-Zweitürer.

Ebenfalls gestrafft wurde die Palette der Comanche-Ausstattungsvarianten: Statt der »Laredo«- und »Chief«-Modelle wurde der neu kreierte, mit beiden Radständen erhältliche »SporTruck« als Basismodell ins Programm gehoben. Verkaufstechnisch half diese Maßnahme nicht, denn der Pickup erlitt einen empfindlichen Absatzeinbruch: Statt der in den Jahren zuvor erzielten Erfolge mit jeweils über 43.000 verkauften Einheiten, standen Ende 1989 hier nur noch rund 25.000 Fahrzeuge in den Auftragsbüchern. Ganz anders sah das bei den XJ-Modellen aus, die mit rund 195.000 Einheiten einen absoluten Absatzrekord erzielten. Während hier der 4-türige Cherokee fast fünf Mal so oft geordert wurde wie der 2-türige, verabschiedete sich die Wagoneer-Version mit nur noch rund 8500 verkauften Fahrzeugen fast schon in die Bedeutungslosigkeit. Auch der bisher unangreifbar scheinende Grand Wagoneer ließ im aktuellen Jahr Federn und verlor mit »nur« noch rund 10.000 abgesetzten Exemplaren deutlich an Boden – offenbar lief seine Zeit nun doch allmählich ab.

Die neue »SporTruck«-Linie sollte als Einsteigerausstattung wieder mehr Käufer für den Comanche-Pickup generieren. Die vermutete Delle in den Absatzzahlen erwies sich aber nicht als solche, sondern als Dauerproblem.

Repräsentativ wie eh und je: Der Oldschool-SUV Grand Wagoneer sprach immer noch eine knapp fünfstellige Zahl von Käufern an.

Die Zeit des ebenso luxuriösen wie souverän motorisierten Großkombis mit Offroadtalenten neigte sich aber unwiderruflich ihrem Ende entgegen.

1990
Schwächelnde Zahlen

Verglichen mit der Situation wenige Jahre zuvor hatte das Jeep-Programm erheblich an Stabilität gewonnen. Die immer noch relativ neue Wrangler-Baureihe war am Markt voll akzeptiert und verkaufte sich besser, als es die CJ-Modelle jemals getan hatten, und auch die Fahrzeuge der Baureihe XJ waren weiterhin stark nachgefragt. Im Wettbewerbsumfeld setzten sie mit ihren Qualitäten und dem intelligenten Konzept immer noch Maßstäbe – übrigens nicht nur auf den nordamerikanischen Heimmärkten, sondern zunehmend auch im Export. Selbst in Europa, wo das Thema SUV noch nicht auf der Tagesordnung stand, gewann der Cherokee zahlreiche Freunde und wirkte gewissermaßen als Katalysator für die Akzeptanz dieser neuen Fahrzeuggattung. Im siebten Jahr nach seiner Einführung schienen aber die Potenziale des Markts allmählich ausgeschöpft zu sein, weitere Steigerungen der Verkaufszahlen kamen nicht mehr zustande. Die Aufgabe bestand nun darin, die Baureihe durch konsequente Modellpflegemaßnahmen für die potenzielle Kundschaft attraktiv zu halten.

Tatsächlich mauserte sich der Wrangler, hier ein 1990er-Modell, trotz mancher anfänglichen Unkenrufe zu einem echten Bestseller.

Aber im laufenden Jahr beschäftigte man sich damit noch nicht. Stattdessen visierte das Chrysler-Management eine Straffung des XJ-Programms an: Die Wagoneer-Variante, für die sich nur noch wenige Käufer erwärmen konnten, verschwand zum Jahresende nahezu unbemerkt aus dem Programm. Die traditionsreiche Modellbezeichnung, die seit den frühen 1960er-Jahren verwendet worden war, sollte in Zukunft einzig den Fahrzeugen der Top-Baureihe von Jeep vorbehalten bleiben. Um mögliche Aufsteiger in dieses Segment an die Marke zu binden, musste aber zunächst der als kultiges Museumsstück vermarktete alte Grand Wagoneer einen überzeugenden Nachfolger bekommen. Als immer stärker durchsickerte, dass dieser sich bereits in einem fortgeschrittenen Entwicklungsstadium befand, halbierten sich im aktuellen Jahr die Verkaufszahlen des Klassikers noch einmal.

Auch die Fahrzeuge der Pickup-Baureihe Comanche verloren massiv an Kundenzuspruch. Daran konnte auch eine neuerliche Veränderung der Angebotspalette nichts ändern. Neben dem im Jahr zuvor aus der Taufe gehobenen »SporTruck« trat nun der »Eliminator«, der ebenfalls fahraktiv ausgelegt war und neben

Den Wagoneer der XJ-Baureihe musste die Jeep/Eagle Division der Chrysler Corporation als echten Marketingflop verbuchen. 1990 kam sein Ende.

Angesichts der schwierigen Konkurrenzsituation blieben alle Bemühungen um die Comanche-Baureihe, wie die neue »Eliminator«-Linie, fruchtlos.

dem 4-Liter-Motor unter anderem mit einem 5-Gang-Getriebe, Frontspoiler, Leichtmetallrädern und einer Sonderlackierung aufwartete. Das Modell erschien zunächst ausschließlich mit Heckantrieb. Am Ende rutschten die Absatzzahlen für die Pickup-Baureihe in den vierstelligen Bereich ab, und die Jeep/Eagle-Vertriebsorganisation drängte die Geschäftsleitung, das Modell aus dem Programm zu nehmen und stattdessen eine Version des populären Dodge Dakota anbieten zu dürfen. Soweit wollte man bei Chrysler aber noch nicht gehen.

Ein Unikum in der Modellgeschichte des klassischen Jeep blieb bis heute der 1991er Wrangler »Renegade« mit seiner unverhohlenen Tuningoptik.

1991
Der Alte geht

Die Pflege der immer beliebter werdenden Wrangler-Baureihe nahm wieder Fahrt auf. Nach Jahren des Stillstands in puncto Antrieb kamen die Fahrzeuge nun endlich in den Genuss des aus den XJ-Modellen bekannten 4-Liter-Sechszylinders, der in diesem Jahr zudem einer Leistungskur unterzogen worden war. Die nun zur Verfügung stehenden 183 PS/135 kW stellten einen historischen Spitzenwert bei der Motorisierung der gewissermaßen klassischen Jeep-Baureihe dar und konnten nur dargestellt werden, weil die Fahrwerkstechnologie bei den YJ-Modellen dies erlaubte. Parallel zur Einführung des moderneren Sechszylinders

Dicke Backen rundum, monströse Felgen, integrierte Schwellerverbreiterungen: Der Auftritt des »Renegade« wurde heiß diskutiert.

Um die verbliebenen Liebhaber des bisherigen Wagoneer XJ im »Limited«-Oufit nicht zu verlieren, kam 1991 der ähnliche Cherokee »Briarwood«.

Im selben Jahr wurde die für den Cherokee seit dessen Marktstart bestellbare »Pioneer«-Ausstattung aus dem Programm genommen.

profitierte auch der bekannte Vierzylinder von einer Auffrischung. Eine neue Multipoint-Benzineinspritzung resultierte hier in einer auf 125 PS/92 kW gesteigerten Höchstleistung bei zugleich reduziertem Spritkonsum und geringeren Abgasemissionen.

Ein weiteres Jahres-Highlight für den Wrangler war die Rückkehr des zuvor so beliebten »Renegade«-Ausstattungspakets. Gegen einen satten Aufpreis von 4266 Dollar gegenüber einem Sechszylinder-motorisierten Basismodell beinhaltete es unter anderem 9,5 Zoll breite All-Terrain-Reifen, die auf exklusive 5-Loch-Alufelgen aufgezogen waren, Offroad-Gasdruckstoßdämpfer, einen schildartig unter der Frontstoßstange montierten Unterschutz, eine Servolenkung, einen größeren Tank, Lederlenkrad, Bodenteppiche, Mittelkonsole, Scheibenwischer mit Intervallschaltung und – als bei weitem auffälligste und letztlich auch umstrittenste Merkmale – deutlich verbreiterte und hinten geradezu ausgebuchtete Kotflügel samt voluminösen Schwellerleisten. Besonders die beiden Letzteren veränderten den optischen Gesamteindruck eines Wrangler nachhaltig. Ob dies zum Guten oder Schlechten geschah, war eine Frage des persönlichen Geschmacks, worüber die Mitglieder der Jeep-Gemeinde inbrünstig diskutierten. Die Gesamt-Verkaufszahlen der Baureihe zeigten jedenfalls steil nach oben und erreichten in diesem Jahr mit über 65.000 Exemplaren einen neuen Höchststand.

Auch die Cherokee-Modelle, die jetzt die XJ-Baureihe allein vertraten, wurden durch eine Leistungsspritze für das 4-Liter-Triebwerk aktualisiert. Mit nun 193 PS/142 kW stellte man die frühere Souveränität im härteren, besonders durch den seit 1990 angebotenen Ford Explorer geprägten Wettbewerbsumfeld wieder her. Was die lieferbaren Ausstattungslinien betraf, ersetzte das Modell »Sport« die bisherige »Pioneer«-Version, und statt des aus dem Programm genommenen Wagoneer gelangte ein »Briarwood« genanntes, ähnlich zugeschnittenes Ausstattungspaket ins Angebot.

Obwohl die Comanche Pickups modellpolitisch unter starkem Druck standen, versuchte man, der Baureihe durch die gleichen Motor-Updates wie bei den Cherokee-Modellen noch einmal Schub zu verleihen. Aber die Luft war unwiderruflich raus, und gerade einmal 5000 Fahrzeuge konnten im laufenden Jahr noch verkauft werden.

Der große alte Mann des Jeep-Portfolios, der klassische Grand Wagoneer, sollte nun auch in die letzte Runde gehen. Obwohl sein moderner Nachfolger noch auf sich warten ließ, war er in puncto Verbrauch, Emissionen und Fahrsicherheit zunehmend zu einer Belastung im Modellprogramm geworden. Auch sprach sein Nimbus der Unsterblichkeit, verbunden mit der Verkörperung des klassischen »American Way« inzwischen nur noch die härtesten Traditionalisten unter den bestsituierten Autoliebhabern an. So entschied man, dem verdienstvollen Senior nach einer sensationellen Karriere einen würdigen Abschied zu bereiten. Man kündigte von Seiten Chryslers Ende Februar das Auslaufen der Produktion für die zweite Junihälfte offiziell an und ging dazu über, sämtliche bis dahin noch gebauten Exemplare als »Final Edition Jeep Grand Wagoneer« zu bezeichnen. Das war eine überaus kosteneffiziente Lösung, denn als einziges spezielles

Nach ungefähr 1500 »Final Edition«-Modellen wurde im Sommer 1991 die schwarze Flagge für den Urvater der SUV-Gattung geschwenkt – ein würdiges Ende nach mehr als zwei Jahrzehnten.

Merkmal dieser Fahrzeuge wurde eine »Final Edition«-Plakette an der Armaturentafel angebracht. Immerhin konnten in den verbleibenden Monaten noch gut 1500 Grand Wagoneer ausgeliefert werden – dann war endgültig Schluss.

1992 Neuanfang und Abgesang

Schon Entwicklungsingenieure vom AMC hatten sich mit ersten Entwürfen für eine Nachfolge-Generation der mittelgroßen XJ-Modelle beschäftigt, dann aber aufgrund der prekären Finanzsituation des Unternehmens alle weitergehenden Arbeiten ruhen lassen müssen. Sofort nach der Übernahme durch die Chrysler Corporation wurde das wichtige Projekt wieder aktiviert und ohne grundlegende Konzeptänderung weiter vorangetrieben. Durch die früheren Verzögerungen konnte das neue Fahrzeug, das den Entwicklungscode ZJ erhielt, aber nicht einfach nahtlos in die Fußstapfen des alten Grand Wagoneer treten. Dafür war es auch gar nicht vorgesehen gewesen, denn es hatte vielmehr als Weiterentwicklung der aktuellen Cherokee- und Wagoneer-Modelle fungieren sollen. Dass es letztlich zu einer etwas anderen Positionierung des Fahrzeugs kam – das zudem noch den vielsagenden Namen Grand Cherokee erhielt –, hatte mit den dynamischen Entwicklungen auf dem SUV-Markt, aber auch mit den Eckpunkten seines Konzepts zu tun.

In erster Linie war der Neue nämlich sichtbar voluminöser ausgefallen als der schlanke XJ-Cherokee. In der Länge maß er fast 29 Zentimeter mehr, und in der Breite hatte er um exakt 8 Zentimeter zugelegt. In Kombination mit einer um gut 8 Zentimeter größeren Höhe des nun ebenfalls selbsttragend ausgelegten Karosserieaufbaus ergab sich das Erscheinungsbild eines Fahrzeugs, das – auch hinsichtlich seiner Designsprache – einer anderen Kategorie angehörte. Und dann war da ja noch die Motorisierung, bei der Chrysler sich, wenn auch spät, für die Wiedereinführung eines V8 entschied. Alles in allem: Der neue

Der Grand Cherokee ZJ hatte ursprünglich ein Cherokee-Nachfolger werden sollen, wurde unter Chrysler-Ägide aber eine Stufe höher positioniert.

Grand Cherokee war dem alten Grand Wagoneer viel näher als den Modellen der XJ-Baureihe. Am Ende schien es deshalb nur konsequent, dass man in Auburn Hills den Entschluss fasste, den Neuen oberhalb der bestens eingeführten kompakteren Cherokee-Modelle zu positionieren und Letztere weiterhin technisch auf der Höhe der Zeit und im Programm zu halten. Tatsächlich gab es bis zum Produktionsende des XJ-Wagoneer im Jahr 1999 verkaufstechnisch keine erkennbaren Kannibalisierungseffekte zwischen den beiden Baureihen – die jeweiligen Modellfamilien waren klar voneinander separiert und fanden eigene Käuferkreise.

Der »Laredo« fungierte bei der Einführung des neuen Grand Cherokee als Einsteigerversion in die gehobene Jeep-Klasse.

In Maßen weiterentwickelt präsentierte sich das Fahrwerk des Grand Cherokee. Es basierte auf dem des Cherokee, wies also nach wie vor zwei Starrachsen auf, verabschiedete sich aber von der hinteren Blattfederung zugunsten von zwei Schraubenfedern. Das brachte mehr Fahrkomfort im Straßenbetrieb und reduzierte die Trampelneigung der Hinterachse. Nach Ansicht verschiedener Tester stellte der in der ZJ-Baureihe gefundene Kompromiss zwischen Straßen- und Geländetauglichkeit das seinerzeit technisch mögliche Optimum dar und wurde entsprechend hoch gelobt. Schließlich stellten triebwerkseitig sowohl der als Grundausstattung fungierende 4-Liter-Sechszylinder mit 193 PS/142 kW wie insbesondere auch der etwas später eingeführte V8 mit 5210 cm³ Hubraum und einer Höchstleistung von 223 PS/164 kW hier durchaus einige Anforderungen.

Die Gestaltung des Fahrerplatzes fiel eher nüchtern aus und orientierte sich damit, wie beim kleineren Bruder, am europäischen Stil.

Seine Weltpremiere feierte der Grand Cherokee Mitte April 1992 auf der in Detroit veranstalteten North American International Auto Show, die ersten Fahrzeuge rollten im Sommer in die Showrooms der Händler. Zur Wahl standen neben dem Basismodell zunächst die beiden Ausstattungslinien »Laredo« und »Limited« als Top-Ausführung. Hinsichtlich der spezifizierbaren Allradsysteme waren das Grundmodell und der »Laredo« mit dem bekannten zuschaltbaren »Command-Trac« ausgerüstet, der »Limited« kam in den Genuss eines serienmäßigen abschaltbaren »Selec-Trac«-Permanentantriebs, den man für den »Laredo« gegen Aufpreis bekam. Grundsätzlich als Extra für »Laredo« und »Limited« erhältlich war darüber hinaus der »Quadra-Trac«-Antrieb. Die neueste Generation dieses namentlich schon seit langem bekannten Systems war im Prinzip ebenfalls permanent ausgelegt, wobei als technisches Highlight eine zusätzliche Viscokupplung im Verteilergetriebe die zwischen Vorder- und Hinterachse entstehenden Drehmomentunterschiede automatisch ausglich und in Vortrieb umwandelte. Allerdings überzeugte diese technische Ausführung in anspruchsvollerem Gelände nicht besonders und wurde einige Zeit später modifiziert.

Passenderweise wurde der Neue, wie auch alle anderen Jeep-Baureihen, in einer ebenfalls brandneuen Produktionsstätte in Detroit gebaut, einer Fabrik, die über aktuellste Fertigungstechnologie verfügte und als die modernste ihrer Art in den USA galt. Damit hob Chrysler auch die Produktqualität, die zuvor nicht immer über alle Zweifel erhaben gewesen war, auf ein neues, den unmittelbaren Konkurrenten überlegenes Level.

Zur Freude von Chrysler und aufgrund seiner zahlreichen Qualitäten völlig zu Recht schlug der Grand Cherokee ZJ vom Start weg ein wie eine Bombe. In den verbleibenden sechs Monaten des Premierenjahres konnten tatsächlich fast 87.000 Fahrzeuge an ihre Käufer ausgeliefert werden. Der Neue erwies sich als ganz großer Wurf und führte das Absatzniveau von Jeep-Fahrzeugen in ungeahnte Sphären, denn trotz des Erscheinens des ZJ blieben die Zahlen für den bisherigen Wagoneer XJ mit rund 138.000 verkauften Einheiten absolut stabil.

Die Farbwelten im Interieur dieses fast 30 Jahre alten Grand Cherokee ZJ sind eher amerikanisch geprägt, wobei die verwendeten Materialien und Oberflächen aber ihre hohe Strapazierfähigkeit zeigen. Ins Auge fällt der stattliche Schalthebel des mechanischen Getriebes.

Eine andere erwähnenswerte Neuerung des Jahres war dagegen weniger erfreulich, aber unter den gegebenen Umständen durchaus erträglich: Was sich lange angekündigt hatte, wurde nun vom Chrysler-Management mit Datum vom 12. Juni exekutiert. Die Produktion des Comanche Pickup der Baureihe MJ wurde eingestellt. Einerseits war dies eine Reaktion auf die seit drei Jahren dramatisch eingebrochenen Absatzzahlen. Andererseits kam der notwendig gewordene Schritt der von Chrysler ohnehin angestrebten Umstrukturierung des eigenen Markenportfolios sehr entgegen. Hiernach sollte sich Jeep auf das Pkw-artige SUV-Segment konzentrieren und der Marke Dodge die eher dem Truck-Bereich zuzuordnenden Pickups vorbehalten bleiben. So blieb der Comanche für zweieinhalb Jahrzehnte der letzte angebotene Jeep Pickup.

Erst der Ende 2018 präsentierte Jeep Gladiator, der das Thema Pickup unter Verwendung der historischen Modellbezeichnung wieder aufnahm, löste diese Selbstbescheidung auf – aber unter völlig veränderten Vorzeichen: Der Neue rückt, wie es in der modernen Automobilindustrie gang und gäbe ist, trotz aller vorhandenen Talente weniger das Authentische in den Vordergrund, sondern interpretiert mit seiner auf dem aktuellen 4-türigen Wrangler basierenden »Doppelkabine« das traditionsreiche Pickup-Genre eher cool und Lifestyle-orientiert neu.

1993
Der Super-Bestseller

In einem starken US-Markt und gewissermaßen im Windschatten des Grand Cherokee entwickelte sich auch die Wrangler-Baureihe, obwohl sie schon sechs Jahre präsent war, zunehmend zu einer »Cashcow« für Chrysler. Großer Aufwand war dafür nicht zu treiben: Aktuell führte man eine neue Ausstattungsversion ein und hob auch für die Vierzylinder-Basismotorisierung eine

Getriebeautomatik, die aus dem Chrysler-Regal stammende, neue RH30 mit drei Gangstufen, in die Liste verfügbarer Extras. Das neue »Sport«-Modell kam serienmäßig mit dem 4-Liter-Sechszylinder, einem Stereoradio samt zwei Lautsprechern sowie einer herausnehmbaren Rückbank. Aufpreis zahlen musste man nach wie vor für einen Kassettenspieler, ein zweites Lautsprecherpaar hinten, für stoffbezogene Sitze mit integrierten Kopfstützen sowie eine Klimaanlage. Ob mit oder ohne diese Modellpflegemaßnahmen: Der Wrangler erschien dem Zielpublikum so attraktiv wie nie zuvor und stellte mit fast 73.000 verkauften Exemplaren einen neuen Absatzrekord auf.

Währenddessen segelte auch der Cherokee XJ mit einem gestrafften Programm unverändert auf Erfolgskurs. Es gliederte sich nun in das Grundmodell, die Version »Sport« und den neu kreierten »Country« mit Top-Ausstattung auf. Dessen Merkmale waren neben der obligatorischen Sechszylinder-Motorisierung unter anderem eine Zweifarblackierung mit Kontrastakzenten, neue, zum Teil in Mahagoniholz-Optik gehaltene Zierteile im Innenraum, ein Stereo-Kassettenradio mit vier Lautsprechern, eine Zentralverriegelung mit Infrarot-Fernbedienung sowie Leichtmetallfelgen. Zur Wahl standen weitere Komfortextras wie eine Dachkonsole, elektrisch verstellbare Vordersitze oder eine Klimaanlage. Auch mit etwas eingedampftem Programm konnte der kompakte Cherokee mit fast 145.000 verkauften Exemplaren ein starkes Verkaufsergebnis erzielen – übrigens unterstützt durch eine Senkung der Verkaufspreise für alle Modelle der Baureihe, um gegenüber den Japanern und dem Ford Explorer eine vorteilhafte Marktposition einzunehmen.

Alles verblasste jedoch gegen den Absatzboom beim Grand Cherokee ZJ, wo man erste Maßnahmen zur Pflege und weiteren Strukturierung der Baureihe ergriff. So machte man auch eine rein heckgetriebene Version verfügbar, die für das Grundmodell und in Kombination mit der »Laredo«-Linie bestellt werden konnte, natürlich ausschließlich mit dem 4-Liter-Sechszylinder ausgestattet. Am entgegengesetzten Ende des Spektrums angesiedelt war die ab Jahresende eingeführte Version Grand Wagoneer »Limited«. Sie sollte – das lag auf der Hand – mit ihrer Vollausstattung und dem typischen PVC-Dekor an Wagenflanken und Heckklappe marketingtechnisch die Brücke zum zwei Jahre zuvor eingestellten Traditionsmodell gleichen Namens schlagen. Neben V8-Motor, »Quadra-Trac«-Allradsystem und weiterem Karosseriezierrat gehörten zu den serienmäßigen Umfängen beispielsweise ein Chrom-Kühlergrill, Nebelscheinwerfer, elektrisch verstellbare Außenspiegel in Wagenfarbe, voluminöse gesteppte Ledersitze, ein verstellbares Lederlenkrad sowie ein Tempomat. Verfügbar waren bestimmte Lackfarben, die mit dem ausschließlich in Beige gehaltenen Interieur harmonierten. Die Sonderausstattungsliste umfasste im Wesentlichen nur eine Radio-CD-Spieler-Kombination – seinerzeit ein Novum auf dem Automobilmarkt. Schnell zeigte sich jedoch: Bei allem Verkaufshype um den Grand Cherokee erwies sich der künstlich als Leadermodell aufgesetzte Grand Wagoneer

Manchmal wiederholt sich Geschichte: Der Versuch das absolute Top-Modell als Grand Wagoneer zu installieren, war zum Scheitern verurteilt.

Als neues Spitzenmodell der Cherokee-Baureihe wurde der umfangreich und luxuriös ausgestattete »Country« vorgestellt.

Nach der Einführung des »High-Output Magnum«-V8 wurden fast alle »Limited«-Ausführungen des Grand Cherokee mit dieser Motorisierung geordert.

»Limited« als Rohrkrepierer. Da ihn das Publikum ebenso wenig akzeptierte wie drei Jahre zuvor den Wagoneer XJ, verschwand er nach nur einem Jahr wieder aus dem Modellprogramm.

Von allergrößter Akzeptanz getragen war dagegen der etwas verspätet, Anfang des Jahres, eingeführte Einspritz-V8 als Spitzenmotorisierung des Grand Cherokee. Das 5,2-Liter-Chrysler-Triebwerk mit der Zusatzbezeichnung »High-Output Magnum« riss mit seinen 215 PS/158 kW in puncto Leistungsausbeute zwar keine Bäume aus, überzeugte aber durchweg mit hoher Laufkultur, angenehmer Kraftentfaltung und angesichts des Fahrzeugzuschnitts angemessenem Benzinkonsum. Die Qualitäten des V8 führten dazu, dass bald ein hoher Anteil von Käufern für diesen Motor optierte. Überhaupt: die Käufer – sie waren wie verrückt nach dem größten Jeep, und im ersten kompletten Verkaufsjahr wurden fast 220.000 Exemplare an ihre Besitzer ausgeliefert. Insgesamt brachte Jeep in diesem Jahr insgesamt rund 410.000 Fahrzeuge auf die Straße – ein einsamer Rekord in der bisherigen Markengeschichte.

1994
Jeeps in drei Schichten

Obwohl das Jahr weder spannende technische Weiterentwicklungen noch Umstrukturierungen des Programms oder gar wichtige Modellpflegeinitiativen mit sich brachte, stieg die Nachfrage nach den Fahrzeugen der Marke immer weiter. Das Unternehmensmanagement reagierte darauf mit der Einrichtung eines Dreischichtbetriebs im neuen Detroiter Werk. Damit liefen die dortigen Bänder nun im 24/7-Modus, um dem Verkaufsboom gerecht zu werden.

Bei den Wrangler-Modellen kam mit der »Rio Grande« genannten Linie eine weitere Ausstattungsversion hinzu. Sie variierte mit speziellen Lackfarben, den üblichen Dekorstickern und einem mittleren Ausstattungsniveau, das unter anderem eine Radio-Kassetten-Kombination mit vier Lautsprechern und Sitze mit Stoffbezug, nicht aber Leichtmetallräder und eine Klimaanlage umfasste, das bisherige Programm. Beim Cherokee der XJ-Baureihe hieß das Einsteigermodell nun »SE«. Es verfügte wahlweise über Sitze mit Vinyl- oder Stoffbezug und war mit Stahlfelgen sowie einem einfachen UKW-Radio mit zwei Lautsprechern ziemlich mager ausstaffiert. Das galt in weniger ausgeprägtem Maß auch für das Basismodell des Grand Cherokee, das nun ebenfalls die Bezeichnung »SE« erhielt. Erwähnenswert bei

Ein Wrangler SE von 1994. Trotz eines dürftigen Ausstattungsniveaus rissen sich die Kunden um dieses wie um alle anderen Modelle der Baureihe.

Fast 15 Jahre lang blieb die Ausstattung »Sport« fester Bestandteil des Cherokee-Programms. Kennzeichnend waren unter anderem die mit schwarzen Kunststoffverkleidungen abgedeckten Radläufe.

dieser Baureihe sind allenfalls noch zwei Neuerungen: zum einen der Wechsel des 4-Stufen-Automatikgetriebes vom bisherigen japanischen Aisin AW4 zum 42RE von Chrysler und zum anderen der serienmäßige Einbau einer Vierrad-Scheibenbremsanlage in der Top-Version »Limited«.

1995
Mehr Muskeln für Magnum

Auch in diesem Jahr war erkennbar, dass die Aufmerksamkeit von Chrysler primär auf den Superseller Grand Cherokee gerichtet war – mit einer Ausnahme: Der inzwischen nicht mehr ganz taufrische Wrangler wurde mit einer überarbeiteten Vorderachse versehen, die eine höhere Stabilität aufwies. Darüber hinaus gab es beim kleinsten Jeep jetzt – und nur für dieses eine Jahr – ein »Pueblo« genanntes Innenausstattungspaket, das die kargen Vierzylinder-»S«-Modelle etwas weniger spartanisch erscheinen ließ. Durch den Entfall der »Renegade«-Ausstattung bestand jetzt nur noch die Wahl aus den Umfängen »S«, »SE« und »Sahara«.

Während sich beim Cherokee XJ außer neuen Sitzen und dem Einbau eines Fahrerairbags fast gar nichts tat, profitierte die Grand-Cherokee-Baureihe von einer ganzen Reihe bedeutsamer Neuerungen. Da war zunächst das leicht erstarkte V8-Triebwerk: Als Spitzenleistung standen nun 223 PS/164 kW zu Buche, wobei im praktischen Fahrbetrieb vor allem das auf 407 Nm gesteigerte

Auch Mitte der 1990er-Jahre stellte die Linie »Sahara« das höchste Ausstattungsniveau dar, das für den Wrangler angeboten wurde.

Das Sondermodell namens »Orvis« orientierte sich in seiner Ausführung an der Outdoor-Herkunft des Jeep-Kooperationspartners.

Drehmomentmaximum ins Gewicht fiel. Auch der Sechszylinder präsentierte sich leicht drehmomentoptimiert und durch neue Kolben sowie einen versteiften Motorblock laufruhiger. Darüber hinaus wurden beide Motoren nur noch mit der neuen Automatik von Chrysler kombiniert – eine Reaktion darauf, dass das mechanische 5-Gang-Getriebe nahezu nicht mehr von den Kunden geordert wurde. Der Fahrsicherheit diente, dass die Vierrad-Scheibenbremsanlage nun für alle Versionen zum Serienstandard wurde.

Außen waren einige kosmetische Änderungen an der Karosserie zu verzeichnen. Diese betrafen Kühlergrill, Stoßfänger und Nebelscheinwerfer; außerdem war nun auch ein Schiebedach zu haben. Im komplett neu- und nach europäischem Stil gestalteten Innenraum erhöhten Fahrer- und Beifahrer-Airbag die passive Sicherheit. Eine kombinierte Stereo-Musikanlage mit Radio, Kassetten- und CD-Spieler wurde verfügbar, ebenso wie ein im Heck montierter CD-Wechsler. Außerdem wurde die Basisausstattung »SE« gestrichen und die jetzt als Standardausführung fungierende »Laredo«-Linie deutlich aufgewertet: Dazu gehörten nun elektrische Fensterheber, Zentralverriegelung mit Keyless Entry-Funktion, ein Stereo-Kassettenradio, eine Klimaanlage, 15-zöllige Stahlfelgen in neuem Design sowie ein Antiblockiersystem (ABS). Beim »Limited«-Modell kamen vorne zwei Airbags hinzu, aber auch eine Memory-Funktion für den elektrisch einstellbaren Fahrersitz, ein Multifunktionslenkrad und eine Servolenkung mit variabler Lenkkraftunterstützung. Zudem konnte die Top-Version nun alternativ in rein heckgetriebener Ausführung bestellt werden.

Einer Crossmarketing-Kooperation mit dem ältesten Versandhändler der USA entsprang der Grand Cherokee Limited in der »Orvis Edition«. Bei der fast 150 Jahre alten Orvis Company handelt es sich um einen renommierten Ausrüster für Angler, Jäger und Outdoorsport, weshalb das »Limited«-Modell mit einer Reihe entsprechend zugeschnittener Zusatzausstattungen versehen war. Dazu gehörten beispielsweise perforiertes Leder in Hellbraun und Moosgrün auf den Sitzflächen sowie den Türverkleidungen, besondere Schutzbeplankungen an den Karosserieflanken sowie 15-Zoll-Alufelgen mit grünen Farbeinlagen. Gegen Aufpreis standen ein Stereoradio mit eingebautem CD-Spieler und ein gesondert zu öffnendes Heckklappenfenster zur Verfügung.

Zwar erreichten die Verkaufszahlen in der Jahresbilanz nicht ganz den Stand von 1994, doch mit insgesamt fast 427.000 ausgelieferten Fahrzeugen hatte man in Auburn Hills allen Grund, fürs Erste relativ entspannt in die Zukunft zu blicken.

1996
Ein neuer Wrangler

Weil die Entwickler noch intensiv mit der zweiten Wrangler-Generation beschäftigt waren, ließ das Chrysler-Management kurzerhand das Modelljahr 1996, das letzte der bisherigen Baureihe YJ, ausfallen. Stattdessen konzentrierte man sich auf die Einführung des erstmals unter eigener Ägide kreierten Nachfolgers, dem der Baureihencode TJ zugewiesen worden war. Tatsächlich wurde bereits Anfang Januar auf der NAIAS in Detroit das neue Modell enthüllt – und begeisterte das Publikum mit seiner rundum gelungenen Optik, die das klassische Jeep-Erscheinungsbild mit einem wohldosierten Schuss Modernität interpretierte. Vor allem hatte man sich von der bis zum Schluss ungeliebten Frontgestaltung mit leicht abgewinkeltem Kühlerblech und den unseligen Rechteckscheinwerfern gelöst und das klassische Aussehen mit geradem Kühlergitter und Rundscheinwerfern wiederhergestellt.

Auch technisch waren große Fortschritte zu erkennen. Der Leiterrahmen war weiter verstärkt worden, und fahrgestellseitig kamen wie bei den größeren Modellen nun auch beim Wrangler rundum Schraubenfedern, Querstabilisatoren und eine deutlich verbesserte Führung der beiden Starrachsen zum Zug. Nach Worten des zuständigen Jeep-Plattform-Managers hatte das Entwicklungsziel darin bestanden, »akzeptable Fahreigenschaften auf der Straße und außergewöhnliche im Gelände« sicherzustellen. Verstärkte Stoßfänger, ein serienmäßiges ABS sowie eine Sicherheitslenksäule trugen zur erhöhten passiven und aktiven Sicherheit bei. Deutlich aufgewertet und komplett umgestaltet präsentierte sich auch die Innenausstattung des TJ-Modells. Die aktualisierte Armaturentafel war wesentlich ergonomischer ausgelegt und beherbergte erstmals eine optionale Klimatisierungsautomatik und ein ernstzunehmendes Handschuhfach, zwei Airbags hoben die Insassensicherheit auf ein neues Niveau. Die – ebenfalls neuen – Vordersitze ließen sich über einen weiteren Bereich verschieben, und dank neu geformter Radhäuser bot die hintere Sitzbank in der Breite um etwa 150 mm mehr Platz.

Ein neues Gesicht, das alle Jeep-Enthusiasten auf den ersten Blick liebten: Nicht nur die Ingenieure hatten beim Wrangler TJ exzellente Arbeit geleistet, auch die Designer.

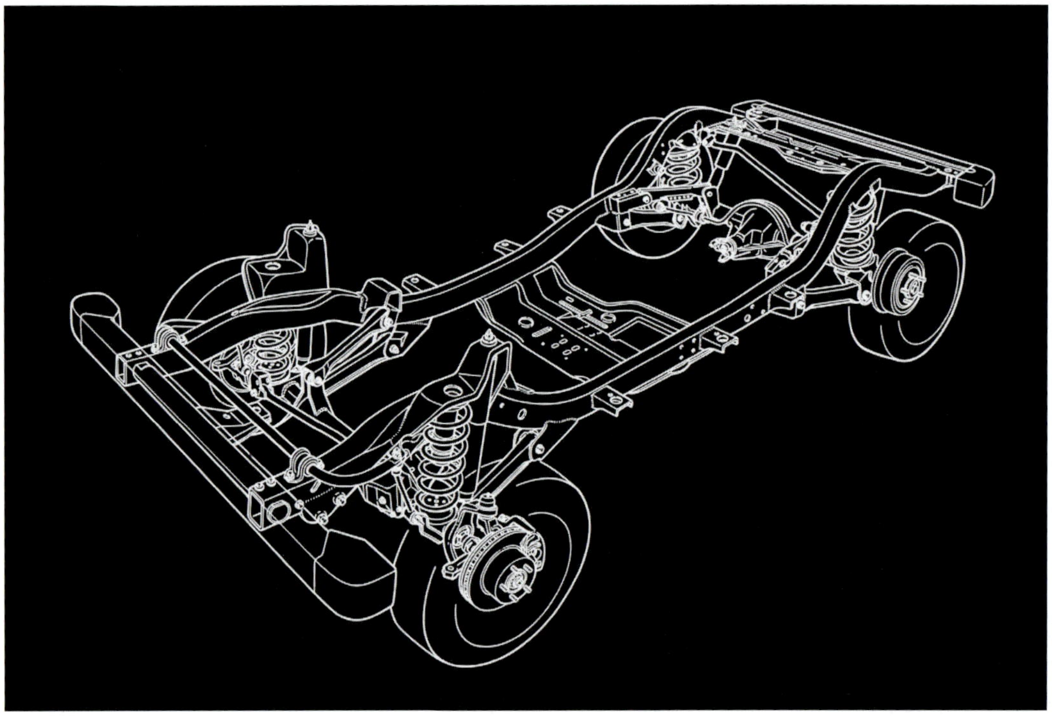

Vor allem unter dem Blech war bei der neuen Wrangler-Generation ein bemerkenswerter Modernisierungsschub zu verzeichnen: Ein steiferer Rahmen, Schraubenfedern rundum und sorgfältig geführte Achsen waren die Highlights.

Die Jeep-Entwickler stellten sicher, dass die erforderliche Aktualisierung der Technik nicht einseitig zugunsten des Fahrverhaltens auf der Straße ausfiel. Ganz im Gegenteil: Die Offroad-Qualitäten der TJ-Modelle waren mindestens auf Augenhöhe mit jenen der Vorgängergeneration.

Die Ausstattungslinie »Sport« bildete wie bisher das mittlere Level, profitierte mit dem Generationswechsel aber von weiteren Aufwertungen.

Auch das äußere Erscheinungsbild der »Sport«-Modelle hatte nicht mehr den etwas frugalen Touch früherer Zeiten.

Nichts veränderte sich vorerst beim Motorenangebot. Im Programm blieben der alte 2,5-Liter-Vierzylinder und der 4-Liter-Sechszylinder, beides Konstruktionen noch aus AMC-Zeiten. Nach wie vor standen jeweils ein mechanisches 5-Gang-Getriebe und eine 3-Gang-Automatik zur Wahl.

Mithilfe des MOPAR-Zubehörprogramms ließ sich auch die neue Wrangler-Generation nach eigenem Geschmack individualisieren.

Als die ersten Wrangler TJ im April die Ausstellungsräume der Händler erreichten, waren sie in den drei mit dem Vorgängermodell identischen Ausführungen »SE«, »Sport« und »Sahara« verfügbar, vorerst aber nur in Kombination mit dem Vierzylinderaggregat, der Sechszylinder wurde im April des Folgejahres nachgeschoben.

Nach längerem Stillstand kam auch der kompakte XJ-Cherokee, der immer noch in großen Stückzahlen verkauft wurde, in den Genuss einiger wichtiger Neuerungen, die Chrysler sich 215 Millionen Dollar hatte kosten lassen. Besonders viel Neues gab es im komplett umgestalteten Interieur. Die modernisierte Armaturentafel wies nun auch einen Beifahrerairbag auf und zeigte wesentlich verbesserte Bedieneinheiten. Eine modifizierte Mittelkonsole sowie eine Dachkonsole mit Bordcomputer, neue Türverkleidungen und vor allem die opulenten Sitze aus dem Grand Cherokee resultierten in einem deutlichen Komfortzuwachs. Außen fielen manche Detailverbesserungen in den Blick, etwa die Kunststoffeckkappen der beiden Stoßfänger, die nun aus Stahlblech statt Kunststoff bestehende Heckklappe mit besserer Passung oder der Wegfall der Dreiecksfenster in den beiden Vordertüren, der zu einer Reduzierung der Windgeräusche führte.

Chrysler hatte auch alle Blechpressen im Werk erneuert oder überholen lassen, um eine nochmals deutlich verbesserte Produktqualität mit zum Beispiel geringeren Spaltmaßen bieten zu können. Lohn der stets sorgfältigen Modellpflege war unter anderem die in den USA zuerkannte Auszeichnung »1997 Four-Wheeler of the Year« – eine höchst erstaunliche Ehrung für ein bereits seit 14 Jahren auf dem Markt befindliches Fahrzeug.

Absolut passend dazu und ein Highlight der Jeep-Markengeschichte war Ende August der Besuch des damals amtierenden US-Präsidenten Bill Clinton am Traditionsstandort in Toledo. Er feierte dort mit der Belegschaft und Vertretern des Gesamtunternehmens die Produktion des zweimillionsten Cherokee – ein wahrhaft denkwürdiges Ereignis.

Ebenfalls gegen Mitte des Jahres lancierte man in der Grand-Cherokee-Baureihe eine für den Straßeneinsatz optimierte Version mit der Verkaufsbezeichnung »TSi«. Von vorneherein als Modell in limitierter Stückzahl konzipiert, verfügte diese über eine sportlich geschärfte Optik mit in Wagenfarbe gehaltenem Kühlergrill, speziellen Stoßstangen und Seitenbeplankungen sowie 5-Speichen-Aluminiumrädern im Format 7 x 16 Zoll, auf die 225/70er-Reifen mit weißer Beschriftung aufgezogen waren. Der Innenraum war mit perforierten Ledersitzbezügen und Türverkleidungen ausstaffiert, die mit speziell genarbtem Kunststoff bezogen waren. Ebenfalls im Ausstattungspaket enthalten waren eine Musikanlage mit

Bei allen Luxusfeatures, die über die Jahre im Cherokee XJ Einzug gehalten hatten, gab es an dessen Offroad-Qualitäten nichts zu deuteln.

Wenn eine Edition mit Namen »Classic« erscheint, ist das Ende des Basisfahrzeugs nicht mehr weit – so verhielt es sich auch im Fall des Cherokee.

Den Grand Cherokee TSi als fahraktiven Straßen-SUV positionieren zu können, erwies sich schnell als Fehleinschätzung der Marketingprofis.

Radio, Kassetten- und CD-Spieler, elektrisch verstell- und beheizbare Sportsitze vorne und dunkelgraue Zierteile in Holzoptik. Bereits nach nur einem Jahr verschwand der »TSi« wieder aus dem Modellprogramm.

Ebenfalls debütierte eine neue »Special Edition«-Ausstattungsvariante, die der als Basis dienenden »Laredo«-Linie unter anderem ein 120-Watt-Infinity-Gold-Soundsystem mit sechs Lautsprechern inklusive Stereo-Kassettenradio mit CD-Spieler, elektrisch verstellbare vordere Sportsitze vorne und farblich abgestimmte Beplankungen an den Wagenflanken sowie vom »Limited« übernommene vordere und hintere Stoßstangen hinzufügte.

Weiterhin schickte man im Verlauf des Jahres das zuschaltbare »Command-Trac«-Allradsystem in Pension, da es nicht mehr den aktuellen Stand der Technik repräsentierte. Kaufinteressenten hatten jetzt nur noch die Wahl zwischen den Systemen »Selec-Trac« und »Quadra-Trac«. Für Kunden, die auf einen Allradantrieb generell verzichten konnten, wurde nun auch eine 4x2-Version mit V8-Motorisierung ins Verkaufsprogramm aufgenommen.

1997

Der erste »Muscle«-Grand Cherokee

Um die führende Rolle des Grand Cherokee im Konkurrenzumfeld des SUV-Segments zu unterstreichen, präsentierte Chrysler zur Jahresmitte eine erste leistungsorientierte Version des Bestsellers. Man lotete damit als erster Hersteller die möglichen Potenziale einer sportlichen Spielart der bis dato eher als Freizeit- und Familienauto positionierten Fahrzeuggattung aus. Inzwischen hatte als erster europäischer Wettbewerber neben Land Rover auch Daimler-Benz das wachsende Marktpotenzial von SUV-Modellen erkannt und zu Beginn des Jahres auf der NAIAS, der in Detroit turnusmäßig stattfindenden US-amerikanischen Leitmesse der Automobilindustrie, mit der M-Klasse ein ernstzunehmendes, für den Weltmarkt gedachtes Konkurrenzprodukt der Öffentlichkeit vorgestellt.

Das Modell 5.9 »Limited« bot erstmals ansatzweise die nötige Substanz für eine High-Performance-Version des Grand Cherokee.

Diesem hatte der neue Grand Cherokee 5.9 »Limited« vor allem die überlegene Motorleistung voraus. Das mit leicht erhöhter Bohrung und deutlich längerem Hub auf 5898 cm^3 gebrachte »Magnum«-Triebwerk hatte Chrysler aus dem Dodge Ram 1500 Pickup übernommen. Im 5.9 »Limited« war es auf 249 PS/184 kW justiert und lieferte insbesondere mithilfe seines Drehmomentbestwerts von 468 Nm ein energisches Beschleunigungsvermögen: Den Standardsprint von 0 auf 100 km/h bewerkstelligte die Großkolbenmaschine in glatten 8 Sekunden – ein Wert, der vor allem wegen des fast 2 Tonnen betragenden Trockengewichts des SUV beeindruckte. Tatsächlich war der »Muscle«-Grand Cherokee seinerzeit der mit Abstand schnellste Vertreter seiner Gattung und überbot mit seiner erreichbaren Höchstgeschwindigkeit sogar die 200-km/h-Schallmauer um 5 km/h.

Neben dem »Quadra-Trac«-Permanent-Allradantrieb und der 4-Gang-Automatik war das Hochleistungsmodell beispielsweise an seinen exklusiven 16-Zoll-Aluminium-Schmiederädern mit 225/70-Bereifung, einem speziellen Kühlergrill mit maschendrahtartiger Hinterlegung, einer Motorhaube mit zwei funktionalen Entlüftungsgittern, Luxussitzen und Türverkleidungen in edler Raffleder-Ausführung, einem vollausgestatteten Infinity Gold Premium-Audiosystem mit zehn Lautsprechern und 180 Watt Leistung, einer verstärkten Lichtmaschine sowie einer soundoptimierten Auspuffanlage zu identifizieren. Leider bekam das hoch attraktive Gesamtkonzept aus Leistung, Luxus und Vielseitigkeit nur ein Jahr Zeit, um seine Tragfähigkeit beim potenziellen Kaufpublikum unter Beweis zu stellen, da die zweite Generation des Erfolgsmodells bereits vor der Tür stand.

Etwa zur gleichen Zeit sortierte man für den Cherokee XJ die lieferbaren Ausstattungslinien neu. Oberhalb der »Sport«-Version war das neue Modell »Classic« angesiedelt. Es wartete serienmäßig unter anderem mit monochromer Farbcodierung, elektrisch verstellbaren Außenspiegeln, Dachreling, 16-Zoll-Leichtmetallfelgen, Lederlenkrad, Stoffpolsterung, einem Stereo-Kassettenradio mit vier Lautsprechern, Infrarot-Zentralverriegelung, Dachkonsole und einer Klimaanlage auf. Die neue Top-Ausstattung hieß – wieder einmal – »Limited« und ersetzte die bisherige Version »Country«. Gekennzeichnet war sie durch den serienmäßigen Permanent-Allradantrieb »Selec-Trac«, exklusive Leichtmetallräder, Seitenzierstreifen, Lederausstattung, elektrisch verstellbare Vordersitze, Klimaanlage und vieles mehr. Beide neuen Modelle waren mit dem 4-Liter-Sechszylinder samt Getriebeautomatik versehen.

Ende September traf das Chrysler-Management die Entscheidung, die substanz- und gesichtslose Marke Eagle endlich zu Grabe zu tragen. Das hatte auch auf die Marke Jeep Auswirkungen, wenn auch nur mittelbar. Als Folge der Maßnahme

Der rund 250 PS/184 kW starke V8 im Grand Cherokee 5.9 »Limited« war nur ein schüchterner Vorbote dessen, was die Zukunft bereithielt.

Noch war im Top-Modell die Balance zwischen Leistung und Luxus nicht präzise austariert: zu wenig Power, zu viel Clubatmosphäre.

Auch beim unverändert attraktiven Cherokee XJ war die Ausstattungslinie »Sport« zwischen Einsteiger- und Spitzenmodell positioniert.

Der Nachfolge-Generation der ZJ-Baureihe stand bereits in den Startlöchern, aber die Szenerie wurde mittlerweile von übergeordneten Themen beherrscht.

hatte die bisherige Jeep/Eagle Division als Vertriebsorganisation mit Umsatzrückgängen zu kämpfen, die durch zusätzliche Jeep-Verkäufe nicht kompensiert werden konnten. Nicht wenige mussten sich deshalb eine Fremdmarke als weiteres Standbein ins Haus holen, mit zunächst unabsehbaren Folgen. Noch machte sich die veränderte Situation kaum bemerkbar, die Absatzzahlen der Jeep-Modellpalette reichten zwar nicht mehr an die im Vorjahr erreichten, fast 510.000 Fahrzeuge heran, hielten sich aber bei knapp 473.000 Einheiten auf akzeptablem Niveau. Dennoch hielt, wie schon so oft in der Vergangenheit, eine gewisse Verunsicherung Einzug, die immer stärker spürbar wurde. Der Grund: Hartnäckig wurden Gerüchte kolportiert, dass es bald mit der Selbständigkeit der Chrysler Corporation vorbei sein könnte, da die Daimler-Benz AG – niemand Geringerer als der Erfinder des Automobils – seit einiger Zeit auf eine Fusion mit dem traditionsreichen US-Unternehmen drängte.

Tatsächlich hatten die Stuttgarter Chrysler schon seit längerem medial orchestrierte Avancen gemacht, die offenbar von der Überzeugung getrieben waren, dass man gemeinsam für die Herausforderungen der Zukunft besser gewappnet sei und zum vielleicht größten Automobilkonzern der Welt aufsteigen könne. Mit Blick auf die stets zitierten Synergie- und Skaleneffekte ließen sich zudem in hohem Maße Kosten sparen. Anscheinend trafen die von Daimler-Benz fortgesetzt vorgetragenen Argumente beim seinerzeitigen Chrysler Vorstandsvorsitzenden Robert Eaton – dieser hatte vier Jahre zuvor die Nachfolge des legendären Lee Iacocca angetreten – auf offene Ohren, denn erste konkrete Gespräche zwischen ihm und Jürgen Schrempp, in gleicher Funktion bei Daimler-Benz tätig, standen unmittelbar bevor.

KAPITEL 8

Die DaimlerChrysler-Jahre: vertane Zeit – 1998 bis 2007

1998
Fusion ohne Not

Wie schnell die Gespräche zwischen den beiden Vorstandschefs Schrempp und Eaton tatsächlich Wirklichkeit wurden, überraschte dann doch alle Beobachter: Bereits Mitte Januar traf man sich, um die Perspektiven einer Fusion zu sondieren. Immer wieder wurde betont, dass es nicht um eine Übernahme gehe, sondern es sich um einen Zusammenschluss handele, über den beide Parteien auf Augenhöhe verhandelten – das griffige Stichwort lautete: »Merger of equals« – eine »Fusion unter Gleichen«. Was die Chrysler Corporation anbetraf, war die wirtschaftliche Situation des Unternehmens so gut, dass es im damaligen Kontext der Branche solcher Fusionsgespräche nicht wirklich bedurft hätte. Man hatte auf allen Ebenen ein gut verkäufliches Fahrzeugprogramm, die Marke Jeep war ein äußerst werthaltiges Asset und die Produktionsstätten waren, über alles gesehen, auf dem neuesten Stand. Dazu verfügte man dank guter Margen über liquide Mittel in Höhe von 7 Milliarden Dollar. Nach Lage der Dinge wäre man bis auf Weiteres sehr gut allein zurechtgekommen. Dennoch ließ sich Eaton bei Hintergrundverhandlungen auf Schrempps verlockende Zukunftsvisionen ein.

Währenddessen demonstrierte Chrysler »business as usual« und präsentierte – ebenfalls im Januar – auf der North American International Auto Show in Detroit schon einmal vorauseilend den neuen Antriebsstrang der kurz vor ihrem Start stehenden zweiten Grand-Cherokee-Generation. Den bekannten 4-Liter-Reihensechszylinder hatte man erneut überarbeitet und auf eine Spitzenleistung von 198 PS/146 kW getrimmt. Allerdings musste das bisher eingesetzte »Magnum«-Triebwerk einem neuen V8 weichen, der aus der »PowerTech«-Motorenfamilie stammte. Die Grundzüge der Konstruktion stammten noch von AMC, aber unter Chrysler wurde die Entwicklung zu Ende geführt und serienreif gemacht. Tatsächlich handelte es sich um das erste quasi neue V8-Aggregat von Chrysler seit den 1960er-Jahren. Mit Aluminium-Zweiventil-Zylinderköpfen und je einer obenliegenden Nockenwelle war der Motor konservativ ausgelegt, befand sich aber durchaus auf der Höhe der Zeit. Aus einem Hubraum von 4698 cm³ schöpfte er eine Höchstleistung von 238 PS/175 kW. Für Exportmärkte bestimmt war ein gut 3,1 Liter großer Fünfzylinder-Turbodiesel, der vom italienischen Spezialisten VM Motori zugeliefert wurde und 140 PS/103 kW bereitstellte.

Als Kraftübertragung wurde eine neue, elektronisch gesteuerte 4-Gang-Getriebeautomatik vom Typ Chrysler 45RFE gezeigt, die selbstlernend ausgelegt war und ihre Schaltlogik an den jeweiligen Fahrstil adaptierte. Ebenfalls auf der NAIAS zu sehen war das im neuen Grand Cherokee debütierende Permanent-Allradsystem »Quadra-Trac II«. Es verzichtete auf die bisherige Kombination aus Viscokupplung und Zentraldifferenzial und bediente sich stattdessen einer sogenannten Gerotor- oder auch Eatonpumpe. Diese war im Verteilergetriebe zwischen vorderer und hintere Abtriebswelle geschaltet und registrierte jeden Drehzahlunterschied

Jürgen Schrempp (links) und Bob Eaton besiegeln mit freundschaftlicher Geste den Börsenstart der neuen DaimlerChrysler AG.

Die Einführung des neuen 4,7-Liter-V8 wurde vom allgemeinen Getöse um das Zusammengehen beider Konzerne überlagert.

zwischen den beiden Wellen. Entstand an einer Achse Schlupf, förderte die Pumpe Öl unter Druck zu einer Nasskupplung, mit deren Hilfe wiederum eine progressiv wirkende, vollvariable Kraftverteilung auf die beiden Antriebsachsen erfolgte. So wurde im normalen Fahrbetrieb auf trockenen Straßen Kraftstoff sparend nur die Hinterachse mit Vortrieb versorgt, während das System bei allen Arten von Traktionsmangel auf und abseits der Straße eine jeweils passende Kraftverteilung vornahm.

Die eigentliche Vorstellung der neuen Grand-Cherokee-Generation fand dann Mitte Juni ebenfalls in Detroit statt. Trotz eines auf den ersten Blick fast identischen äußeren Erscheinungsbildes wurde dabei ins Schaufenster gestellt, dass nur noch

Man muss schon genau hinschauen, um die optischen Unterschiede zwischen den Grand Cherokee-Generationen WJ (vorne) und ZJ auszumachen.

Schnörkellos und an den allgemeinen Zeitgeschmack angepasst präsentierte sich das vollkommen neue Interieur der WJ-Modelle.

An der »Laredo«-Version fielen die chromglänzende Kühlerverkleidung und die nicht in Karosseriefarbe gehaltenen Seitenbeplankungen ins Auge.

127 Bauteile vom Vorgänger übernommen worden waren. Tatsächlich war der Neue, dessen Baureihencode nun WJ lautete, um rund 110 Millimeter länger und 70 Millimeter breiter ausgefallen. Dies ermöglichte es, die hinteren Türen und damit den Fondraum etwas zu vergrößern. Betrachtern fiel auf, dass die Linienführung der Karosserie generell ein wenig weicher und flüssiger geraten war. Modernisiert zeigte sich auch das Interieur, das nun mehr Komfort und bessere Ergonomie bot. Das Ausstattungsniveau wurde weiter angehoben, um sich von den Angeboten der Wettbewerber, speziell vom Ford Explorer und dem Chevrolet Blazer S-10, zu distanzieren. Auch unter dem Blech setzten sich die Fahrzeuge der neuen Generation von der Konkurrenz ab: Die selbsttragende Karosseriestruktur war verwindungssteifer ausgelegt, das Fahrwerk samt Lenkung und Bremsanlage zeigten sich ebenfalls komplett modernisiert. In Kombination mit seiner nachhaltig modernisierten Antriebstechnik setzte sich der Grand Cherokee WJ – zumindest im Vergleich zu seinen einheimischen Konkurrenten – mühelos und mit weitem Abstand an die Spitze seines Segments.

Zu diesem Zeitpunkt war die Fusion zwischen der Chrysler Corporation und der Daimler-Benz AG zu DaimlerChrysler bereits beschlossene Sache. Am 7. Mai hatten sich beide Parteien darauf geeinigt, und sowohl die EU-Kommission wie die US-amerikanischen Wettbewerbsbehörden genehmigten den Zusammenschluss bis Ende Juli. Jetzt fehlte nur noch die Zustimmung der Aktionäre beider Unternehmen. Diese erfolgte Mitte September, etwa parallel zur Markteinführung des neuen Grand Cherokee. Technisch wurde die Fusion zur DaimlerChrysler AG durch einen Tausch der jeweiligen bisherigen Aktienpakete in Aktien des neuen Unternehmens vorgenommen. Um den viel bemühten Claim »Merger of equals« einzulösen, war der Vorstand des neuen Unternehmens paritätisch besetzt: Sowohl Jürgen Schrempp wie auch Robert Eaton agierten als Vorstandsvorsitzende, und die Sitzungen des Gremiums fanden abwechselnd in Stuttgart und Auburn Hills statt. Juristischer Sitz des Unternehmens war allerdings von Anfang an Stuttgart, da die DaimlerChrysler AG als Aktiengesellschaft nach deutschem Recht gegründet worden war. Das setzte – zu Beginn noch unterschwellig – einen Ton, der sich über die folgenden Jahre und auf allen Ebenen zum alles beherrschenden Thema auswuchs. Aber zunächst einmal nahm die DaimlerChrysler AG am 17. November ihr operatives Geschäft auf.

Hinter diesem Schritt, dessen wahre Auswirkungen für die – nun ehemalige – Chrysler Corporation, noch nicht absehbar waren, rückten die anderen Neuigkeiten des Jahres in den Hintergrund. Zum Beispiel die Updates am Cherokee XJ, der nach wie vor mit den Ausstattungslinien »SE«, »Sport«, »Classic« und »Limited« erhältlich war. Die »Sport«-Modelle wurden äußerlich durch in Wagenfarbe ausgeführte Stoßfänger und Scheinwerferumrandungen sowie einen entsprechend lackierten Kühlergrill aufgefrischt, die Top-Version »Limited« bekam elektrisch heiz- und verstellbare Frontsitze. Die komplette Palette profitierte, neben einigen neuen Lackfarben, vom Einbau neuer Türdichtungen, die das Geräuschniveau im Innenraum deutlich absenkten.

Alle Modelle der Cherokee-Baureihe wurden wieder leichten Modellpflegemaßnahmen unterzogen, auch die »Limited«-Version.

Die Hardtops der neuen Wrangler-Modelle waren nun auch in diesem eleganten Beigeton lieferbar.

Verschiedene Detailmodifikationen ließ man auch dem neuen Wrangler TJ angedeihen. Dazu gehörte eine verbesserte Bedieneinheit für Heizung, Lüftung und Klimatisierung sowie ein leistungsstärkerer Klimakompressor. Auch neue Lack- und Innenausstattungsfarben sowie nun in »Dark Tan«, einem dunkleren Braunton, verfügbare Hard- und Softtops ergänzten das Programm.

Weniger erfreulich, wenn auch noch in keiner Weise besorgniserregend war ein leichter Absatzrückgang auf rund 460.000 auf dem Heimmarkt verkaufte Jeep-Modelle. Man durfte gespannt sein, welche Richtung nun die Verkaufszahlen unter dem neuen Firmenkonstrukt DaimlerChrysler einschlagen würden. Mit zwei gerade aktualisierten Modellreihen konnte die Entwicklung bei Jeep eigentlich nur positiv verlaufen.

1999
Ruhe vor dem Sturm

Nach drei ereignisreichen Jahren legte sich so etwas wie spannungsgeladene Stille über Teile des Jeep-Programms. Verbesserungen beschränkten sich auf einen Chrom-Kühlergrill und neue Leichtmetallräder beim Cherokee XJ »Limited«, und der Wrangler in »Sahara«-Ausführung bekam ebenfalls neue Alugussfelgen. Der 4-Liter-Sechszylinder erhielt einen überarbeiteten Ansaugkrümmer, um die aus Emissionsgründen verkleinerten Auslassöffnungen an den Zylinderköpfen zu kompensieren.

Wieder profitierte der Cherokee »Limited« von einigen Aufwertungen, zum Beispiel neuen Leichtmetallfelgen und einem Chrom-Kühlergrill.

Seine führende Rolle in der Allradtechnologie untermauerte Jeep mit der Einführung des »Quadra-Drive«-Systems, optional für den Grand Cherokee.

Was den Grand Cherokee anbetraf, gab es allerdings bedeutendere Innovationen: Zum einen bereicherte ein erstes GPS-basiertes Navigationssystem die Sonderausstattungsliste des Grand Cherokee. Zum anderen debütierte ein neues permanentes Allradantriebssystem, das mit seiner Funktionalität branchenweit führend war. Das »Quadra-Drive« getaufte System basierte auf dem aktuellen »Quadra-Trac II«, ging aber noch einen Schritt weiter. Ein neues Verteilergetriebe leitete nun das Antriebsmoment an Vorder- und Hinterachse weiter, die jeweils zusätzlich mit einem progressiv und vollvariabel arbeitenden »Vari-Lok«-Sperrdifferenzial versehen waren. Damit wurde es möglich, das Antriebsmoment nicht – wie bisher – nur auf die Achse mit der besten Traktion zu lenken, sondern die Kraftverteilung zusätzlich radselektiv vorzunehmen. Mit anderen Worten: Wenn im Gelände auch nur eines von vier Rädern in der Lage war, für Vortrieb zu sorgen, genügte das, um den Grand Cherokee voranzubringen.

Zu Anfang gab es von Kundenseite manche Klagen über eine gewisse Ruppigkeit beim Betrieb des »Quadra-Drive«-Systems, aber Jeep hatte hier eine Allradtechnologie in die Serie gebracht, die jede Art von Eingreifen des Fahrers überflüssig machte und in allen denkbaren Fahrzuständen auf wie abseits der Straße automatisch für optimale Traktion sorgte – eine echte Pionierleistung, und ein Mosaikstein mit Blick auf wieder deutlich steigende Verkaufszahlen: Allein in den USA gelang es, fast 555.000 Jeep-Modelle an ihre Käufer auszuliefern, 300.000 davon waren Grand Cherokees, und auch auf den europäischen Märkten, insbesondere in Deutschland, machte der neue große Jeep durchaus Furore.

2000
Hochzeit im Himmel?

Mit der Jahrtausendwende begann sich die Fusion zwischen deutschem und US-amerikanischem Automobilhersteller operativ wie in den wirtschaftlichen Kenndaten deutlich auszuwirken. Immer mehr Medienberichte ließen durchschimmern, dass bei allem positiven Miteinander, das im Vorfeld offenbar zwischen den beiden Hauptprotagonisten Schrempp und Eaton geherrscht hatte, in der konkreten Umsetzung der Kooperation auf allen möglichen Ebenen beträchtliche Probleme existierten, die allseits für eine deutliche Stimmungseintrübung sorgten. Zudem ließ noch im Januar Schrempps Mitstreiter im Daimler-Chrysler Vorstand verlauten, dass er seine eigentlich auf drei Jahre befristete Funktion bereits zum 1. April aufgeben werde. Statt diese Position zum Beispiel mit einem aus dem Chrysler-Umfeld kommenden Spitzenmanager zu besetzen, wurde nun Schrempp alleiniger Vorstandsvorsitzender.

Zwar war es nur natürlich, dass die jeweiligen Betrachtungsweisen differierten, aber es kristallisierte sich vor diesem Hintergrund zunehmend heraus, dass man auf amerikanischer Seite nicht mehr so sicher war, was für Jürgen Schrempp die von ihm griffig als »Hochzeit im Himmel« bezeichnete Fusion in Tat und Wahrheit bedeutete. Als Fusion unter Gleichen, bei der man auf Augenhöhe miteinander agierte, wurde das, was sich abspielte, jedenfalls nicht empfunden. Die eher hemdsärmelige Art, in der bisher in Auburn Hills mit Erfolg gearbeitet worden war, wurde in Stuttgart anscheinend nicht besonders geschätzt. Häufiger als es tunlich war, prallten die unterschiedlichen Mentalitäten und Unternehmenskulturen aufeinander – was, wenn wieder einmal etwas nach außen durchgesteckt worden war, begierig von den Medien aufgegriffen wurde: Die einen, die ihre Märkte kannten, wollten ihr Ding einfach weitermachen, und die anderen traten als Erfinder des Automobils gern mal mit erhobenem Zeigefinger auf.

Auf operativer Ebene wirkte sich das mangelnde gegenseitige Verständnis und Vertrauen der »Ehepartner« in geradezu verheerender Weise aus. Durch die Entscheidung, die Marke »Plymouth« sterben zu lassen, gab es große Unruhe im bisherigen Chrysler-Vertriebsnetz, wo nicht wenige Händler gezwungen waren zu verkaufen oder sich andere Partner zu suchen. Hinzu kam, dass es bei der Frage, wohin die Entwicklungsbudgets gehen und wofür sie ausgegeben werden sollten, zu einer Art internen Blockade kam. Tatsächlich konnte unter solchen Bedingungen eine konkrete Planung nicht stattfinden, und selbst bei Jeep mit seinen hervorragend am Markt positionierten Fahrzeugen verging das Jahr 2000, ohne dass klare Zukunftsperspektiven zu erkennen waren. Die Quittung kam prompt und ließ an Deutlichkeit nichts zu wünschen übrig: In den USA vollzog sich für alle Marken der Chrysler-Gruppe ein markanter Absatzeinbruch, von dem selbst Jeep mit einem noch vergleichsweise überschaubaren Minus von über 10 % auf rund 495.000 Einheiten nicht ausgenommen war. Da die Marke mit ihren Fahrzeugen aber nach wie vor den Hauptanteil der Profite innerhalb des US-amerikanischen Unternehmensteils beisteuerte, bedeutete das zum Jahresende rote Zahlen in Milliardenhöhe. Das schwächte die Position von Chrysler in den ohnehin schwierigen Diskussionen mit den deutschen Partnern noch einmal deutlich.

Wie ungut die Atmosphäre zwischen den beiden Akteuren aus Auburn Hills und Stuttgart war, illustrierte nicht zuletzt eine weitere spektakuläre Personalrochade, die Mitte November die Schlagzeilen vor allem jenseits des Atlantiks beherrschte: Der bisherige Chrysler-Chef in den USA, James P. »Jim« Holden, dem die katastrophalen Geschäftsergebnisse angelastet worden waren, wurde kurzerhand von seinen Aufgaben entbunden und durch Dieter Zetsche, der als Gefolgsmann von Schrempp galt, ersetzt. Damit war auch der letzte einheimische Spitzenmanager in Auburn Hills aussortiert und ein von deutscher Seite kontrollierter Durchgriff auf sämtliche Aktivitäten der Chrysler-Gruppe installiert worden. Auch wenn Zetsche mit seiner eher verbindlichen Art so etwas wie eine Idealbesetzung war, um die emotional aufgeladene Stimmung zu entschärfen, galt diese Maßnahme als weiterer Beleg dafür, dass der deutsche Konzern quasi durch die Hintertür die komplette Macht über die Chrysler-Gruppe an sich reißen wollte.

Hinsichtlich der Modellpalette ging der Cherokee XJ, der sich immer noch anständig verkaufte und unverändert von seiner zeitlosen Linienführung profitierte, technisch aber mittlerweile rundum überholt war, in seine letzte Runde. Um die Baureihe würdevoll zu verabschieden, nahm man den Vierzylindermotor aus dem Programm und veränderte noch einmal die Auswahl an

Gute Stimmung, wie sie der bereits im Jahr 2000 als Chrysler-Chef geschasste Jim Holden (Mitte) hier zeigt, war nicht gerade ein Charakteristikum der deutsch-amerikanischen Zusammenarbeit innerhalb der DaimlerChrysler AG.

Von geradezu edler Anmutung war diese »Sahara«-Ausführung des Wrangler, Jahrgang 2000. Ein ABS war nun endlich auch an Bord.

Aus der bisherigen 4-Gang-Automatik im Grand Cherokee wurde dank cleverer Umprogrammierung eine mit fünf Fahrstufen.

lieferbaren Lackfarben. Beim Wrangler beließ man es ebenfalls bei neuen Außenfarben sowie der Einführung eines Antiblockiersystems und einem stabileren Schutz für die Tankunterseite. Mehr Bewegung in puncto Modellpflege war beim Grand Cherokee zu verzeichnen. Die von Chrysler entwickelte, elektronisch gesteuerte 4-Gang-Automatik vom Typ RFE, die drei Planetenradsätze aufwies, wurde zu einer 5-Gang-Automatik umprogrammiert und verfügte jetzt zusätzlich über eine besonders lang übersetzte, drehzahlreduzierende höchste Gangstufe. Außerdem gab es neue Ledersitze für das »Limited«-Modell und ein sogenanntes »Laredo Appearance Package«, das Außen- und Interieurgestaltung farblich individualisierte und in der Wertigkeit erhöhte. Ins Auge fiel vor allem die 235/65 R 17-Bereifung auf 7-Speichen-Alufelgen.

2001
Abtritt einer Legende

Wegen fortgesetzter Reibereien innerhalb der operativen Prozesse bei DaimlerChrysler war auch bei Jeep wertvolle Zeit im Hinblick auf die weitere Produktplanung verstrichen. Die Marke drohte, mit ihrem aus nur drei Modellfamilien bestehenden Programm gegenüber dem Wettbewerb an Boden zu verlieren. Auf dem Massenmarkt erfolgreiche Fahrzeuge wie der seit einigen Jahren erhältliche Honda CR-V oder gar der noch länger auf dem Markt befindliche Toyota RAV, beides deutlich unterhalb des Cherokee XJ angesiedelte Kompakt-SUV, erschlossen im ständig wachsenden Segment Käuferkreise, die für Jeep mangels entsprechend konzipierter eigener Fahrzeuge bis auf Weiteres unerreichbar waren.

Zunächst aber ging es darum, den Cherokee XJ nach all seinen Verdiensten für die Marke zu verabschieden und einen würdigen Nachfolger zu präsentieren. Beides geschah im Mai des Jahres. Viele Beobachter fragten sich, ob es unter den herrschenden Umständen tatsächlich ein Fahrzeug geben konnte, das in der Lage war, in die gewaltigen Fußstapfen des XJ zu treten. Immerhin waren von dieser automobilen Ikone in ihrer sich über fast 20 Jahre erstreckenden Produktionszeit insgesamt nahezu 3 Millionen Exemplare von den Bändern gerollt. Nicht wenige waren geneigt, als sie noch im selben Monat die Präsentation des neuen Modells verfolgten, diese zentrale Frage zu verneinen. Zum völligen Unverständnis großer Teile des interessierten Publikums sollte das neue Modell in den USA nicht als Cherokee, sondern als Jeep Liberty vermarktet werden – vermutlich wollten die Marketingstrategen, die in der Vergangenheit so häufig richtig gelegen hatten, das neue Modell zumindest für den US-Markt aus dem langen Schatten seines Vorgängers heraushalten, was natürlich

Der Cherokee-Nachfolger, der auf dem heimischen Markt als Jeep Liberty angeboten wurde, fand sich in allzu großen Fußstapfen wieder.

ein frommer Wunsch blieb. Auf Märkten wie in Europa tat man sich da leichter und bot das Fahrzeug nach wie vor als Jeep Cherokee an.

Von außen betrachtet war der Neue durchaus ansehnlich zu nennen, aber im Vergleich zum Cherokee XJ fehlte der Linienführung einfach die stilistische Klasse – irgendwie wirkte er wie ein in die Jetztzeit gebeamter Jeep Station Wagon aus den 1950er-Jahren. Kühlergrill und Rundscheinwerfer verkörperten einen etwas unentschlossenen Mix aus Tradition und Moderne, die hintere Seitenansicht erinnerte ein wenig an den Honda CR-V erster Generation. Mit den äußerst verkaufsstarken Fahrzeugen dieses Segments konkurrierte der Liberty/Cherokee der Generation KJ aber ohnehin nicht, denn er war insgesamt größer dimensioniert als sein Vorgänger. In der Länge hatte er um fast 25 Zentimeter zugelegt, in der Breite um 2 und in der Höhe gar

Adrett, aber ohne überzeugende Stilistik zu zeigen, rang der neue Liberty/Cherokee von Beginn an um Anerkennung.

um etwa 15 Zentimeter. Auch der Radstand des Neuen war um rund 5 Zentimeter angewachsen.

Was die Fertigungsqualität und die technische Auslegung des Liberty/Cherokee anging, gab es in der Substanz wenig zu mäkeln. Gebaut wurde er in einer völlig neuen, nur Jeep-Modellen vorbehaltenen Produktionsstätte im Norden des Traditionsstandorts Toledo, und auch der erstmalige Einsatz einer vorderen Einzelradaufhängung in der Jeep-Neuzeit konnte dem neuen Modell schlechterdings nicht angekreidet werden. Es war eben primär für den Straßeneinsatz konzipiert worden – der auch in den USA eher den Alltagsgepflogenheiten entsprach – und glänzte dort mit hoher Verwindungssteifigkeit, reduziertem Geräuschniveau, gutem Fahrkomfort und akzeptabler Seitenneigung trotz höheren Schwerpunkts. Aber Tests bewiesen auch, dass er sich mit seinen Offroadfähigkeiten keineswegs hinter seinem Vorgänger zu verstecken brauchte.

Zunächst war der Liberty/Cherokee ab seiner Markteinführung im Sommer in zwei Ausführungen zu haben: als »Sport« und als »Limited«, etwas zeitverzögert kam auch eine optisch geschärfte »Renegade«-Version dazu. Motorseitig wurde endlich der alte Vierzylinder entsorgt und durch eine Chrysler-eigene Neukonstruktion ersetzt. Dabei handelte es sich um einen zeitgemäß konzipierten Reihenvierzylinder mit gut 2,4 Liter Hubraum und einer Höchstleistung von 150 PS/110 kW. Das Triebwerk wies einen Vierventil-Zylinderkopf mit zwei obenliegenden Nockenwellen auf und stemmte ein Drehmomentmaximum von 226 Nm auf die Kurbelwelle, das allerdings Vierventiler-typisch erst bei 4000/min

Der Wrangler »Sport« wartete neuerdings mit vollständigen Türen und serienmäßigen Nebelscheinwerfern auf.

anlag. Die zweite Motorisierungsoption bestand aus einem 3,7-Liter-V6, der vom »PowerTech«-V8-Triebwerk abgeleitet und deshalb mit nur einer obenliegenden Nockenwelle pro Zylinderreihe und Zweiventil-Zylinderköpfen ausgestattet war. Die Krux dieses, wie auch anderer in ähnlicher Weise nach dem Baukastenprinzip entstandener V6-Motoren war sein Bankwinkel von 90°, der wegen ungünstiger Zündabstände zu einem weniger kultivierten Laufverhalten führte. Mit 210 PS/154 kW stand er gleichwohl recht gut im Futter und verhalf dem Liberty/Cherokee zu einer Höchstgeschwindigkeit von fast 200 km/h bei relativ günstigen Verbrauchswerten, trotz eines um fast 200 Kilogramm höheren Fahrzeuggewichts gegenüber dem alten XJ. Bei den Ausführungen »Limited« und »Renegade« gehörte der V6 zur Standardausstattung. Als Kraftübertragung fungierte beim »Sport«- und beim »Renegade«-Modell unabhängig von der Motorisierung eine mechanische 5-Gang-Schaltbox, gegen Aufpreis und beim »Limited« als Serienausstattung kam eine 4-Gang-Automatik aus dem Chrysler-Programm zum Einsatz. Zudem hatte der Kunde die Wahl zwischen reinem Heckantrieb, dem manuell zuschaltbaren »Command-Trac«- sowie dem permanenten »Selec-Trac«-Allradsystem.

Vielleicht krankte der Neue an seinem Aussehen, an seinem Namen oder der Tatsache, dass er bei allen gebotenen technischen Aktualisierungen im Unterschied zu seinen Vorgängern keine epochemachende Innovation vorzuweisen hatte: Die Aufnahme durch das interessierte Publikum, aber auch durch die Fachpresse, fiel jedenfalls nur mäßig begeistert aus. Zwar machte der Wagen seine Sache gut und hatte keine auffälligen Fehler, aber am Ende ließ er einen kalt, fehlte es ihm an Charakter – der Funke sprang einfach nicht richtig über.

Damit hatten die Wrangler-Modelle keine Probleme: Hier kam mit der neuen »X«-Version, einer Mischung aus »SE«- und »Sport«-Ausstattungslinie, kombiniert mit dem 4-Liter-Sechszylinder und manueller Schaltung, ein eher spaßbetontes Fahrzeug zu einem relativ moderaten Einstiegspreis ins Angebot. Ebenfalls neu war das limitierte Sondermodell Wrangler »Apex« mit silberner Lackierung, Zierstickern, fetten Chromfelgen und guter Innenausstattung einschließlich leistungsfähiger Musikanlage. Zum Zweck der Verkaufsförderung war auch hier der Verkaufspreis eher kundenfreundlich kalkuliert. Um die Gefahr einer Kannibalisierung mit solchen Spezialmodellen zu bannen, wertete man im Gegenzug das reguläre »Sport«-Modell unter anderem mit vollwertigen Türen und Nebelscheinwerfern auf. Ähnlich vertriebsgesteuerte Maßnahmen betrafen auch den

Grand Cherokee. Hier wurde als individuell ausgestattetes, preisoptimiertes Sondermodell der »Laredo Sport« eingeführt. Er war beispielsweise mit Nebelleuchten, Ledersitzen, vorderer Sitzheizung, elektrisch verstell- und beheizbaren Außenspiegeln sowie einer kompletten Musikanlage ausstaffiert. Als neues Topmodell debütierte darüber hinaus der Grand Cherokee »Overland«, dessen ellenlange Ausstattungsliste als Highlights einen im Heck untergebrachten fernbedienbaren 10-fach CD-Wechsler, exklusive Sitzbezüge im Leder- und Wildleder-Mix, Zierteile aus Echtholz, elektrische Sitzverstellung vorne, Seitenairbags, Regensensor und ein elektrisches Schiebedach beinhaltete. Für den gewissen Country-Appeal sorgten Schutzbügel, ein etwas geländeorientierter ausgelegtes Fahrwerk, Unterschutzbleche mit verchromten Abschlepphaken sowie exklusive 17-Zoll-Leichtmetallräder in Chromoptik. Den Antrieb übernahm ein leistungsgesteigerter 4,7-Liter-V8, der als »H.O.«(High-Output)-Version locker 260 PS/191 kW aus dem Ärmel schüttelte und dem großformatigen SUV eine Höchstgeschwindigkeit von fast 210 km/h verlieh. Besonders beeindruckend war aber das Beschleunigungsvermögen des Motors. Er katapultierte den nicht gerade leichtgewichtigen Grand Cherokee in weniger als 7 Sekunden aus dem Stand auf 100 km/h. Auf Wunsch konnte diese Antriebsversion auch für das »Limited«-Modell geordert werden.

Anlässlich des 60. Jeep-Geburtstags wurde zudem für die Baureihen Grand Cherokee und Wrangler die »60th Anniversary Edition« aufgelegt. Bei Ersterem ergänzte sie die Umfänge der luxuriösen »Limited«-Ausstattung unter anderem um exklusive 17-Zoll-Leichtmetallfelgen in Chromausführung, beheizbare Vordersitze mit eingesticktem Editionslogo, ein elektrisches Schiebedach, eine Audioanlage mit Kassetten- und CD-Spieler sowie spezielle Fußmatten. Beim Wrangler diente die »Sahara«-Linie als Basis, allerdings ohne deren Sitze, Sticker und Zierleisten. Stattdessen gab es zusätzlich Nebelscheinwerfer, ein Soundsystem mit CD-Spieler und fünf Lautsprechern, eine Klimaanlage sowie spezielle Editions-Sticker und -Fußmatten.

Trotz aller Vermarktungsaktivitäten gab es auf dem US-Markt für die Jeep-Modellpalette keine positiven Impulse. Zwar entbehrten die inzwischen aufgekommenen Gerüchte, Daimler wolle sich wegen der anhaltend schlechten Zahlen wieder von Chrysler trennen, scheinbar jeder Grundlage, aber die Ergebnisse stagnierten mit rund 460.000 Fahrzeugen in etwa auf Vorjahresniveau. Erfreulich hingegen, dass vor allem der Grand Cherokee trotz inzwischen etablierter Konkurrenz insbesondere von Mercedes-Benz und BMW seine europäische Marktposition noch leicht ausbauen konnte – sehr ungewöhnlich für ein US-amerikanisches Automobil, das im direkten Wettbewerb mit Erzeugnissen deutscher Premiummarken stand.

»Overland« nannte sich die 2001 eingeführte neue Spitzenausstattung für den Grand Cherokee – die Themen Leistung und Luxus nahmen nun weiter an Fahrt auf.

2002
Und man bewegt sich doch …

Als erstes Lebenszeichen von Jeep unter der Ägide von DaimlerChrysler konnte Mitte Januar die auf der North American International Auto Show in Detroit vorgestellte zukunftsweisende Studie Jeep Compass gelten. Kompakt, zweitürig und betont sportlich gezeichnet mit niedriger Dachlinie, bullig ausgestellten Kotflügeln und außen befestigtem Reserverad sollte der Entwurf ein neues Einstiegsmodell in die Jeep-Welt verkörpern. Es war als Konkurrenz zu den Angeboten der japanischen Hersteller im Kompakt-SUV-Segment gedacht, sollte aber eigene Akzente setzen, indem es von seiner Gestaltungsphilosophie her einen Stilmix aus verschiedenen Fahrzeuggattungen in sich vereinte. Messebesucher und Fachpresse waren gleichermaßen angetan von der attraktiven Studie, die nicht zuletzt präsentiert worden war, um die Reaktionen des Publikums zu testen. Zwar setzte der Compass ein dringend benötigtes Signal, aber wer nun hoffte, aus dem Konzeptfahrzeug würde in nicht allzu ferner Zukunft ein neues Serienmodell werden, sah sich getäuscht: Es sollte noch gut vier Jahre dauern, bis sich der Compass als neuer Spross der Jeep-Modellpalette materialisierte.

Nach der gefühlten Paralyse der Vorjahre tat sich aber auch im regulären Fahrzeugangebot wieder Substanzielleres: Für Furore in der Wrangler-Familie sorgte zum Beispiel der im Sommer vorgestellte neue »Rubicon«, ein als Hardcore-Offroader spezifizierter Wrangler, der, laut Hersteller, das geländetauglichste Serienfahrzeug der Welt sein sollte. Das war keinesfalls zu hoch gegriffen, denn der »Rubicon« war mit dem vollen Programm hochwertiger Offroad-Technologie bestückt. Dazu zählten zum Beispiel pneumatisch sperrbare Dana 44-Achsen vorne und hinten, ein speziell konstruiertes Rock-Trac-Verteilergetriebe mit extrakurzer Übersetzung für niedrigste Geschwindigkeiten im Gelände, ebenfalls exklusive Goodyear MTR P245/75-Offroadbereifung auf 16-Zoll-Leichtmetallfelgen und unschlagbare Böschungswinkel. Um dem durch dieses Technikpaket darstellbaren Traktionsniveau gewachsen zu sein, wurden auch die Antriebswellen sowie die Kardangelenke verstärkt.

Erfreut durfte man feststellen, dass man sich bei Jeep sehr wohl Gedanken um eine vierte, eine Einsteiger-Baureihe machte.

Erkennbar als sportliches Straßenfahrzeug mit gewissen Offroadqualitäten konzipiert, weckte die Compass-Studie einige Neugierde.

Die Interieurgestaltung des – gleichwohl fahrfähigen – Showcar war genauso weit von der Realität entfernt wie das Fahrzeug an sich.

Mit der Super-Offroader-Version »Rubicon« schuf Jeep eine inzwischen nicht mehr wegzudenkende Ikone innerhalb des Wrangler-Programms.

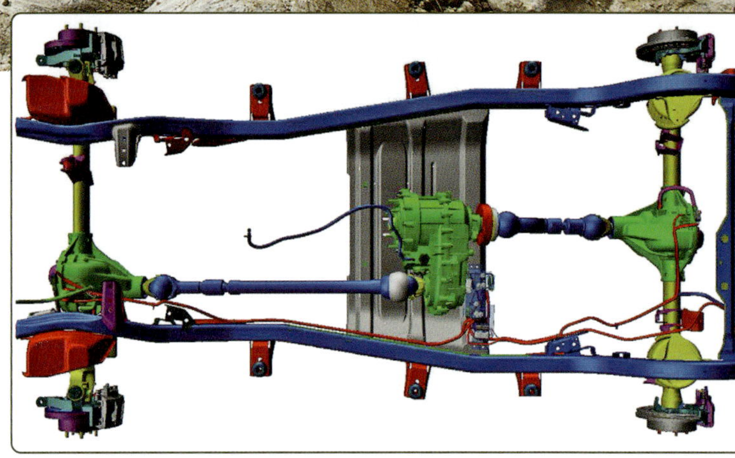

Das Chassis eines »Rubicon« mit den wesentlichen Komponenten des Allradantriebs, wie Verteilergetriebe, Kardanwellen und Differenzialen.

Während beim »Rubicon« der 4-Liter-Sechszylinder mit 190 PS/140 kW zur Serienausstattung gehörte, hielt nun auch bei den Modellen »SE« und »Sport« der moderne, bereits im jüngst vorgestellten Liberty/Cherokee KJ verwendete 2,5-Liter-DOHC-Vierzylinder mit Vierventil-Zylinderkopf Einzug. Für den US-Markt auf 147 PS/108 kW justiert, zeichnete sich das »PowerTech«-Triebwerk vor allem durch bessere Laufkultur und günstigeren Kraftstoffverbrauch aus. Die Kraftübertragung erfolgte zunächst durch ein neues manuelles 5-Gang-Getriebe, das zwei Jahre später durch eine von Mercedes-Benz übernommene 6-Gang-Schaltbox ersetzt wurde. Wahlweise stand ab 2003 auch ein 4-stufiges Automatikgetriebe aus Chrysler-Beständen bereit.

Das Thema der Lancierung von Editionsmodellen als Mittel zur Verkaufsförderung wurde insbesondere bei der Wrangler-Baureihe auch in diesem Jahr gespielt. So kam auf Basis der »Rubicon«-Linie die nominell auf 1001 Exemplare limitierte »Tomb Raider Edition« heraus, eine Cross-Promotion-Maßnahme mit dem Sequel des gleichnamigen Kino-Blockbusters, in dem ein ähnlicher Wrangler zu sehen war. Blickfänger des Sondermodells waren spezielle 16-Zoll-Aluminium-Schmiederäder, diverse »Tomb-Raider«-Plaketten und MOPAR-Zubehör wie eine Lichtleiste oder genietete Kotflügelverbreiterungen. Das Interieur war mit Farbakzenten wie Kontrastnähten an den Stoffsitzen und roten Sicherheitsgurten sowie mit einer Seriennummern-Plakette versehen. Auch die regulären Wrangler-Modelle profitierten von weiteren Aufwertungen

Die Wrangler »Rubicon« der »Tomb Raider Edition« präsentierten sich optisch um einiges nachgeschärft, etwa durch angeschraubte Kotflügelverbreiterungen.

Damit man nicht vergisst, womit man unterwegs ist: Mittelkonsole mit recht dezenter Editionsplakette.

Zubehör aus dem reichhaltigen MOPAR-Fundus, wie die Lichtleiste über der Frontscheibe, ergänzte die Ausstattung des Sondermodells.

im Innenraum. Neben neuen Farben gab es komfortablere Sitze, die weiter nach hinten geschoben werden konnten, eine besser bedienbare Sitzlehnenentriegelung, einen neuen Innenspiegel mit zusätzlichen Funktionalitäten sowie ein Vierspeichen-Lenkrad.

Erste Modellpflegemaßnahmen erreichten auch die neue Liberty/Cherokee-Baureihe. Serienmäßig wurden nun eine Vierrad-Scheibenbremsanlage eingebaut, und innen gab es eine Overhead-Dachkonsole, über die verschiedene Fahrzeugfunktionen nach Fahrerwunsch programmiert werden konnten, sowie einen optionalen, in die Armaturentafel integrierten 6-fach CD-Wechsler. Umfangreicher fiel die Überarbeitung am Grand Cherokee aus, die sich vor allem Fahrwerk und Bremsen widmete, um mehr Fahragilität und -präzision zu erreichen. Hier gab es unter anderem neue Stoßdämpfer, neue Bremssättel und einen modifizierten Lenkungs-Torsionsstab.

2003
Abschwung ohne Ende?

Gleich im Januar zeigte Jeep auf der NAIAS in Detroit weitere Editionsmodelle. Diesmal wurde die Sonderausstattung »Freedom Edition« auf alle drei Fahrzeugbaureihen appliziert, wenn auch jeweils leicht unterschiedlich zugeschnitten. Das ab März verfügbare Paket war insgesamt nur mäßig üppig dotiert, basierte im Fall des Grand Cherokee auf der »Laredo«-Linie und umfasste neben der Sechszylinder-Basismotorisierung unter anderem 17-Zoll-Leichtmetallfelgen, spezielle Stoffsitze, vorne elektrisch verstellbar, sowie ein 180-Watt-Infinity-Gold-Audiosystem mit sechs Lautsprechern. Bei den Liberty/Cherokee-Modellen gab es angeschraubte Kotflügelverbreiterungen, graphitfarbene Karosserieelemente sowie 235/65 R 17-Reifen auf ebenfalls graphitfarbenen Alufelgen. Der Wrangler »Freedom Edition« schnitt im Vergleich am besten ab und präsentierte sich mit dem Sechszylinder, Vollmetalltüren, Nebelscheinwerfern, Kotflügelverbreiterungen in Wagenfarbe, Chromfelgen mit 225/55 R 15-Bereifung, Klimaanlage und umklappbarer Rücksitzbank.

Im November, und damit bereits zum neuen Modelljahr gehörig, wurde – erneut für alle Modellreihen – die »Columbia Edition« vorgestellt, eine Marketingkooperation mit dem gleichnamigen US-amerikanischen Outdoorartikel-Hersteller. Sie basierte beim Grand Cherokee ebenfalls auf der »Laredo«-Ausstattung und verfügte zusätzlich über ein vollwertiges Reserverad, 17-Zoll-Leichtmetallfelgen, zweifarbige, vorne elektrisch verstellbare Stoffsitze, das Infinity-Gold-Audiosystem mit sechs Lautsprechern, in Silbermetallic lackierte Karosserieelemente sowie entsprechende Editionsembleme auf den Vordertüren. Bei Wrangler und Liberty/Cherokee war das Ausstattungspaket grundsätzlich mit der Sechszylindermotorisierung kombiniert und enthielt unter anderem Nebelscheinwerfer, graphitfarbene Kotflügelverbreiterungen, im selben Farbton gehaltene Alufelgen, zweifarbige Sitzbezüge mit »Columbia«-Logo, spezielle Zierleisten und »Columbia«-Sticker. Käufer der »Columbia Edition«-Modelle

Das »Trail Rated«-Siegel, das in der Jeep-Gemeinde zunächst einen gewissen Argwohn heraufbeschwor, ist heute bestens etabliert.

Alle drei Jeep-Modellfamilien kamen in den Genuss des »Freedom Edition«-Ausstattungspakets. Es war jedoch jeweils unterschiedlich zugeschnitten.

Eine neue Crossmarketing-Aktion wurde mit dem US-Hersteller Columbia realisiert. Hier ein Liberty/Cherokee im entsprechenden Outfit.

erhielten bei der Auslieferung ihres neuen Fahrzeugs außerdem einen kostenlosen »Columbia«-Anorak.

Nicht recht zu Ende gedacht erschien die Idee der Verantwortlichen in Auburn Hills, sämtliche aktuell in Produktion befindlichen Jeep-Fahrzeuge zum neuen Modelljahr mit der Kennzeichnung »Trail Rated« zu versehen. Dies sollte als eine Art Qualitätsstempel die außergewöhnliche Geländetauglichkeit der einzelnen Modelle bestätigen. Da diese Eigenschaft ohnehin zur DNA der Marke gehörte und eigentlich nicht extra betont zu werden brauchte, kam beim Publikum der Verdacht auf, dass zukünftige Modelle möglicherweise nicht mehr über diese Fähigkeiten verfügen würden ...

In puncto Absatzzahlen war trotz aller Bemühungen vorerst kein Ende der Krise abzusehen. Gegenüber dem Vorjahr musste Jeep einen Rückgang um noch einmal 16.000 Einheiten zur Kenntnis nehmen.

2004
Runderneuerung für den Bestseller

Während die Baureihe Liberty/Cherokee mit ein paar neuen Lackfarben, einem auf 78 Liter vergrößerten Tank, serienmäßiger Radio/CD-Spieler-Kombination und auf Wunsch ersten Konnektivitätsfeatures wie Bluetooth ins neue Jahr gegangen war, gab es beim Wrangler – neben den auch hier obligatorischen neuen Farben – ein serienmäßig verstellbares Lenkrad und für den speziellen Geschmack das Sondermodell »Willys Edition«. Dass dieses in Military-Optik auftrat, war naheliegend: Die verbindliche Lackfarbe war Moosgrün, das Verdeck ebenfalls dunkelgrün und die Sitzbezüge kamen tarnfarben daher. Zum Ausstattungspaket gehörten darüber hinaus der 4-Liter-Sechszylindermotor, Kotflügelverbreiterungen in Wagenfarbe, Nebelscheinwerfer, eine Radio/CD-Player-Kombination mit Soundsystem und sieben Lautsprechern sowie ein vollwertiges Ersatzrad. So richtig zog die »Willys Edition« aber nicht: Jeep verkaufte im Jahr 2004 nicht mehr als etwa 1000 Einheiten.

Eine Überraschung hielt Jeep dagegen im April bereit: Nach einer Pause von 18 Jahren debütierte eine Wrangler-Version mit um 10 Zoll (= 254 mm) verlängertem Radstand und rief damit Erinnerungen an die Klassiker CJ-6 und CJ-8 Scrambler wach. Das Modell, das erstmals die Bezeichnung »Unlimited« im Namen trug, verfügte über einen zusätzlichen Querträger am Rahmen und war karosserieseitig um 380 mm länger als ein Standard-TJ. Dies teilte sich in eine um etwa 5 Zentimeter vergrößerte Beinfreiheit im Fond und eine um 33 Zentimeter längere Ladefläche auf. Der Unlimited zielte auf einen Kundenkreis ab, dem beim Wrangler an mehr Nutzwert und Vielseitigkeit gelegen war. Die Entwickler hatten deshalb auch – bei entsprechender Ausstattung – die zulässige Anhängelast auf knapp 1,6 Tonnen fast verdoppelt. Als angenehmer Nebeneffekt des längeren Radstands schlug darüber hinaus ein hinsichtlich Sicherheit und Komfort deutlich verbessertes Fahrverhalten zu Buche. Der Triebstrang des Unlimited bestand serienmäßig aus dem 4-Liter-Sechszylinder und der Chrysler 4-Gang-Automatik. Als Allradantrieb kam nach wie vor das zuschaltbare »Command-Trac«-System zum Einsatz. Ab Herbst wurde der Unlimited dann auch in »Rubicon«-Ausführung angeboten und verfügte damit über die gleiche hoch spezifizierte Offroad-Technologie und -Ausstattung wie sein kürzerer Bruder.

Der erste Wrangler Unlimited war, wie seine bekannten Vorgänger im Geiste, mit Blick auf höheren Nutzwert entwickelt worden.

Fast alles neu, fast alles besser: Die Grand Cherokee-Generation WK zeigte in manchen Winkeln auch den Einfluss von Mercedes-Benz.

Im Interieur blieb es bei einer sachlichen, zweckorientierten Designsprache, die auch schon den Vorgänger ausgezeichnet hatte.

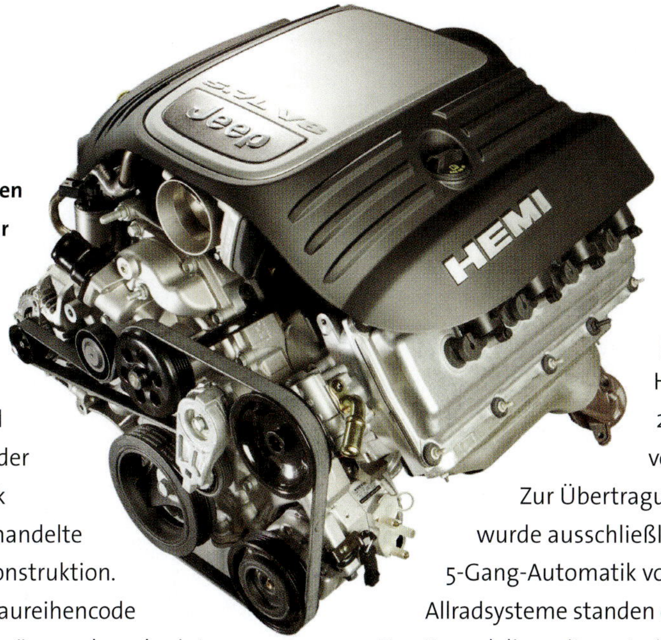

Den bärenstarken HEMI-V8 aus dem Pickup-Programm nun auch in den neuen Grand Cherokee zu transplantieren, war ein genialer Coup.

Highlight des Jahres war aber fraglos die Premiere der neuen Grand Cherokee-Generation wiederum auf der Anfang April veranstalteten New York International Auto Show (NYIAS). Es handelte sich um eine in weiten Teilen neue Konstruktion. Optisch rückte das Modell, das den Baureihencode WK erhielt, ein wenig von seinem Vorgänger ab und zeigte an der Front eine neue Interpretation der (Doppel-)Rundscheinwerfer-Mode, der man bei DaimlerChrysler gerade folgte. Wieder war das äußere Erscheinungsbild des Bestsellers als durchaus gelungen und harmonisch zu bezeichnen, aber es war auch mainstreamig, weshalb es ihm wieder an Prägnanz und Unverwechselbarkeit, kurz: an Charakter fehlte. Dabei präsentierte er sich technisch umfassend modernisiert. Den bisherigen, als Basistriebwerk fungierenden 4-Liter-Reihensechszylinder löste der aus dem Liberty/Cherokee bereits bekannte, etwas unkultivierte 3,7-Liter-V6 ab, der auch in der Top-Baureihe 210 PS/154 kW bereitstellte. Darüber war der 4,7-Liter-»PowerTech«-V8 positioniert, der wie bisher mit 235 PS/175 kW aufwartete und für die »Laredo«-Version auf Wunsch erhältlich war, während er im Topmodell »Limited« zum Serienumfang gehörte.

Als Krönung der Motorenpalette betrat nun aber der 5,7-Liter-»HEMI«-V8 die Bühne. Der historisch betrachtet aus der legendären Muscle-Car-Ära herrührende Beiname stand für die hemisphärisch, also halbkugelförmig, geformten Brennräume des Triebwerks. Diese Auslegung galt ab Ende 1965 bis zum Beginn der 1970er-Jahre als Synonym für eine besonders hohe Leistungsausbeute, wie sie für die stärksten Big-Block-V8 von Chrysler typisch war. Das aktuelle Triebwerk arbeitete seit 2002 in den Dodge RAM Pickups und ähnelte in seiner klassischen Architektur mit untenliegender Nockenwelle und zwei per Stoßstangen betätigten Ventilen pro Zylinder stark dem ehemaligen »Magnum«-V8 als Vertreter des traditionellen US-amerikanischen Motorenbaus. Mit seinen Leistungsdaten legte es den Grundstein für die High-Performance-Versionen, die künftig die Modellpalette des Grand Cherokee bereichern sollten. Zunächst ausschließlich für das »Limited«-Modell optional erhältlich, lieferte das HEMI-Triebwerk eine Spitzenleistung von 330 PS/243 kW und einen satten Drehmomentbestwert von 509 Nm. Dies garantierte eine Höchstgeschwindigkeit von 220 km/h und eine Beschleunigung von 0 auf 100 km/h von 7,2 Sekunden. Zur Übertragung der beträchtlichen Motorkraft wurde ausschließlich eine elektronisch gesteuerte 5-Gang-Automatik von Chrysler herangezogen. Als Allradsysteme standen das neue »Quadra-Trac I«, »Quadra-Trac II« und die weiterentwickelte Topversion »Quadra-Drive II« zur Wahl. Alle permanent ausgelegt, unterschied sich »Quadra-Trac I« von »Quadra-Trac II« durch den Entfall der Modi »4 Lo« und »N«, wodurch sämtliche Fahrereingriffe überflüssig wurden. »Quadra-Drive II« wiederum bediente sich des neuen NV245-Verteilergetriebes, das mit einer jeweils elektronisch sperrbaren Vorder- und Hinterachse gekoppelt war.

Angesichts des dramatisch angestiegenen Fahrleistungspotenzials zeigte sich das Fahrwerk des Grand Cherokee WK rundum auf aktuellen Stand gebracht. Eine vordere Einzelradaufhängung bot nun in puncto Fahrverhalten und -komfort ein neues Niveau und wurde dabei durch eine erstmals in der Baureihe eingesetzte neue Zahnstangenlenkung unterstützt.

Zur Basisausstattung »Laredo« gehörten neben dem V6-Triebwerk unter anderem 17-Zoll-Leichtmetallfelgen, stoffbezogene Sitze mit 6-fach verstellbarem Fahrersitz, ein Stereoradio mit CD-Spieler und sechs Lautsprechern, schwarze Seitenschutzleisten, ein Multifunktionslenkrad, ein Bordcomputer sowie eine Keyless-Entry-Funktion. Das »Limited«-Modell verfügte als Top-Version darüber hinaus über elektrisch verstellbare Vordersitze mit Memory-Funktion, eine Lederausstattung, ein Stereoradio mit 6-fach CD/MP3-Wechsler, ein 276-Watt-Soundsystem von Boston Acoustics mit sechs Lautsprechern, beheizbare Vordersitze, ein Lederlenkrad, eine nach hinten klappbare Mittelkonsole sowie Chromzierrat an Karosserie und Stoßfängern.

Im Juli schließlich kam auch die Baureihe Jeep Liberty/Cherokee in den Genuss eines ersten tiefgreifenden Facelifts für Ex- und Interieur. Es umfasste neue Stoßfänger, Radlauf- und Schwellerverkleidungen sowie eine ebenfalls neugestaltete Armaturentafel. Eine neue Farb- und Materialauswahl, anders

Bei Jeep bemühte man sich, vorhandene Vorbehalte gegen die Liberty/ Cherokee-Baureihe durch konsequente Modellpflege abzubauen.

In der »Renegade«-Ausführung bekam der Auftritt des ungeliebten Cherokee-XJ-Nachfolgers sogar etwas Sportlich-Elegantes.

konturierte Sitze und eine nun flacher faltbare Rücksitzbank komplettierten die Auffrischung des Innenraums. Mindestens so viel Aufwand wurde auch am Exterieur getrieben: Hier gab es eine stärker modifizierte Frontgestaltung mit einem schlankeren, höheren Kühlergrill und etwas flacherer Motorhaube.

Antriebseitig wollte DaimlerChrysler das im Gegensatz zu Europa in den USA nach wie vor wenig ertragreiche Thema Dieselmotorisierung endlich auf breiter Front angehen, um die Verkäuflichkeit von Selbstzünder-Triebwerken auf dem nordamerikanischen Pkw-Markt auszuloten. So kam der Liberty 2.8 CRD heraus, in dem erstaunlicherweise kein Mercedes-Benz-Motor, sondern ein Vierzylinder-Common-Rail-Turbodiesel des italienischen Zulieferers VM Motori eingebaut war. Das 2,8 Liter große Aggregat war mit einem Turbolader mit variabler Turbinengeometrie ausgerüstet und erzeugte 160 PS/120 kW sowie ein maximales Drehmoment von 400 Nm. Dank seiner Durchzugskraft und des wesentlich niedrigeren Kraftstoffverbrauchs übertrafen die Absatzzahlen trotz eines höheren Einstandspreises im Vergleich zum V6-motorisierten Modell die Erwartungen deutlich: Rund 10.000 Fahrzeuge konnten im ersten Verkaufsjahr abgesetzt werden, wobei das CRD-Triebwerk aus Gründen des Emissionsschutzes nicht einmal in allen US-Bundesstaaten angeboten werden durfte.

Über die ganze Modellpalette betrachtet, und trotz diverser Neuvorstellungen und Modellpflegemaßnahmen, wiesen die Verkaufszahlen von Jeep auch im aktuellen Jahr fallende Tendenz auf. Am Ende konnten nur rund 428.000 Fahrzeuge an ihre Käufer ausgeliefert werden. Blickte man auf die Situation zum Zeitpunkt der DaimlerChrysler-Fusion zurück, musste man einen geradezu dramatischen Verlust an Marktanteilen konstatieren: Im SUV-Segment hatte Jeep anno 1999 noch einen Anteil von 19 % besessen. Dieser war nun, auch bedingt durch eine veränderte Wettbewerbssituation, auf gerade mal 9,9 % gefallen.

Dieseltriebwerke galten außerhalb der Truck-Welt als dem US-Publikum nicht vermittelbar. Dennoch war der Liberty 2,8 CRD durchaus ein Erfolg.

2005
Das Blatt wendet sich

Das ständige Lancieren von Sondermodellen mit speziell zugeschnittenen Ausstattungspaketen, die neben mehr Individualität vor allem einen Preisvorteil boten, riss auch im neuen Jahr nicht ab. Ab März gab es für alle drei aktiven Baureihen auf Wunsch eine »Rocky Mountain« genannte Ausstattung. Beim Wrangler umfasste sie beispielsweise den Sechszylindermotor, die besonders robuste Dana 44-Hinterachse, 15-Zoll-Alufelgen mit besonderer Bereifung, Nebelscheinwerfer, einen Schwellerschutz aus Riffelblech, Kotflügelverbreiterungen, diverse Dekorsticker, spezielle Stoffsitze und Innenverkleidungen sowie eine Musikanlage mit sieben Lautsprechern und Subwoofer. Für den Grand Cherokee hielt das »Rocky Mountain«-Paket vor allem mehr Komfort bereit: Es enthielt in Erweiterung der »Laredo«-Basisausstattung unter anderem einen elektrisch verstellbaren Fahrersitz, spezielle Zierstickereien auf den Stoffsitzen und Fußraummatten, Chromeinsätze an der Karosserie, ein Stereoradio mit 6-fach CD/MP3-Wechsler (6 CDs), das Boston Acoustics-Soundsystem mit 276 Watt Leistung und sechs Lautsprechern sowie ein elektrisches Schiebe-/Hubdach. Den optischen Auftritt werteten exklusive 17-Zoll-Leichtmetallfelgen und serienmäßige Nebelscheinwerfer auf.

Bei der Liberty/Cherokee-Baureihe wies die »Rocky Mountain«-Linie ähnliche Merkmale auf. Bedeutender war aber, dass nun hier wie bei den Wrangler-Modellen mit mechanischem Schaltgetriebe statt der bisherigen New-Venture-5-Gang-, eine 6-Gang-Box von Mercedes-Benz zum Einbau kam – im Jeep-Modellprogramm ein

Der Wrangler in der »Rocky Mountain«-Ausstattung war Offroad-orientiert zugeschnitten, bot aber auch ein beachtliches Komfortniveau.

weiteres sichtbares Zeichen der deutsch-amerikanischen Kooperation in Sachen Baugruppenaustausch. Weiterhin wurde die Diesel-Motorisierung bei den allradgetriebenen Liberty/Cherokee-Modellen auch auf die »Sport«- und »Limited«-Ausstattungen ausgeweitet. Zudem verschwand auf dem heimischen Markt der Vierzylinder-Benziner aus dem Angebot.

Eine modifizierte Frontgestaltung mit flacherer Motorhaube gab den Modellen der Liberty/Cherokee KJ-Baureihe auch nicht mehr Profil.

In der »Rubicon«-Ausführung blieb der Wrangler Unlimited trotz seines längeren Radstands auch im harten Gelände nichts schuldig.

Im Lauf des Jahres kehrte beim Wrangler wieder ein alter Bekannter zurück: der »Golden Eagle«. Die Ausstattungslinie war wieder durch goldfarbene Akzente, zum Beispiel an den 15-Zoll-Leichtmetallfelgen, und diverse exklusive Dekorsticker gekennzeichnet. In technischer Hinsicht umfasste sie den Sechszylindermotor sowie die extrem strapazierfähige Dana 44-Hinterachse, während im Innenraum zweifarbige Sitze dominierten. Bei der verlängerten Unlimited-Version ergänzte nun eine »Premium« genannte Ausstattungsvariante das bisher aus Basis- und »Rubicon« bestehende Programm. Sie wartete mit eher schmückenden Elementen wie einem Chromgrill, in Wagenfarbe gehaltenen Kotflügelverbreiterungen, zweifarbigen Stoffsitzen und einer silbern lackierten Armaturentafel auf.

Ende März, auf der New York International Auto Show, feierte dann – letztlich etwas unerwartet – ein neues Jeep-Modell seine Weltpremiere. Selbstverständlich war den Produktplanern schon seit längerem klar, dass es nicht nur an einer Einstiegsbaureihe in den Jeep-Kosmos fehlte, sondern offenbar auch, dass eine Art luxuriöser Fullsize-SUV mit drei möglichen Sitzreihen das Programm nach oben ergänzen musste – schließlich war der Grand Cherokee in amerikanischer Wahrnehmung lediglich ein Fahrzeug des Midsize-Segments. Zugleich musste aber aus Kostengründen gewährleistet sein, dass der Neue in weiten Teilen auf dem Grand Cherokee basierte und entsprechend auf den gleichen Fertigungsanlagen produziert werden konnte. So stellte der neu präsentierte Commander am Ende eine Kompromisslösung dar: Er war nur rund 5 Zentimeter länger als ein Grand Cherokee, dafür aber wesentlich höher, was letztlich den Einbau zweier zusätzlich ausklappbarer, allerdings sehr hoch angeordneter Sitze im Heck erlaubte. Damit galt er nicht wirklich als Fullsize-SUV, sondern bewegte sich ein wenig im Niemandsland, weil er einen zwar praxis-, aber weniger prestigeorientierten Kundenkreis ansprach, dem vor allem anderen die Möglichkeit wichtig war, insgesamt sieben Personen an Bord transportieren zu können.

Die selbsttragende Karosseriestruktur und das Fahrwerk des Commander mit vorderer Einzelradaufhängung und 5-Lenker-Hinterachse entsprachen weitestgehend denen des Grand Cherokee WK. Sehr unterschiedlich fiel aber das äußere Erscheinungsbild des Raumwunders aus. Seinem Daseinszweck geschuldet, zeigte er eine steil stehende Windschutzscheibe, hart abgewinkelte Wagenflanken und ein zum Heck hin gestuftes Dach, das durch die serienmäßige Reling in der Profilansicht kaschiert wurde. Mit seiner kompromisslosen, etwas vorder-

Das Konzept des Jeep Commander schien irgendwie nicht schlüssig und aus der Not geboren zu sein. Sein optischer Auftritt war steif, und die dritte Sitzreihe hatte eher Behelfscharakter. Trotz seiner Dimensionen bekam er von Jeep wegen erwiesener Geländetauglichkeit das »Trail Rated«-Siegel.

Für die besonders in den USA verortete Kundschaft, die Wert auf drei Sitzreihen legte, war das Platzangebot ganz hinten kein wirklich schlagendes Kaufargument für den Commander. Man betrachte nur den Beinraum in Reihe drei, der in dieser Darstellung zu erahnen ist.

gründigen Kantigkeit, der jede optische Leichtigkeit abging, wie sie etwa die Karosserie des – ebenfalls kantigen – Cherokee XJ gezeigt hatte, konnte der Commander weder beim Publikum noch bei der Fachpresse Begeisterungsstürme entfachen. Technisch und ausstattungsmäßig war er hingegen absolut auf der Höhe der Zeit. Zum Serienumfang gehörten zum Beispiel elektronische Stabilitäts- und Traktionskontrolle, eine elektronische Wankstabilisierung, Einparksensoren, Wegfahrsperre, zweistufige Front- und Seitenairbags, beheizbare Außenspiegel, eine Keyless-Entry-Funktion mit Fernbedienung sowie ein Infotainmentsystem und zeitgemäße Konnektivitätslösungen. Highlights der Sonderausstattungsliste waren etwa das »Command View«-Schiebedachpaket mit elektrischem Schiebedach vorne sowie zwei kleineren Schiebedächern über den Rücksitzen sowie ein Entertainment-Paket mit DVD-Player, 9-Zoll-Fernseher und Rückfahrkamera.

Antriebseitig stand ebenfalls das volle Programm des Grand Cherokee bereit: der 3,7-Liter-V6, der 4,7-Liter-V8 und sogar der 5,7-Liter-HEMI-Motor. Für Exportmärkte wie zum Beispiel Europa wurde im Folgejahr darüber hinaus der hochmoderne, 218 PS/160 kW starke 3-Liter-Diesel-V6 der Mercedes-Benz Motorenbaureihe OM 642 angeboten. Auch bei den Allradsystemen

Das passenderweise »Command View« getaufte Schiebedachpaket in der Optionenliste bestand aus drei Teilen.

Die grundsätzliche Gestaltung von Innenraum und Armaturentafel übernahm der Commander – wie vieles andere auch – vom Grand Cherokee.

unterschied sich der Commander nicht von seinem Cousin: »Quadra-Trac I« kam bei der V6-Motorisierung serienmäßig zum Einbau, »Quadra-Trac II« wurde in Verbindung mit den V8-Motoren eingesetzt und war optional auch mit dem V6-Triebwerk zu kombinieren, während die Topversion »Quadra-Drive II« ausschließlich gegen Aufpreis den V8-motorisierten Fahrzeugen vorbehalten war. Tatsächlich stand der ungelenk wirkende, hoch bauende Commander seinen Markengenossen in Sachen Geländegängigkeit in kaum etwas nach und bekam als erster allradgetriebener Jeep mit sieben Sitzplätzen die »Trail Rated«-Auszeichnung zuerkannt, da er die zugrundeliegenden Leistungsstandards hinsichtlich Traktion, Beweglichkeit, Bodenfreiheit, Manövrierfähigkeit und Wattauglichkeit erfüllte.

Zur Markteinführung im Sommer war der Commander in zwei Versionen erhältlich. Als Standardmodell war er serienmäßig mit dem V6-Triebwerk oder optional dem 4,7-Liter-V8 ausgerüstet. Zur Basisausstattung gehörten weiterhin ein Automatikgetriebe, Leichtmetallfelgen, eine Stoffausstattung mit elektrisch verstellbarem Fahrersitz, elektrische Fensterheber, eine Zentralverriegelung, eine Radio/CD-Spieler-Einheit mit sechs Lautsprechern sowie ein Keyless-Entry-System. Sieben Sitze waren hier nur als Extra zu haben. Die »Limited«-Ausführung war wie immer hoch dotiert: Der 4,7-Liter-Motor war Serie, gegen Aufpreis konnte auch das bärenstarke HEMI-Aggregat spezifiziert werden. Innen gab es unter anderem eine Audioanlage mit integriertem 6-fach CD-Wechsler und sechs Boston Acoustics-Lautsprechern, eine Lederausstattung mit elektrisch verstellbaren Vordersitzen und serienmäßig sieben Sitze.

Kaum jemand lotete in einem Wagen wie dem Commander anspruchsvolle Geländepassagen aus – wer es aber darauf anlegte, wurde überrascht.

Mit dem faszinierenden SRT-8 griff Jeep die etablierten deutschen Vertreter der High-Performance-SUV-Fraktion an.

Frontschürze, Lufteinlässe, Kotflügelverbreiterungen – alles fiel beim ersten SRT-8 sehr dezent aus.

Am Ende für deutlich mehr Furore als der neue Commander sorgte jedoch das, was man sich in Auburn Hills noch für den Grand Cherokee ausgedacht und ebenfalls auf der NYIAS gezeigt hatte. Da war zum einen die Rückkehr der »Overland«-Linie als Top-Ausstattung, die in Kombination mit dem HEMI-V8 und wahlweise in heckgetriebener oder Allradausführung angeboten wurde. Zum anderen aber rückte als Highlight erstmals eine Hochleistungsversion namens SRT-8 ins Blickfeld. Mit einem 426 PS/313 kW starken, auf knapp 6,1 Liter Hubraum aufgebohrten HEMI-V8 standen nun Fahrleistungswerte zu Buche, die sonst hochkarätigen Sportwagen vorbehalten waren. Tests bescheinigten dem High-Performance-Grand Cherokee eine Höchstgeschwindigkeit von über 250 km/h und eine Zeit für den Standard-Beschleunigungssprint von 0 auf 100 km/h von 5,3 Sekunden. Damit spielte der SRT-8 in der gleichen Liga wie der Porsche Cayenne Turbo.

Angesichts dieses Leistungsvolumens hatten die Entwickler das Fahrwerk umfassend angepasst. Zum Einsatz kamen unter anderem modifizierte Aufhängungskomponenten, eine straffe Abstimmung mit Bilstein-Gasdruckstoßdämpfern sowie eine groß dimensionierte Brembo-Bremsanlage. Noch mehr tat sich bei der Kraftübertragung, die speziell für den Straßeneinsatz optimiert war: Der SRT-8 war mit einem besonderen Verteilergetriebe ausgestattet, das mithilfe einer elektronisch gesteuerten Kupplung variabel bis zu 50 % des Drehmoments auf die Vorderachse übertrug, aber weder einen Low-Range-Geländegang besaß noch manuell steuerbar war. Auch die Sperrdifferenziale an Vorder- und Hinterachse entfielen, was weitere Gewichtvorteile mit sich brachte. Das gewaltige Drehmoment des Großkolben-V8 von 569 Nm verarbeitete eine elektronisch gesteuerte 5-Gang-Automatik von Mercedes-Benz.

Für einen angemessenen Auftritt des SRT-8 – »SRT« stand übrigens vielsagend für »Street & Racing Technology« – sorgten 20-zöllige Leichtmetallfelgen, auf die vorne 255/45- und hinten 285/40-Reifen aufgezogen waren, eine deutliche Tieferlegung der Karosserie, ein voluminöser Frontspoiler mit großem Lufteinlass und nicht zuletzt eine Performance-Auspuffanlage mit am Heck mittig austretenden, verchromten Endrohren, die Gänsehaut-fördernde Lebensäußerungen des HEMI-Triebwerks garantierte.

Unter anderem auch, weil sich die High-Performance-Version des Grand Cherokee – übrigens auch in Europa – auf Anhieb gut verkaufte, gingen die Absatzzahlen der Jeep-Modelle endlich wieder rapide nach oben. Weltweit konnten fast 609.000 Fahrzeuge ausgeliefert werden. Hatte man sich nun mit den neuen Verhältnissen arrangiert, und war die jahrelange Durststrecke endgültig überwunden?

2006
Die Neuerungswelle rollt

Letztlich blieben Zweifel, wie die Zukunft von DaimlerChrysler und damit auch die der Marke Jeep aussehen würde. Dass Dieter Zetsche, der sich selbst als »Chrysler-Guy« bezeichnete, mit Jahresbeginn auf den nicht unumstrittenen Jürgen Schrempp als Vorstandsvorsitzender des Gesamtunternehmens folgte, war keine Garantie für eine kontinuierliche Verbesserung der bis dahin eher instabilen Ertragslage. Immerhin wurde als neuer Chrysler-Chef mit dem Kanadier Tom LaSorda ein Spitzenmanager aus den eigenen Reihen berufen, was die Gemütslage in Auburn Hills weiter entspannte.

Was die Jeep-Modellpalette betraf, markierte das Jahr vor allem den Einstieg in die Welt der Kompakt-SUV. Den Anfang machten auf der im Januar in Detroit veranstalteten North American International Auto Show die Fahrzeuge der neuen Compass-Baureihe. Das seit langem erwartete Modell ähnelte in optischer Hinsicht stark dem vier Jahre zuvor präsentierten gleichnamigen Konzeptfahrzeug, war aber viertürig ausgelegt. In seiner Stilistik war der Compass in weiten Teilen eigenständig, wirkte aber deutlich weniger maskulin als die anderen Jeep-Modelle – nicht ohne Grund: Das neue Modell sollte verstärkt Frauen als Käufergruppe ansprechen.

Aufgebaut war der Neue auf der von DaimlerChrysler und Mitsubishi gemeinsam entwickelten GS-Plattform, auf der vom Lancer bis zum Outlander eine Vielzahl von Mitsubishi-Pkw, aber auch manche Chrysler-Modelle, wie etwa der Sebring, basierte. Das Grundkonzept des Compass unterschied sich nicht von dem konkurrierender Modelle im Segment und war auf alltäglichen Straßenbetrieb ausgelegt. Hinsichtlich der Konfiguration des Antriebsstrangs bedeutete dies ein nicht zuletzt kostenbedingtes Abgehen vom bisherigen Jeep-Paradigma der klar profilierten Offroad-Orientierung. Ohne dass man dem Compass das »Trail Rated«-Siegel zuerkennen konnte, sollte die Strahlkraft der Marke ausreichen, um auch in der kleinen SUV-Klasse verkaufsfördernd zu wirken. Nicht zu Unrecht versprach man sich, in diesem boomenden Segment weitere große Käuferkreise erschließen zu können.

Während die Basisausführung nur über Frontantrieb verfügte – ein komplettes Novum in der Jeep-Historie –, waren gegen Mehrpreis die beiden elektronisch gesteuerten neuen

Endlich eröffnete Jeep mit dem Kompakt-SUV Compass eine Einsteigerbaureihe, die neue, breitere Käuferkreise ansprach.

Innen bot der erste Jeep im wettbewerbsintensiven Kompakt-Segment klassenüblichen Standard in puncto Raumangebot und Ausstattung.

Allradsysteme »Freedom Drive I« und »Freedom Drive II« zu bekommen. Deren Einsatz hing von der jeweils verwendeten Kraftübertragung ab: Wer sich für die in allen Versionen serienmäßige manuelle 5-Gang-Schaltung entschied, bekam mit »Freedom Drive I« einen permanenten Allradantrieb, der mit einer Sperrfunktion zur Modulierung der Drehmomentverteilung zwischen Vorder- und Hinterachse aufwartete und ausschließlich

Der 2 oder 2,4 Liter große Vierzylinder-Benziner, mit dem der Compass zunächst ausgestattet wurde, war eine komplette Neukonstruktion.

Als müsse man die lange Wartezeit kompensieren, feierte wenig später mit dem Jeep Patriot gleich ein zweites SUV der Kompaktklasse sein Debüt.

für den Einsatz bei rutschigen Straßenverhältnissen und im leichten Gelände gedacht war. Wurde das als Automatik angebotene stufenlose CVT-Getriebe geordert, wurde »Freedom Drive II« eingebaut. Dieses ebenfalls permanente Allradsystem bediente sich der gleichen technischen Komponenten wie »Freedom Drive I«, fügte aber in Verbindung mit dem CVT-Getriebe ein kürzeres Achsübersetzungsverhältnis hinzu, um auf diese Weise die Funktion eines Verteilergetriebes mit niedrigem Gang zu simulieren. Es handelte sich also lediglich um ein zusätzliches Programm im CVT-Getriebe, in das zudem eine Bergabfahrhilfe, eine auf den Offroad-Einsatz abgestimmte Traktionskontrolle sowie ein elektronisches Stabilitätsprogramm integriert war. »Freedom Drive II« qualifizierte sich in Verbindung mit einem speziellen Offroad-Ausstattungspackage auch für das von Jeep als Qualitätsmerkmal kreierte »Trail Rated«-Siegel.

Das anstelle einer herkömmlichen Getriebeautomatik eingesetzte CVT-Getriebe war zwar vergleichsweise preiswert zu realisieren und arbeitete frei von Schaltrucken, es agierte mit seinem kontinuierlichen Jonglieren zwischen Motordrehzahl und Geschwindigkeitszuwachs aber fühlbar träge. Auch das ständige Aufheulen des Triebwerks bei Beschleunigungsvorgängen war gewöhnungsbedürftig und schreckte nicht wenige Probefahrer ab.

Als Antriebsaggregate kamen auf dem US-Markt Vertreter einer komplett neuen Motorenfamilie zum Einbau. Die Triebwerke, genannt »World Gasoline Engine«, waren von Hyundai entwickelt worden und folgten mit zwei obenliegenden Nockenwellen, Vierventil-Zylinderkopf und vollvariabler Ventilsteuerung modernsten Konstruktionsprinzipien. Während im frontgetriebenen Einstiegsmodell als Basismotorisierung eine 158 PS/118 kW starke Version zum Zuge kam, war als Alternative auch eine 2,4 Liter große Ausführung mit 174 PS/128 kW lieferbar. Unter anderem für den europäischen Markt stand darüber hinaus auch ein 2-Liter-TDI-Diesel von Volkswagen mit 140 PS/103 kW zur Verfügung.

Zum Zeitpunkt der Markteinführung gab es den Compass in der Basisausstattung »Sport« sowie als deutlich höher spezifiziertes »Limited«-Modell. Erstere musste ohne elektrische Fensterheber und Zentralverriegelung auskommen, zeigte aber immerhin 17-Zoll-Leichtmetallfelgen sowie eine Stereoradio/CD-Player-Kombination mit vier Lautsprechern. Wie gewohnt, war die »Limited«-Version nahezu vollwertig ausstaffiert: Zum Serienumfang gehörte hier neben Klimaanlage, elektrischen Fensterhebern, Zentralverriegelung und Keyless-Entry auch eine Lederausstattung.

Bereits ein Vierteljahr später, die Serienproduktion des Compass hatte noch nicht einmal begonnen, zeigte Daimler-Chrysler auf der New York International Auto Show den neuen Jeep Patriot, einen zweiten Kompakt-SUV, der in der Modellhierarchie aber etwas oberhalb des Compass positioniert war. Diese Tatsache dokumentierte er fast ausschließlich durch seine stärker die bekannte Designsprache der Marke widerspiegelnde Optik, da er im Wesentlichen dem Erscheinungsbild von Commander und Grand Cherokee ähnelte. Weder in seinen Dimensionen noch auf technischer Ebene gab es tiefgreifende Unterschiede zwischen Patriot und Compass: Die verwendete Fahrzeugplattform war ebenso identisch wie die Motorisierungspalette, die Kraftübertragung, die angebotenen Antriebssysteme und die verfügbaren Ausstattungsversionen.

Während die Compass-Modelle noch im Sommer zu den Jeep-Händlern rollten, mussten sich potenzielle Patriot-Interessenten noch bis zum Beginn der Markteinführung im Folgejahr gedulden. Angesichts der extremen Nähe, die beide Modelle zueinander aufwiesen, spekulierten Publikum und Fachpresse angeregt darüber, welche offenbar höchst komplexen Überlegungen der DaimlerChrysler Produktplaner und Marketingstrategen eine Rolle gespielt haben mussten, damit solche Modellentscheidungen getroffen wurden. Auf Anhieb nachzuvollziehen waren sie jedenfalls nicht. So war es aus diesem und manchen anderen Gründen keine Überraschung, dass der Compass einen bestenfalls mittelmäßigen Marktstart hinlegte: In den USA wurden in den verbleibenden Monaten des Premierenjahres lediglich gut 18.500 Exemplare abgesetzt – wohlgemerkt in einem Marktsegment, das, vorwiegend von den Fahrzeugen japanischer Hersteller getrieben, richtig boomte.

Ähnlich wie bei der Doppelpräsentation von Compass und Patriot in Detroit bzw. wenig später in New York, zeigte DaimlerChrysler jeweils vor Ort auch eine neue Wrangler-Generation und eine viertürige Variante des Unlimited. Hier bewegten sich die Entwickler auf sicherem, vertrautem Terrain und entsprechend überzeugend fiel die neue, nun JK genannte Wrangler-Generation aus. Karosserie und Fahrwerk präsentierten sich tiefgreifend überarbeitet. Der Neue besaß einen um 51 mm längeren Radstand, eine um 86 mm größere Spurweite und war außen um fast 140 mm breiter, zugleich aber in der Länge um 64 mm kürzer ausgefallen. Das garantierte mehr Raum und Bewegungsfreiheit im Interieur und bot zugleich ideale Voraus-

Als Volltreffer, wie es ihn in der langen Geschichte der klassischen Jeep-Baureihe selten gegeben hatte, entpuppte sich der viertürige Unlimited.

Perfekt proportioniert und dank des langen Radstand mit wesentlich verbessertem Raumangebot ging der Unlimited auf Kundenfang.

setzungen für weiter optimierte Fahrsicherheit und noch höhere Geländetauglichkeit.

An der DNA des Klassikers wurde dabei nicht gerüttelt: Die Basis bildeten weiterhin ein nun doppelt so verwindungssteifer Leiterrahmen, die beiden Starrachsen sowie der zuschaltbare Allradantrieb. Die Frontscheibe konnte nach wie vor abgeklappt und die beiden Türen ausgehängt werden. Neu war hingegen ein dreiteiliges Hardtop, das variable Öffnungsmöglichkeiten bot. Dem Passagierkomfort zuträglich waren darüber hinaus elektrische Fensterheber, eine fernbedienbare Zentralverriegelung sowie ein optionales Navigationssystem. Neu und ein Zeichen der Zeit war allerdings auch der umfassende Einzug der Fahrzeugelektronik in die neue Wrangler-Generation. Dies geschah zum Beispiel in Form einer Stabilitätskontrolle, einer Traktionskontrolle mit elektronischem Sperrdifferenzial sowie einer Vierrad-Scheibenbremsanlage mit speziell auf den Offroad-Einsatz abgestimmtem Antiblockiersystem. Auch motorseitig tat sich Grundlegendes: Der Vierzylinder wurde ersatzlos gestrichen und als Standardtriebwerk ein seit den 1990er-Jahren bekannter 3,8-Liter-V6 der Motorenfamilie »EGH« verwendet, der sich mit einer Höchstleistung von 202 PS/149 kW und einem Drehmomentmaximum von 321 Nm in Szene setzte. Zwar war dieses Triebwerk mit einer untenliegenden Nockenwelle und Zweiventil-Zylinderköpfen konstruktiv veraltet, aber es handelte sich um einen eigens konstruierten V6 mit klassischem 60°-Bankwinkel, der eine gute Laufkultur an den Tag legte. Für Exportmärkte stand auch noch der 2,8-Liter-Vierzylinder-Turbodiesel von VM Motori im Angebot. An diese Triebwerke gekoppelt waren entweder eine manuelles 6-Gang-Getriebe oder optional eine Chrysler 4-Gang-Automatik. In puncto Antriebssystem verfügten die neuen Modelle, je nach Ausstattungsversion, nach wie vor über »Command-Trac« mit optionalem »Trac-Loc«-Sperrdifferenzial, oder, im Fall des Hardcore-Offroaders »Rubicon«, über das »Rock-Trac«-Verteilergetriebe samt Vorder- und Hinterachsen mit jeweils serienmäßiger elektronischer »Tru-Lok«-Differenzialsperre.

Für wichtiger werdende Exportmärkte wie Europa war der neue Wrangler auch mit dem 2,8 Liter großen VM-Vierzylinder-Diesel lieferbar.

Bei der Markteinführung Mitte des Jahres war der Wrangler in diversen Ausstattungspaketen verfügbar, die meisten davon waren mit Hard- oder Softtop und Voll- oder Halbtüren lieferbar. Als Basismodell fungierte der »X«, der 2009 in »Sport« umgetauft wurde. Die Ausstattung war recht spartanisch und umfasste außer Vinylsitzen, einer Stereoanlage mit CD/MP3-Player und einem vollwertigen Ersatzrad wenig Herzerwärmendes. Die Version »Sahara« markierte den Gegenpol und bot neben besonderem Zubehör zahlreiche Komfortextras wie etwa ein

Besonders seine Laufkultur zeichnete den nicht mehr ganz taufrischen 3,8-Liter V6 aus, der in den Wrangler JK standardmäßig eingebaut wurde.

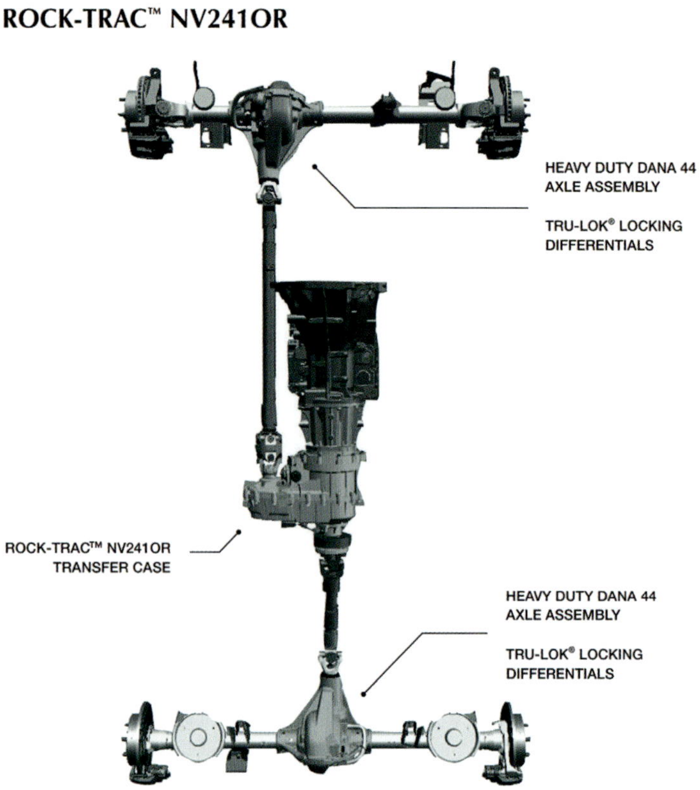

Das in den »Rubicon«-Versionen des Wrangler eingesetzte »Rock-Trac«-Antriebssystem steht für exemplarische Allrad-Kompetenz.

Die Zahnkette als zentrales Element der Kraftübertragung ist auch im aktuellen »Rock-Trac«-Verteilergetriebe NV241OR im Einsatz.

Blick in die Mechanik eines der elektrisch sperrbaren »Tru-Lok«-Differenziale, die in den Achsen der »Rubicon«-Modelle um Traktion kämpfen.

Infinity-Soundsystem mit sieben Lautsprechern, Kotflügelverbreiterungen in Wagenfarbe, ein farblich angepasstes Hardtop sowie entsprechende Dekorsticker. Die für Offroad-Liebhaber und -spezialisten gedachte »Rubicon«-Ausstattung beinhaltete neben den erwähnten Technik-Features auch BF Goodrich Mud-Terrain KM Geländereifen mit grobem Profil, 17-Zoll-Leichtmetallfelgen, einen elektrisch ausklinkenden Querstabilisator, eine elektronisch bedarfsgesteuerte Abschaltung der Stabilitätskontrolle, erfreute im Interieur aber auch mit dem Infinity-Soundsystem mit sieben Lautsprechern.

Die drei Monate nach dem neuen Wrangler in New York debütierende viertürige Unlimited-Version der JK-Generation sollte sich als wahrer Glückstreffer erweisen und verlieh der klassischen Baureihe neuen Schub. Um Platz für die beiden zusätzlichen Türen und einen entsprechend vergrößerten Fondraum zu schaffen, hatten die Entwickler den Radstand des normalen Wrangler um satte 523 mm verlängert. Aufgrund dieses Zuschnitts bot das Modell eine Fülle neuer Einsatzmöglichkeiten und eroberte ganz neue Kundenkreise, wie etwa größere Familien, für die der Kauf eines Jeep Wrangler bisher kein Thema war. Hinzu kam, dass der Unlimited seinerzeit das weltweit einzige viertürige Cabriolet war, das produziert wurde. Das Modell war mit den gleichen Motor-, Getriebe- und Antriebsoptionen erhältlich wie ein kurzer Wrangler JK – mit einer Ausnahme: In den Ausstattungsversionen »X« und »Sahara« war der Unlimited auf seinem Heimmarkt auch nur mit Heckantrieb zu bekommen. Diese Option wurde aber mangels Nachfrage mit Beginn des Modelljahrs 2011 aus dem Programm gestrichen.

Aufgrund der größeren Publikumsreichweite des Viertürers machte man für den Unlimited eine größere Zahl von modernen Sonderausstattungen verfügbar als sie für jedes frühere Wrangler-Modell zu bekommen waren. Dazu zählten beispielsweise direkt am Sitz montierte Seitenairbags, Keyless-Entry-Funktion mit Fernbedienung oder das Festplatten-basierte MyGig-Entertainment-System, das die Speicherung von MP3-Musikdateien und Bildern ermöglichte und sogar ein auf den US-Markt beschränktes Satellitenradio umfasste.

Vor allem dank der neuen Unlimited-Version waren zumindest die Verkaufszahlen der Jeep-Modellpalette insgesamt sehr zufriedenstellend. Allein wegen des Viertürers schoss der Absatz der Wrangler-Baureihe um über 60 % nach oben. Ähnlich Positives konnte man von den Fahrzeugen der anderen Chrysler-Marken beileibe nicht behaupten. Es stand zu erwarten, dass auch das Geschäftsjahr 2006 von Seiten Chryslers mit einem heftigen Verlust enden würde. Insofern war das weitere Schicksal der DaimlerChrysler AG weniger prognostizierbar denn je.

2007
Ende mit Schrecken

Nicht nur die Chrysler-Seite, sondern das komplette Unternehmen befand sich in einer tiefen Krise. Diese konnte nicht allein dem US-amerikanischen Partner zugeschrieben werden, auch in Stuttgart hatte man unter Jürgen Schrempp seine Hausaufgaben mit Blick auf Mercedes-Benz sowohl im Pkw- wie im Lkw-Bereich nicht in erforderlicher Weise gemacht – ganz abgesehen davon, dass die nun durchweg als misslungen betrachtete Fusion mit dem Partner in Übersee nicht zuletzt durch tiefgreifende Managementfehler auf deutscher Seite hervorgerufen worden war. Der Druck von Aktionärsseite, endlich Konsequenzen zu ziehen, war inzwischen immens geworden: Um zig Milliarden Euro war der Börsenwert der DaimlerChrysler AG über die letzten Jahre gesunken. Um gegenzusteuern, hatte der neue Konzernlenker Dieter Zetsche bereits kurz nach seinem Amtsantritt die zuvor beschlossenen Sparmaßnahmen in Form eines weiteren Stellenabbaus in Produktion und Verwaltung noch einmal intensivieren müssen. Aber Beobachter und Analysten sprachen immer häufiger offen aus, was intern wohl schon eine Zeit lang hinter vorgehaltener Hand diskutiert wurde: die Notwendigkeit einer umfassenden Restrukturierung des Gesamtunternehmens – im Klartext: der Verkauf der Chrysler Group.

Im Februar bestätigten sich solche Spekulationen, als erstmals entsprechende Statements aus dem Unternehmen in die Öffentlichkeit drangen. Und dann ging alles ganz schnell: Nachdem einige potenzielle Investoren auf den Plan getreten waren, wurde bereits Mitte Mai bekanntgegeben, dass Cerberus Capital Management, ein US-amerikanisches Private Equity-Unternehmen, für 7,4 Milliarden Dollar einen Aktienanteil von 80,1 % an der Chrysler Group erworben und zugleich alle Pensionsverpflichtungen übernommen hatte. Die ab August neu konstituierte Daimler AG hielt vorerst weiterhin die restlichen 19,9 %. Mit neuem Geschäftsführer und in Chrysler Holding LLC umbenannt, war das Unternehmen aus Auburn Hills nun wieder auf sich allein gestellt.

KAPITEL 9

Tod und Wiederauferstehung – 2007 bis 2013

2007
Sprung ins Ungewisse

Nach dem Walk out der Deutschen fühlte man sich in Auburn Hills einerseits von einer bleischweren Last befreit, andererseits machte man sich wieder ernste Sorgen, welche Ziele nun der neue Eigentümer verfolgte. Klar war, dass eine branchenfremde Kapitalbeteiligungsgesellschaft ihre Zukunft nicht plötzlich in der Herstellung von Automobilen sah, sondern ausschließlich an der Erzielung möglichst hoher Renditen für ihre Investoren interessiert war. Wie das unter den gegebenen Bedingungen realisiert werden sollte, blieb den meisten Betrachtern der Szenerie schleierhaft.

In der Jeep-Sparte, die für sich betrachtet in jeder Beziehung gut aufgestellt und wirtschaftlich gesund war, schritt man währenddessen optimistisch voran. Auf der New York International Auto Show debütierte im April die nächste Generation des Liberty/Cherokee-Baureihe mit der Bezeichnung KK. Optisch wandte man sich wieder einer kantigeren, maskulineren Designsprache zu, und technisch kam es zu einer klareren Abgrenzung gegenüber den inzwischen eingeführten Vierzylinder-Einsteigermodellen Compass und Patriot. So war der neue Liberty/Cherokee nur noch mit dem bisher schon angebotenen 3,7-Liter-V6 lieferbar. Die recht erfolgreich vermarktete Diesel-Version wurde eingestellt, da der 2,8-Liter-CRD-Motor von VM die neuen US-Abgasnormen nicht erfüllte. Gekoppelt wurde der Sechszylinder wie bisher mit einem mechanischen 6-Gang- oder einem vierstufigen Automatikgetriebe. Als Antriebsysteme standen normaler Heckantrieb, der zuschaltbare »Command-Trac«- oder als State-of-the Art-Ausstattung der permanente Allradantrieb »Selec-Trac II« zur Wahl. Weiterhin zählten neben der elektronischen Stabilitätskontrolle mit Wankstabilisierung, der Traktionskontrolle erstmals auch ein Bremsassistent sowie Seitenairbags zum Serienumfang. Auch das Fahrwerk der neuen Liberty/Cherokee-Modelle präsentierte sich überarbeitet.

Zur Mitte des Jahres erfolgenden Markteinführung standen die beiden Versionen »Sport« und »Limited« bereit. Schon die als Basisausführung fungierende Ausstattung »Sport« war vergleichsweise gut dotiert und glänzte beispielsweise mit Merkmalen wie Klimaanlage, Stereoradio mit CD/MP3-Player und vier Lautsprechern, 16-Zoll-Leichtmetallfelgen, elektrischen

Optisch bedeutete die Einführung der rundum aktualisierten Liberty/ Cherokee-Generation KK einen klaren Fortschritt.

An den Offroadfähigkeiten des neuen Modells kamen niemals Zweifel auf, für den Straßenbetrieb hielt moderne Regelelektronik Einzug.

Das optionale »Sky-Slider«-Faltschiebedach bot viel Frischluft und war im Wettbewerbsumfeld eine singuläre Erscheinung.

Die Grand Cherokee-Modelle des Jahrgang 2008 gingen unter anderem mit leicht modifizierter Frontgestaltung an den Start.

Fensterhebern, Zentralverriegelung mit Keyless-Entry-Funktion sowie geteilt umklappbarer Rückbank. Ein Highlight der Optionenliste war das 1500 x 760 mm messende »Sky-Slider«-Faltschiebedach, das sich über Vorder- und Rücksitze öffnen und ein in der Fahrzeugklasse bisher unbekanntes Open-Air-Feeling entstehen ließ. Wie üblich war »Limited« die gehobene Ausstattungsstufe und wartete zusätzlich unter anderem mit Automatikgetriebe, einer Zwei-Zonen-Klimaanlage, einer Freisprecheinrichtung für Bluetooth-Telefone, einem Soundsystem mit sechs Lautsprechern, Multifunktions-Lederlenkrad, elektrisch verstellbarem Fahrersitz sowie 17-Zoll-Leichtmetallfelgen auf.

Rechtzeitig zum neuen Modelljahr zeigte sich auch der Grand Cherokee deutlich modellgepflegt. Optisch sorgten eine retuschierte Frontpartie mit Xenonscheinwerfern sowie neue Rad-/Reifen-Kombinationen für Frische. Im Interieur gab es unter anderem modernisierte Infotainment-Systeme mit Touchscreen-Bedienung – auf Wunsch auch für Fondpassagiere –, ein neues Lenkrad, ein überarbeitetes Kombiinstrument sowie neue Bezugsmaterialien für Sitze und Innenverkleidungen. Markant war auch die hochdosierte Leistungsspritze für den 4,7-Liter-»PowerTech«-V8. Das Triebwerk gab nun 305 PS/224 kW ab, satte 70 PS/51 kW mehr als zuvor.

Als höchste Ausstattungsstufe bereicherte die »Overland«-Linie das Programm der Commander-Modelle.

Ein Ort zum Wohlfühlen: Echtholz-Zierteile und vornehme Bezugsmaterialien waren Kennzeichen der Top-Ausstattung.

Nichts Wesentliches tat sich hingegen bei den Baureihen Compass, Patriot und Commander – mit einer Ausnahme: Letzterer war nun auch in der Highend-Ausstattung »Overland« verfügbar, zu der ein Kühlergrilleinsatz aus Drahtgeflecht, der HEMI-V8, ein Stereoradio mit 6-fach-CD-Wechsler und Navigationssystem, Sitze in Leder-/Wildledermix mit gestickten Overland-Logos, Handbremshebel und Türgriffe mit Lederbezug sowie das »Command-View«-Doppelschiebedach gehörte.

Bei aller frischen Motivation des Chrysler-Managements: Etwas, mit dem niemand gerechnet hatte, verhinderte nicht nur den erfolgreichen Neustart, sondern rief in Auburn Hills stattdessen böse Erinnerungen an die Situation Ende der 1970er-Jahre wach. Die sich ab Herbst des Jahres entfaltende Weltfinanzkrise sollte das Unternehmen wieder an den Abgrund bringen.

2008
Kein Land in Sicht

Vor allem in den USA machte sich die Finanzkrise, als deren wichtigste Ursache später die als »Immobilienblase« bekannt gewordene, unter anderem durch mangelnde Marktregulierung und eine Niedrigzinspolitik verursachte Überhitzung des US-Immobilienmarkts identifiziert wurde, immer stärker bemerkbar. Kulminationspunkt war im September die Insolvenz der Großbank Lehman Brothers, die Befürchtungen über einen Zusammenbruch des globalen Finanzsystems mit allen nur denkbaren katastrophalen Auswirkungen schürte. Als Konsequenz dieser Entwicklungen kam es branchenübergreifend zunächst in den USA zu einer Wirtschaftsrezession und der höchsten Arbeitslosenquote seit Ende der 1960er-Jahre. In der Folge wurden auch alle anderen im globalen Finanzsystem verflochtenen Länder von der Krise betroffen. Unter diesen Umständen gab es für Chrysler keinerlei Chance, den Neustart positiv zu gestalten – ganz im Gegenteil: Die Ironie des Schicksals wollte es, dass das in einem Umstrukturierungsprozess befindliche Unternehmen noch stärker als alle Wettbewerber auf dem heimischen Markt unter der entstandenen Situation litt.

Für eine echte Weiterentwicklung des Fahrzeugprogramms fehlten nun an allen Ecken und Enden die Mittel. Bei Jeep tat man sein Möglichstes und machte bei der Grand Cherokee-Baureihe die ohnehin schon weit oben angesiedelte »Limited«-Ausstattung zu einer noch höher spezifizierten »S Limited«-Ausstattung, eine Version, die es bislang nur für europäische Märkte gegeben hatte. Dies geschah zum Beispiel mithilfe des serienmäßigen HEMI-V8, speziell gestalteter Leichtmetallräder und von »S«-Emblemen an beiden Vordertüren. Im Interieur kamen noch Sitzbezüge aus einem Mix von perforiertem Leder und Wildleder sowie ein

Navigationssystem dazu. Apropos HEMI: Um den Respektabstand zum im Vorjahr erstarkten 4,7-Liter-Triebwerk nicht zu sehr schrumpfen zu lassen, wurde das 5,7 Liter große HEMI-Aggregat nun auf 360 PS/265 kW justiert, 25 PS/18 kW mehr als bisher. Am unteren Ende des Leistungsspektrums nahm man den von Mercedes-Benz stammenden, bisher optional erhältlichen 3-Liter-Diesel-V6 aus dem Programm.

An den vorderen Türen verwies dieses Logo auf die neue Spitzenausstattung bei der Grand Cherokee-Modellfamilie.

Die Fahrzeuge der Wrangler-Baureihe bekamen serienmäßig einen Berganfahrassistenten sowie eine »Trailer Sway Control« genannte Überwachungselektronik spendiert, die das serienmäßige ESP aktivierte, wenn es zu potenziell gefährlichen Pendelbewegungen im Anhängerbetrieb kam. Neu ins Programm aufgenommen wurde auch das schon von anderen Baureihen bekannte Sondermodell namens »Rocky Mountain Edition«, das als Spezialausgabe der »X«-Ausstattung fette Offroadbereifung auf 17-Zoll-Felgen, schwarze seitliche Schutzrohre an der Karosserieunterkante, in Wagenfarbe gehaltene Kotflügelverbreiterungen sowie innen einen 6-fach-CD-Wechsler aufwies.

Während die Baureihen Liberty/Cherokee und Commander nahezu unberührt blieben, versuchte man die relativ preisgünstigen Einsteigermodelle Compass und Patriot, von denen sich Letzterer bisher weit besser verkauft hatte, so attraktiv wie möglich zu halten. So nahm man durch mehr oder weniger komplett neugestaltete Interieurs und Armaturentafeln deutliche Aufwertungen vor, die durch diverse Maßnahmen zur Geräuschminderung ergänzt wurden.

Obwohl man die Möglichkeiten bis aufs Äußerste ausreizte, musste man bei Chrysler in diesem Krisenjahr an allen Fronten massive Absatzeinbrüche hinnehmen. Insgesamt verkaufte man rund 30 % weniger Fahrzeuge als im Jahr zuvor, und auch Jeep als traditioneller Stabilitätsanker des Unternehmens machte da keine Ausnahme. Angesichts der ohnehin schon prekären Lage der Chrysler Holding schwebte unter den gegebenen Umständen durchaus die Frage nach ihrer weiteren Existenz im Raum. Da von den neuen Eigentümern nichts zu erwarten war, blieb am Ende nur noch ein letzter Schritt: Mitte November bettelte das Unternehmen bei der US-Regierung unter Präsident Bush um staatliche Unterstützung, um eine Insolvenz zu vermeiden. Vier Wochen später wurden daraufhin 4 Milliarden Dollar als Stützungsmaßnahme unter der Bedingung bereitgestellt, dass umgehend ein tragfähiger Sanierungsplan erarbeitet würde.

Trotz leerer Kassen versuchte man bei Jeep, die Modellpflegemaßnahmen aufrechtzuerhalten – ein Resultat war der Grand Cherokee »Limited S«.

2009
Riskanter Balanceakt

Das Management in Auburn Hills realisierte schnell, dass Cerberus als Eigentümer der Chrysler Holding sich in der gegebenen Situation lieber früher als später vom im freien Fall befindlichen Unternehmen trennen würde und begab sich auf die Suche nach möglichen neuen Partnern. In der Folge fanden Gespräche mit der Fiat S.p.A. statt, deren Vorstandsvorsitzender

Sergio Marchionne, ein gewiefter Finanzmanager, die Potenziale eines Engagements bei Chrysler erkannte, obwohl auch die Kassen des Turiner Konzerns leer waren. Am 20. Januar gab Fiat schließlich bekannt, dass man eine Absichtserklärung unterzeichnet hätte, nach der man eine Firmenallianz gründen und sich zunächst mit 35 % an dem US-Unternehmen beteiligen wolle. Marchionne spielte nun auf Zeit und spekulierte darauf, so günstig und vorteilhaft wie nur möglich bei Chrysler einzusteigen, wo man dringend neue Kredite benötigte.

Ein wahrer Finanzmagier betrat die Bühne und gab Chrysler neue Hoffnung: Fiat-Vorstandschef Sergio Marchionne.

Diese stellte die US-Regierung unter dem neuen Präsidenten Barack Obama nur unter ebenso umfassenden wie harten Bedingungen in Aussicht. Chrysler musste nun unter allen Umständen drastische Einsparungen im eigenen Unternehmen herbeiführen und die Höhe seiner Verbindlichkeiten massiv reduzieren. Auf dem Verhandlungsweg konnte das Chrysler-Management sehr viel erreichen, aber letztlich nicht alles. So verzichtete die Daimler AG zum Beispiel auf die Rückzahlung gegebener Darlehen und nahm sich damit als Anteilseigner komplett aus dem Spiel. Aber in letzter Konsequenz scheiterten die Rettungsversuche an der mangelnden Bereitschaft von Banken und anderen Gläubigern, eine tragfähige Lösung für die ausstehenden 6,9 Milliarden Dollar zu finden, die Chrysler noch schuldig war. Am 30. April 2009, zwei Tage nach dem Daimler-Rückzug und einen nach dem Scheitern der Verhandlungen mit den Banken, erlebte man in Auburn Hills schließlich den D-Day des Unternehmens: Fast zur gleichen Zeit stellte die US-Regierung die Chrysler Holding LLC unter Gläubigerschutz und gab Fiat bekannt, dass man sich nun mit zunächst 20 % beteiligen wolle. Unverzüglich wurde in sämtlichen Produktionsstätten die Arbeit eingestellt.

Die mit der Fiat-Beteiligung angestrebte neue Eigentümerstruktur war absolut kreativ zu nennen und trug Marchionnes Handschrift: Als künftiger Mehrheitseigner des Unternehmens sollte dessen von der Gewerkschaft United Auto Workers getragener Pensionsfonds fungieren, der im Gegenzug auf 57 % seiner Ansprüche verzichtete, Fiat wiederum sollte seinen 20-%-Anteil im Austausch gegen einen gleichwertigen Technologietransfer bekommen – also ohne direkte finanzielle Leistungen. Die restlichen Anteile hielten der amerikanische und der

Daimler-Chef Zetsche verkündet das Unausweichliche: die Beendigung der gescheiterten DaimlerChrysler-Fusion. Für alle Beteiligten erwies sich dieser Schritt letztlich als zielführend.

Der erfolgreiche SRT-8 blieb mit seinem 6,1-Liter-HEMI-V8 bis zum Produktionsende der Grand Cherokee-Generation WK im Programm.

Sportlich-nüchtern gestaltet, präsentierte sich das übersichtliche Cockpit der High-Performance-Version SRT-8.

kanadische Staat als Darlehensgeber. Manche Gläubiger hielten diese Lösung für einen allzu cleveren Schachzug des Fiat-Vorstandsvorsitzenden und strengten hierüber eine Gerichtsentscheidung an. Jedoch genehmigte der Oberste Gerichtshof der USA dieses ungewöhnliche Verfahren, und am 10. Juni wurde der entsprechende Vertrag signiert. Chrysler firmierte fortan als Chrysler Group LLC und bekam einen neuen Chef: Sergio Marchionne. Dieser kündigte wenig später an, im November ein auf fünf Jahre angelegtes Konzept für eine neue Firmenallianz vorzustellen, das beiden Unternehmensteilen zu neuer gemein-

Besonders in der umfangreichen »Renegade«-Ausstattung bot der neue Liberty/Cherokee ein maskulines Erscheinungsbild.

In der Ausgestaltung des Fahrerplatzes blieben die Unterschiede zwischen Liberty/Cherokee und Grand Cherokee erstaunlich gering.

samer Stärke verhelfen sollte. Ende Juni startete schließlich auch wieder die Fahrzeugproduktion in allen Werken.

Marchionne, der als hoch kompetenter Mann der Zahlen, aber nicht eben als ausgewiesener Experte für Markenführung galt, hatte gleichwohl die Stärke von Jeep im Blick und plante, die Marke in Europa und vor allem auf dem allmählich aufstrebenden chinesischen Markt deutlich besser aufzustellen. Auch sah er in den Fahrzeugen der Einsteigerbaureihen Compass und Patriot Möglichkeiten, den versprochenen Technologietransfer zum beiderseitigen Vorteil mittelfristig konkret umzusetzen. Insgesamt jedoch ging er, trotz durchaus straffer Führung, die anvisierte vollständige Verschmelzung von Fiat und Chrysler mit sehr viel größerem Fingerspitzengefühl an als es zuvor das Daimler-Management getan hatte. Allerdings hieß es zunächst, die weiter ins Bodenlose fallenden Verkaufszahlen zu stabilisieren – und dabei auf ein Abflauen der grassierenden Wirtschaftskrise zu hoffen.

Im Spätsommer kam es bei der Grand Cherokee WK-Baureihe, die sich dem Ende ihres Produktionszyklus näherte, zu einer Straffung des Programms: Der 4,7-Liter-V8 wurde ebenso komplett gestrichen wie die Top-Ausstattungen »Overland« und »S Limited« sowie die »Rocky Mountain Edition«. Antriebseitig verblieben nur noch der bekannte V6, der 5,7-Liter-HEMI-V8 und dessen im SRT-8 eingesetzter Bruder mit 6,1 Liter Hubraum. Sowohl der V6 wie der 5,7-Liter-V8 waren für die noch zur Wahl stehenden Varianten »Laredo« und »Limited« verfügbar.

Bei den Wrangler-Modellen wurde ein leichter zu öffnendes Verdeck eingeführt, auch gab es Aktualisierungen bei den Infotainmentsystemen und weitere Detailmodifikationen. Die Liberty/Cherokee KK-Baureihe profitierte von der neuen »Renegade«-Ausstattungsversion, die umfangreiche Aufwertungen bereithielt. Sie umfasste beispielsweise den permanenten »Selec-Trac«-Allradantrieb, spezielle 16-Zoll-Leichtmetallfelgen mit All-Terrain-Reifen, eine Bluetooth-Freisprechanlage, eine Sprachsteuerung für das Telefon, exklusive Stoffsitzbezüge sowie ein Multifunktionslenkrad.

Die erst kurz zuvor überarbeiteten Einstiegsmodelle Compass und Patriot sowie die Baureihe Commander blieben quasi unberührt. Das Jahr brachte mit nur rund 337.000 verkauften Jeep-Modellen einen neuen absoluten Tiefpunkt. Aber es gab erste Anzeichen für ein Abflauen der weltweiten Wirtschaftskrise, was das neue Chrysler-Management wieder optimistischer in die Zukunft blicken ließ.

2010
Jeep auf gutem Weg

Mit der wachsenden Zuversicht, in näherer Zeit aus dem Gröbsten heraus zu sein, beschleunigten sich bei Jeep auch wieder die Modellpflegeaktivitäten – und gerieten fast schon zu einem Marathon. In der Wrangler-Baureihe erschienen mit der »Islander Edition« und der »Mountain Edition« gleich zwei Sondermodelle, die auf der Grundausstattung »Sport« basierten. Erstere wartete mit besonderen 17-Zoll-Leichtmetallfelgen und üppiger Bereifung, seitlichem Schwellerschutz, farblich akzentuiertem Interieur, Lederlenkrad, Gummifußmatten und den unvermeidlichen Dekorstickern auf. Die Fahrzeuge der »Mountain Edition« waren außerdem mit einem zusätzlichen Rückleuchtenschutz, schwarzer Tankklappe und innen einer Armaturentafel mit graphitfarbenen Zierelementen versehen. Die »Mountain Edition« war übrigens auch für die viertürige Unlimited-Variante des Wrangler lieferbar. Bei den bisherigen Ausstattungsversionen »Sahara« und »Rubicon« sorgten neu gestaltete Leichtmetallfelgen in 18 bzw. 17 Zoll für optische Frische.

Ende des Jahres kamen der Klassiker und sein viertüriger Bruder Unlimited in den Genuss einer optischen Auffrischung. Das Interieur wurde komplett neugestaltet und aufgewertet. Merkmale waren zum Beispiel ein neues Multifunktionslenkrad, ein verbessertes Fahrzeuginformationssystem, eine Sprachsteuerung für das Audiosystem inklusive Bluetooth-Audiostreaming, ein aktualisiertes Navigationssystem, neue Türverkleidungen,

Die »Islander«-Edition setzte auf der niedrigsten Ausstattungslinie »Sport« auf und war Teil einer neuen Sondermodell-Offensive.

Auch die sich zu Verkaufsschlagern entwickelnden Unlimited-4-Türer konnten in der »Mountain Edition« bestellt werden.

Ohne entsprechendes Dekorsticker-Set war ein Sondermodell in der Wrangler-Welt kaum denkbar.

neue Bezugsmaterialien für die nun elektrisch verstellbaren Sitze, umfassend optimierte Bedieneinheiten und verbesserte Geräuschdämmung. Zum Serienumfang gehörten jetzt auch eine elektronische Stabilitätskontrolle, ein Berganfahrassistent sowie elektrisch verstell- und heizbare Außenspiegel. Außerdem standen verschiedene umgestaltete Leichtmetallfelgen zur Wahl. Vorerst beibehalten wurde jedoch der bekannte Triebstrang aus »PowerTech«-V6 und 4-stufiger Automatik.

Darüber hinaus brachte man mit Blick auf den bald anstehenden 70. Geburtstag der Marke vorauseilend bereits ein

Mit neuer Frontgestaltung, deren Grundauslegung die Familienähnlichkeit betonte, gewann der Compass sichtbar an Statur.

Auch im Segment der Kompakt-SUV, dem der Compass angehörte, wurden die Infotainment-Displays zum Differenzierungsmerkmal.

Die Patriot-Baureihe hatte sich in einem wettbewerbsstarken Marktumfeld inzwischen einen festen Platz erkämpft.

»70th Anniversary Edition«-Modell auf den Markt, das die allmählich wiedererwachende Kauflust der Kunden weiter stimulieren sollte. Das noch einmal luxuriösere Ausstattungspaket basierte auf dem »Sahara«-Modell und war für die 2-türige Version und den 4-türigen Unlimited lieferbar. Zur Ausstattung gehörten unter anderem Ledersitze in Schwarz/Dark Olive mit perforierten Ledereinsätzen und kastanienbraunen Kontrastnähten und Paspeln, ein Lederlenkrad mit ebenfalls kastanienbraunen Akzenten, Fußmatten in Berberteppich-Optik, Einstiegsleisten aus gebürstetem Aluminium, Türarmlehne und Mittelkonsole ebenfalls im Farbton Dark Olive mit kastanienbraunen Akzenten, exklusive polierte 18-Zoll-Leichtmetallräder sowie diverse »70th Anniversary«-Plaketten an verschiedenen Stellen am und im Fahrzeug.

Für die als Einstieg in die Jeep-Welt dienenden Baureihen Compass und Patriot gab es auch wieder zahlreiche Neuerungen. Der im Verkauf deutlich seinem Schwestermodell hinterherhinkende Compass bekam eine stark überarbeitete Frontgestaltung, die ihm eine größere Familienähnlichkeit einbrachte und die zahlreichen Kritiker der bisherigen Optik besänftigte. Außerdem brachte ein modifiziertes Fahrwerk verbesserte Fahreigenschaften, und das attraktivere Interieur mit umfangreicherer Serienaus-

Im Jeep-Programm war die Position des Patriot, trotz seiner Offroad-Talente, nun aber durch den attraktiveren Compass gefährdet.

stattung sorgte für mehr Behaglichkeit. Für den Compass war jetzt in Verbindung mit dem »Freedom Drive II«-Allradantriebssystem ebenfalls ein Offroad-Paket erhältlich, das nun auch ihm zur »Trail Rated«-Qualifizierung verhalf, die bislang nur dem Patriot zuerkannt worden war, der übrigens auch von einigen Detailmodifikationen im Innen- und Außenbereich profitierte.

Außerdem wurde für beide Baureihen im Herbst eine Modellvariante namens »Latitude« eingeführt. Sie war als mittleres Ausstattungsniveau zwischen dem Basismodell »Sport« und der Spitzenausführung »Limited« angesiedelt und umfasste unter anderem Elemente wie 17-Zoll-Leichtmetallfelgen, Klimaanlage, Keyless-Entry, Lederlenkrad, elektrische Fensterheber und Zentralverriegelung. Während es damit auf dem US-Markt drei Ausstattungsvarianten gab, wurden auf den EU-Märkten, die unter dem neuen Chrysler-Chef Marchionne zunehmend an Bedeutung gewannen, deren vier angeboten: »Sport«, »Sport Plus«, »Limited« und als Top-of-the-Range eine »Overland«-Version. Neu war hier als Antriebsaggregat ein von Mercedes-Benz stammender 163 PS/122 kW starker 2,2-Liter-Common-Rail-Diesel, der den bisherigen 2-Liter-Pumpe-Düse-Diesel von Volkswagen ablöste.

Zu diesem Zeitpunkt war der große Jeep Commander bereits Geschichte: Nach nur rund fünf Jahren Marktpräsenz und auf ein Zehntel der ursprünglichen Zahlen geschrumpftem Fahrzeugabsatz hatte Marchionne das Modell, das in das Fullsize-Segment ausgreifen sollte, ohne ihm eigentlich anzugehören, aus dem Angebot entfernt.

Der Fokus lag nun vor allem auf der nächsten, nahezu vollständig neu entwickelten Generation des Grand Cherokee – intern WK2 genannt – die bereits im April des Vorjahres auf der New York International Auto Show ihre Weltpremiere gefeiert hatte und jetzt, gut ein Jahr später und nachdem die schlimmsten Turbulenzen um die Zukunft von Chrysler ausgestanden waren, endlich eingeführt wurde.

Die selbsttragende Karosserieaufbau des neuen Grand Cherokee – unbestritten das Leadermodell im Jeep-Portfolio – präsentierte sich in seiner Konstruktion wie auch optisch auf den neuesten Stand gebracht. Eine nachhaltig verbesserte Verwindungssteifigkeit sowie die stärkere Berücksichtigung aerodynamischer Gestaltungsprinzipien sorgten für optimierte Stabilität, Dauerhaltbarkeit, Sicherheit und Effizienz. Fahrwerkseitig markierte die neue Generation den Übergang zur Einzelradaufhängung rundum, was zu weiter verbessertem Straßen-Fahrverhalten führte. Auf Wunsch war auch eine höhenverstellbare Luftfederung mit Namen »Quadra-Lift« zu halten, die für Straßen- und Offroadbetrieb verschiedenste Einstellungen vorhielt. Als Reminiszenz an vergangene Tage durfte die im Grand Cherokee verwendete Plattform gelten, die eng verwandt war mit der des Mercedes-Benz ML der Baureihe W 166.

Die Commander-Baureihe war das erste Opfer der neuen, unter Sergio Marchionne eingeleiteten Modellpolitik.

Auf die WKII-Generation des Grand Cherokee setzte die neue Unternehmensleitung besonders große Hoffnungen.

Das Interieur des runderneuerten Grand Cherokee reflektierte aktuelle Tendenzen in der Designsprache, zeigte aber kaum individuelle Akzente.

Als Allradantriebssysteme standen je nach Motorisierung bzw. Ausstattungsniveau unverändert »Quadra-Trac I«, »Quadra-Trac II« und »Quadra-Drive II« zur Verfügung. Ergänzend kamen nun mit »Selec-Terrain« fünf vom Fahrer anwählbare Fahrprogramme hinzu, die die Abstimmungscharakteristik des Fahrzeugs je nach Einsatzprofil auf der Straße oder im Gelände modulierten.

Zum Teil neu war die für den Grand Cherokee WKII verfügbare Motorenauswahl. Sein Debüt gab ein neu und hochmodern konzipierter Aluminium-V6 mit gut 3,6 Liter Hubraum, der durchweg als Basismotorisierung diente. Das »Pentastar« getaufte Triebwerk mit Vierventil-Zylinderköpfen und je zwei obenliegenden Nockenwellen lieferte eine Höchstleistung von 286 PS/210 kW und ersetzte damit die bisherigen V6- und 4,7-Liter-V8-Aggregate der »PowerTech«-Motorenfamilie. Vorerst bildete der 5,7-Liter-HEMI-V8, der inzwischen mit einer Zylinderabschaltung ausgestattet worden war und nun 352 PS/259 kW bereitstellte, die stets gegen Aufpreis spezifizierbare Spitzenmotorisierung. Beide Triebwerke waren obligatorisch mit einem 5-Gang-Automatikgetriebe gekoppelt.

Zum Zeitpunkt des Marktstarts waren drei Ausstattungsvarianten lieferbar, zu denen es mitunter noch weitere optionale Packages gab. So war für das eher mager ausstaffierte Grundmodell »Laredo E« ein »Altitude«-Paket lieferbar, das schwarze 20-Zoll-Leichtmetallräder, Ledersitze mit Mikrofasereinsätzen, beheizbare Vordersitze, eine elektrische Heckklappe und andere Nettigkeiten beinhaltete. Darüber positioniert war der »Laredo X«, der unter anderem mit 18-Zoll-Leichtmetallrädern, Volllederausstattung, elektrisch verstell- und beheizbaren Vordersitzen, einem Infotainmentsystem mit Touchscreen-Bedienung, einem Alpine 500-Watt-Surround-Sound-Audiosystem mit neun Lautsprechern sowie Bluetooth-Funktion aufwartete. Der »Laredo X« konnte alternativ auch mit dem HEMI-V8 bestückt werden. Wie schon zuvor stellte die »Overland«-Ausstattung das Luxuspaket dar und enthielt beispielsweise Nappaleder-Sitze,

In eigener Regie entwickelt, bot die hochmoderne »Pentastar«-V6-Motorenfamilie von Chrysler langfristige Perspektiven für das Jeep-Programm.

ein Panorama-Schiebedach mit zwei Scheiben, ein Navigationssystem, 20-Zoll-Leichtmetallräder und Fahrassistenzsysteme wie einen adaptiven Tempomat und einen Totwinkelwarner. Mit dem Zusatzpaket »Summit« war die »Overland«-Ausstattung noch weiter zu individualisieren. Es beinhaltete unter anderem exklusive Farboptionen für das Interieur, ein mit nicht weniger als 19 Lautsprechern ausgestattetes, 825 Watt leistendes Surround-Sound-System von Harman Kardon, 20-Zoll-Leichtmetallräder in Chromoptik und andere Feinheiten. Die Wahl des HEMI-V8 als Antriebsaggregat musste allerdings extra bezahlt werden.

Auch für den Grand Cherokee brachte man aus Anlass des erst 2011 anstehenden 70. Geburtstags von Jeep bereits im laufenden Jahr ein Sondermodell mit Namen »70th Anniversary Edition« heraus. Es zeigte eine graphitfarbene Lackierung, polierte 20-Zoll-Leichtmetallräder mit grauen Farbakzenten sowie, teilweise analog zum entsprechenden Wrangler-Sondermodell, dunkelgrüne Ledersitze und Mittelkonsole mit braunen Kontrastziernähten, ein schwarzes Lederlenkrad sowie Fußmatten im Berberteppich-Stil.

In einem Jahr, vollgepackt mit zukunftsorientierten Aktivitäten, blieben auch die Fahrzeuge der Liberty/Cherokee-Baureihe nicht unbeachtet. Ähnlich wie bei anderen Jeep-Modellfamilien wurde

Mit dem »Altitude«-Package, das unter anderem mit schwarzen Farbakzenten spielte, wertete Jeep das Basismodell »Laredo E« auf.

Das modische schwarze Outfit der »Altitude«-Ausstattung stand für die Baureihen Grand Cherokee, Compass und Patriot zur Verfügung.

Dank des neuen Schwungs wurden schon vor der Zeit einige Modelle der »70th Anniversary Edition« lanciert, auch in der Liberty/Cherokee-Baureihe.

Etwas gewöhnungsbedürftig schien die bei manchen Jubiläumsmodellen gewählte silbern/grüne Farbkombination.

hier als Ergänzung das mittlere Ausstattungspaket »Latitude« eingeführt. Es erweiterte die Umfänge der »Sport«-Basismodelle unter anderem um verchromte 18-Zoll-Leichtmetallräder mit Ganzjahresreifen, einen Chrom-Kühlergrill, neue Stoffsitze, ein Multifunktionslenkrad, eine Bluetooth-Freisprecheinrichtung mit Audiostreaming-Funktion sowie eine Sprachsteuerung für das Telefon.

Zum Glück zeigte der enorme Kraftakt, der in diesem Jahr unter der neuen Führung vollführt worden war, positive Wirkungen. Beflügelt von einer aufgehellten Wirtschaftslage nicht nur in den USA, trug Jeep mit einem von rund 338.000 auf fast 420.000 Einheiten angestiegenen Verkaufsergebnis erheblich dazu bei, dass die Chrysler Group LLC erste erfolgreiche Schritte auf dem Weg aus der Existenzkrise tun konnte.

Auch die Patriot-Modelle waren in »70th Anniversary Edition«-Ausführung zu haben. Die weitere Zukunft der Baureihe war aber ungewiss.

Durch Merkmale wie etwa ein Multifunktionslenkrad blieb der Patriot weiterhin auf Augenhöhe mit der Konkurrenz im Kompakt-SUV-Segment.

2011
Zurück zu alter Stärke

Wie zuversichtlich und mit welchem Schwung man in Auburn Hills nun zu Werke ging, zeigte im April die New York International Auto Show. Dort standen alle Fahrzeugpremieren der Chrysler Group unter einem einzigen Motto: Power. Unter anderem debütierte die SRT-8-Version des neuen Grand Cherokee. Dessen HEMI-V8 war durch vergrößerte Bohrung und längeren Hub auf ein Volumen von 6417 cm^3 aufgestockt worden. Trotz einer auf 470 PS/350 kW erhöhten Motorleistung und einem auf 630 Nm angewachsenen Drehmomentmaximum gab Jeep dank optimierter Zylinderabschaltung eine Verbrauchsreduzierung um 13 % an. Ob dies realistisch war, blieb dahingestellt – jedenfalls machten die nun erzielbaren Fahrleistungen die High-Performance-Version zum schnellsten Grand Cherokee aller Zeiten und katapultierten ihn auf Augenhöhe mit dem zumeist aus Deutschland stammenden Wettbewerb. Als Höchstgeschwindigkeit standen über 250 km/h zu Buche, den Beschleunigungssprint auf 100 km/h absolvierte der mit einer 5G-TRONIC-Automatik von Mercedes-Benz ausgestattete SRT-8 in gerade mal 5,3 Sekunden. Einheimische Konkurrenten waren in diesem exklusiven Segment weit und breit nicht zu sehen.

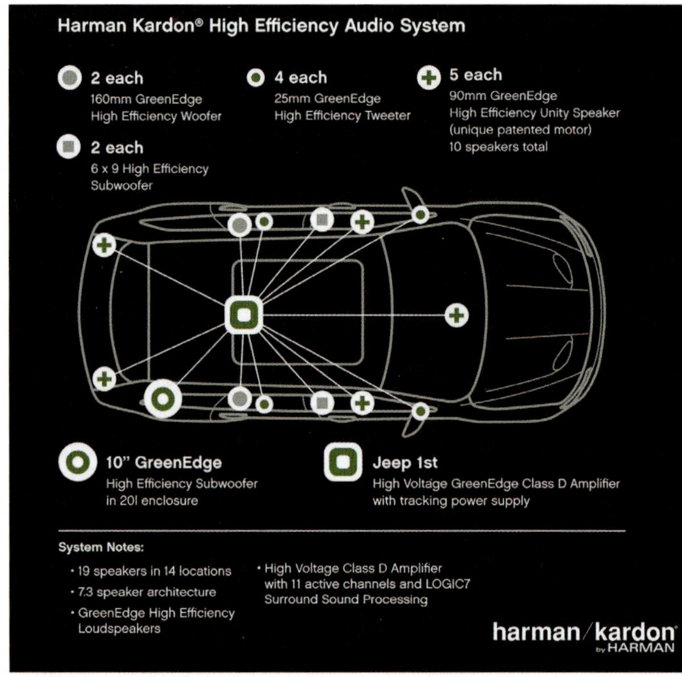

Beschallung der Extraklasse: Das Surround-Sound-System von Harman Kardon war Teil der »Overland Summit«-Ausstattung des Grand Cherokee.

Parallel zur Einführung der Hochleistungsversion im Juli wurde vor allem mit Blick auf europäische Märkte, wo besonders in der SUV-Gattung eine leistungsstarke Dieselmotorisierung bevorzugt wurde, ein von Fiat Powertrain Technologies und VM Motori

Mit nun gut 6,4 Liter Hubraum und 470 PS/350 kW forderte die neueste Version des SRT-8 die deutschen Power-SUV heraus.

Die in der Grundauslegung, nicht aber im Detail erkennbare »Lowtech«-Philosophie des HEMI-Triebwerks übte eine besondere Faszination aus.

Die »Mojave«-Modelle des Wrangler boten im Wesentlichen optische Reize. Auch auf den neuen V6 mussten die Käufer verzichten.

Das mechanische 6-Gang-Getriebe stammte aus den Regalen von Mercedes-Benz und konnte mit dem »Pentastar«-Motor kombiniert werden.

entwickelter 3-Liter-Turbodiesel-V6 mit Multijet-II-Einspritzung als Antriebsalternative ins Grand Cherokee-Programm aufgenommen. Das durchzugsstarke Triebwerk war entweder auf 190 PS/140 kW oder 241 PS/171 kW justiert und gelangte erst ab Februar 2013 auf den nordamerikanischen Markt.

Für die Wrangler-Baureihe war bereits im Frühjahr das Sondermodell »Mojave« präsentiert worden. Das mit dem Thema »Wüste« spielende Ausstattungspaket zeigte einen Mix aus Elementen der Linien »Sport«, auf der es basierte, »Sahara« und »Rubicon«. Kennzeichen waren ein farbcodiertes Hardtop und Kotflügelverbreiterungen, 17-Zoll-Leichtmetallfelgen mit Hochleistungs-Offroad-Bereifung sowie eine braune Lederausstattung mit geprägten Eidechsensymbolen. Als Motorisierung kam noch der bisherige »PowerTech«-Sechszylinder zum Einsatz. Dessen Tage im Wrangler waren aber gezählt, denn

Die Eidechse wurde zum optischen Motiv der »Mojave«-Modelle und fand sich auch im Interieur des Wrangler wieder.

Welch ein Unterschied zu früheren Zeiten: Der Innenraum präsentierte sich bedienungsfreundlich, komfortabel und auf bestmöglichem Sicherheitsniveau.

Quasi als Gegenpol zum »Mojave« fungierte der Wrangler »Arctic«, der aber schon den neuen V6 unter der Haube hatte.

ab Mitte des Jahres kam auch in allen Modellen der Traditionsbaureihe der moderne 3,6-Liter-»Pentastar«-Motor zum Einbau. Der damit verbundene Leistungssprung war dramatisch: Zur Verfügung standen nun 285 PS/210 kW, die entweder mittels eines 6-Gang-Schaltgetriebes oder einer 5-Gang-Automatik, beide von Mercedes-Benz stammend, an den »Command-Trac«-Triebstrang übertragen wurden. Erstmals war ein Jeep Wrangler nun in der Lage, in deutlich weniger als 10 Sekunden aus dem Stand auf 100 km/h zu beschleunigen – vor wenigen Jahren noch undenkbar.

Im November wurde mit dem Wrangler »Arctic« ein weiteres Sondermodell präsentiert. Es basierte auf der »Sahara«-Version und war an schwarzen 17-Zoll-Leichtmetallrädern, schwarzen Farbakzenten, diversem Zubehör aus dem MOPAR-Programm sowie Zierstickern und -emblemen mit Yeti-Motiven zu erkennen. Unter der Haube arbeitete schon der neue, mit einer Automatik kombinierte V6-Benziner. Insbesondere für europäische Exportmärkte war auch der seit dem Vorjahr auf 200 PS/147 kW erstarkte 2,8-Liter-Turbodiesel-Vierzylinder von VM lieferbar, der alternativ mit mechanischem 6-Gang-Getriebe oder ebenfalls einer 5-Gang-Automatik zu kombinieren war.

Auch für die Liberty/Cherokee-Baureihe wurde ein – allerdings etwas anders zugeschnittenes – Sondermodell namens »Arctic« angeboten.

Sprichwörtlich kühl und stilistisch mittlerweile nicht mehr auf der Höhe der Zeit wirkte das Interieur des Editionsmodells.

Spannend: Ein MOPAR-Kit verwandelte den Wrangler Unlimited in den zweisitzigen »JK-8 Independence«-Pickup. Ein Mehr an Individualisierung war für 5000 Dollar kaum vorstellbar.

Im Rahmen der »Altitude Edition« erhielt die »Sahara«-Version des Wrangler optisch attraktive Umfänge in Schwarz.

Zur Individualisierung der 4-türigen Wrangler Unlimited-Modelle wurde zudem eine »Altitude Edition« ins Programm aufgenommen. Das Paket war für die »Sahara«-Ausstattung zu bekommen und beschränkte sich bei vier lieferbaren Außenfarben auf optische Akzentsetzungen in Schwarz. Diese umfassten außen unter anderem das Jeep-Emblem am Kühlergrill, die Felgen, den Tankdeckel und Teile der Stoßfänger, während im Interieur Lüftungsschlitze, Türgriffe, Lenkradspeichen und Beifahrergriff davon betroffen waren. Einen Kontrast setzten rote Ziernähte. Das Hardtop der »Altitude«-Editionsmodelle war dabei jeweils in Wagenfarbe lackiert. Ebenfalls für den Wrangler Unlimited machte Jeep in diesem Jahr ein ungewöhnlich kreatives Sonderzubehör verfügbar: Ein von MOPAR entwickelter sogenannter »Independence Pick-up-Kit« verwandelte den 4-Türer in einen zweisitzigen Pickup namens »JK-8 Independence«. Der aufwendige Bausatz beinhaltete unter anderem eine 50 Zoll lange Stahlpritsche samt benachbarten Baugruppen, ein Glasfaser-Hardtop sowie eine Trennwand und konnte für rund 5000 Dollar inklusive Umbau erworben werden.

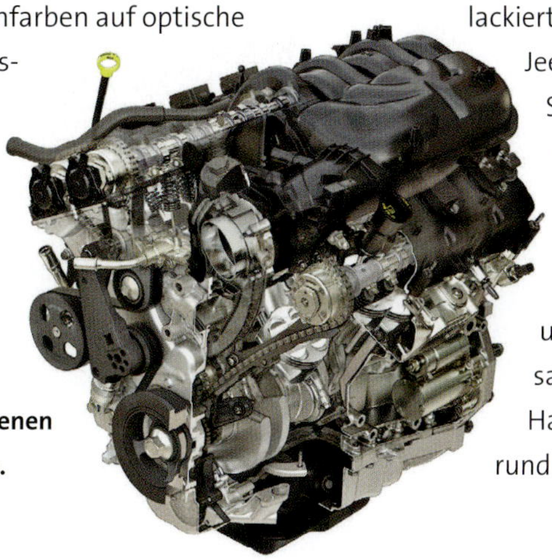

Ein kompaktes Stück zeitgemäßer Motorentechnik: Der »Pentastar«-V6 prägte die gehobenen Jeep-Baureihen ebenso wie die V8-Triebwerke.

Auch für die weniger populäre Liberty/Cherokee-Baureihe hielt Jeep in diesem Jahr weitere Aufwertungen bereit. Zum einen war für die »Sport«- und »Limited«-Modelle eine jeweils speziell zugeschnittene neue Zusatzausstattung namens »Jet Edition« erhältlich. Dabei gab es in der Ausführung »Sport Jet Edition« exklusive verchromte 20-Zoll-Leichtmetallräder mit 245/50-Ganzjahresreifen, elektrisch verstellbare Vordersitze, besondere Sitzverkleidungen und natürlich diverse »Jet Edition«-Embleme. Die »Limited Jet Edition« wartete zusätzlich mit beheizbaren Vordersitzen, Sitzbezügen in einem Materialmix aus Leder, Mikrofaser und perforiertem Veloursleder, einem per Touchscreen bedienbaren Infinity-Premium-Soundsystem mit acht Lautsprechern, dem »Sky-Slider«-Faltschiebedach und weiteren Goodies auf. Zum anderen gab es im eigentlichen Stichjahr des Jeep-

Die in unterschiedlichen Konfigurationen erhältliche »Jet Edition« sollte den Liberty/Cherokee-Modellen noch einmal Aufwind geben.

Die Fahrzeuge der Liberty/Cherokee KK-Generation standen als Vertreter der DaimlerChrysler-Ära zunehmend zur Disposition.

Geburtstags auch hier eine »70th Anniversary Edition«. Die Umfänge des Pakets erweiterten die »Limited«-Ausstattungslinie um exklusive Leichtmetallräder, Editionsembleme an den Vordertüren, elektrisch verstell- und beheizbare Vordersitze, eine Lederausstattung mit kontrastfarbenen Zierpaspeln sowie das Infinity-Soundsystem mit acht Lautsprechern, Subwoofer und Touchscreen-Bedienung.

Ebenfalls in diesem Jahr kamen die Vierzylindermodelle Compass und Patriot in den Genuss des Geburtstags-Sondermodells. Bei beiden basierte die »70th Anniversary Edition« auf der Version »Sport« und war ähnlich dotiert. Beim Compass gab es zusätzlich eine Klimaanlage, spezielle Ledersitze und Leichtmetallfelgen, ein Schiebedach, Seitenairbags, ein Boston Acoustics Soundsystem mit sieben Lautsprechern und gesondertem 368-Watt-Verstärker, elektrische Fensterheber, Zentralverriegelung inklusive Keyless-Entry-Funktion sowie eine Alarmanlage. Für den Patriot sah die Editionsausstattung darüber hinaus ein Lederlenkrad, beheizbare Vordersitze, ein Boston Acoustics Premium-Soundsystem mit neun Lautsprechern und Subwoofer sowie weitere Merkmale vor.

Die Palette der Jeep-Modelle stürmte in diesem Jahr geradezu die Absatzstatistiken der Chrysler Group. Mit über 590.000 weltweit verkauften Fahrzeugen konnte man tatsächlich fast schon an die eine Weile zurückliegenden Boomjahre anknüpfen.

2012
Lohn der Mühe

Das wahrhafte Neuheiten-Stakkato im Jeep-Programm flaute nach zwei unter Hochdruck absolvierten Jahren verständlicherweise etwas ab. Dennoch profitierten Wrangler und Wrangler Unlimited von einer Reihe weiterer Verbesserungen. Dazu gehörten beispielsweise neue, üppiger gepolsterte Sitze, neue Innenverkleidungen, eine Ambiente-Innenbeleuchtung und die optionale Verfügbarkeit eines Reifendrucküberwachungssystems. Beim 4-Türer gab es nun unter anderem ein einfacher handhabbares Hardtop. Für beide Wrangler-Varianten wurde auch eine neue Sonderedition eingeführt: Das Modell »Moab« – benannt nach einer Bergregion im Osten des US-Bundesstaats Utah, die

Die »Moab«-Modelle des 2- und 4-türigen Wrangler bewegten sich nicht nur optisch in Richtung der »Rubicon«-Ausstattung.

Innen profitierten sie von den weiter verbesserten und modernisierten Ausstattungsmerkmalen des 2012er-Jahrgangs, zum Beispiel neuen Sitzen.

auch ein Offroad-Hotspot der Jeep-Gemeinde ist – zeichnete sich durch umfangreiche optische Reize sowie eine stärkere Geländeorientierung aus und war zwischen den Ausstattungslinien »Sahara« und »Rubicon« positioniert. Zu den Umfängen gehörten eine formal retuschierte Motorhaube, Stahlstoßstangen vorne und hinten, diverse Schutz-Bleche an den Seitenschwellern, den Rückleuchten und unter dem Wagen sowie eine in Schwarz gehaltene Tankklappe. In technischer Hinsicht charakterisierten ein Hinterachs-Sperrdifferenzial sowie voluminöse Goodyear »Silent Armor«-Offroadreifen der Dimension 245/75 R 17 auf schwarz lackierten »Rubicon«-Felgen die »Moab«-Edition. Abgerundet wurde das Ausstattungspaket durch ein aus dem Pkw-Bereich stammendes Verdeckmaterial und ein in jeweiliger Wagenfarbe gehaltenes Hardtop.

Bei den Grand Cherokee-Modellen beschränkten sich die Modellpflegemaßnahmen zum einen auf eine weitere Auf-

Ob, wie hier, mit oder ohne »Moab«-Ausstattung: Der Unlimited hatte in seiner Art eine einzigartige Ausstrahlung.

In puncto Verkaufszahlen lief die 4-türige Wrangler-Variante dem klassischen 2-Türer inzwischen klar den Rang ab.

Das Bild täuscht: In der »Rubicon«-Ausführung hinkte der Unlimited in keiner Weise dem kurzen Modell hinterher...

wertung der Top-Ausführung »Overland Summit«, die nun unter anderem mit einem vorderen Parkassistenten, elektrisch einklappbaren Außenspiegeln und einer Scheinwerferwaschanlage versehen war. Dazu stand eine besonders edel ausgeführte Ledersitzausstattung in Schwarz oder Braun zur Wahl. Zum anderen bereicherte die neue »Trailhawk«-Linie das Programm, die den seit längerem immer stärker auf Straßenbetrieb fokussierten Grand Cherokee wieder ein wenig an die abseits befestigter Wege liegenden Jeep-Wurzeln heranführen sollte. Basierend auf der »Laredo X«-Linie wartete die »Trailhawk«-Ausstattung mit zusätzlichen Ledersitzen mit Mikrofasereinsätzen und in Dunkelgrau gehaltenen 18-Zoll-Leichtmetallfelgen auf. Die Offroadqualitäten wurden durch eine serienmäßige »Quadra-Lift«-Luftfederung, die »Selec-Terrain«-Fahrprogramme sowie Kevlar-verstärkte Spezialreifen für Straßen- und Geländeeinsatz unterstützt.

Ein geballtes Maß an technischem Know-how der Jeep-Entwickler steckte im Wrangler-Chassis.

Die »Overland Summit«-Ausstattung für den Grand Cherokee wurde 2012 ein weiteres Mal in ihren Umfängen erweitert.

Standardmäßig umfasste die Top-Ausstattung nun auch ein ungewöhnlich großformatiges elektrisches Glasschiebedach.

Ledertapezierung und Echtholz-Zierteile, wohin man schaute. Im Grand Cherokee »Overland Summit« fehlte es nicht an Behaglichkeit.

Während bei den Einstiegsmodellen Compass und Patriot nur neue Lackfarben und Detailmodifikationen einzogen, verließen die Fahrzeuge der Liberty-Baureihe KK, die auf Exportmärkten weiterhin den Namen Cherokee trugen, unwiderruflich im August das Parkett. Zwar waren die Verkaufszahlen nach einem nie mehr erreichten Hoch im Premierenjahr dauerhaft abgesunken, hatten sich aber – zuletzt auch wieder mit steigender Tendenz – insgesamt passabel gehalten. Über die Jahre war die Position der Baureihe durch Beschaffungsmaßnahmen von Behörden, zum Beispiel diverser Polizeiverwaltungen, gestärkt worden, und auch in Europa hatte es angesichts der dort herrschenden, harten Konkurrenz vergleichsweise ansehnliche Absatzzahlen gegeben. Insofern war das Ableben der Baureihe eine Überraschung – zumal es sehr früh geschah, denn ein Nachfolger, dessen Existenz unbestritten war, befand sich noch in der Entwicklung.

Auf die Verkaufsbilanz des Jahres 2012 wirkte sich der Wegfall einer ganzen Fahrzeugbaureihe aber noch nicht aus – ganz im Gegenteil: Nicht einmal drei Jahre nach dem Fast-Bankrott von Chrysler stellte die Jeep-Sparte mit fast 702.000 weltweit an Kunden ausgelieferten Fahrzeugen einen neuen absoluten Absatzrekord auf. Besonders erfreulich war, dass ein knappes Drittel davon auf Auslandsmärkten verkauft werden konnte. Die unter der Leitung von Sergio Marchionne eingeleitete stärkere Nutzung von Exportchancen trug also erste Früchte.

Obwohl noch kein Nachfolger zur Einführung bereitstand, mussten die Liberty/Cherokee-Modelle im Sommer abtreten.

2013
Die Legende kehrt zurück

Das Jahr war zum einen geprägt von sehr zielgerichteten Modellpflegemaßnahmen für die Baureihen Wrangler, Compass und Patriot sowie Grand Cherokee, zum anderen aber vom Fehlen eines Nachfolgers im Segment kompakter Midsize-SUV. Zwar wurde das neue Modell – auf allen Märkten nun wieder mit dem Namen Cherokee versehen – bereits Ende März auf der New York International Auto Show offiziell vorgestellt, aber der Verkaufsstart erfolgte erst im November. Allen Verantwortlichen war klar, dass damit die Jahresabsatzzahlen nach den jüngsten Erfolgsmel-

Auch innen wandten sich die Designer des neuen Cherokee wieder einer emotionaleren Formensprache zu.

Was die Exterieurgestaltung anbetraf, stand die Schaffung einer optischen Familienzugehörigkeit im Fokus – was fraglos auch gelang.

dungen wieder rückläufig sein würden, was weder die Unternehmensleitung noch die Vertriebspartner freudig stimmte. Immerhin: Die inzwischen fünfte Cherokee-Generation, die den Baureihencode KL erhielt, präsentierte sich als vielversprechende, fast komplette Neukonstruktion. Optisch brach sie radikal mit der Designsprache der vorangegangenen Liberty/Cherokee-Modelle und auch in technischer Hinsicht markierte sie einen Aufbruch zu neuen Ufern. Die Plattform stammte ursprünglich von Fiat und wurde seit 2010 zum Beispiel auch von der Alfa Romeo Giulietta benutzt, war aber in Kooperation mit Chrysler auf die Anforderungen im SUV-Segment abgestimmt worden. Im äußeren Erscheinungsbild lehnte sich der neue Cherokee stilistisch an seinen größeren Bruder an und schuf damit eine stärkere Familienähnlichkeit als bisher. Dem Zug der Zeit folgend, war die Karosserielinie des Neuen von einer stärkeren Rundlichkeit geprägt, die der Harmonie der Proportionierung und Linienführung aber in keiner Weise Abbruch tat.

Deutlich überarbeitet wurde der 2,4-Liter-Vierzylinder, der im Cherokee als Basismotorisierung fungierte. »Multiair« war übrigens ein Begriff aus dem Fiat-Orbit.

Motorseitig kam eine neue Generation der unter Federführung von Hyundai entwickelten »World Gasoline Engine«-Triebwerksfamilie zum Einsatz, die 2007 erstmals bei Chrysler-, Dodge- und Jeep-Fahrzeugen zum Einsatz gekommen war. Unter der Bezeichnung »Tigershark« wies die 2,4-Liter-Variante des Vierzylinders nur noch eine obenliegende Nockenwelle auf, war aber mit dem von Fiat adaptierten Multiair-II-System zur variablen Einlassventilsteuerung in Verbindung mit einer Benzindirekteinspritzung ausgestattet. Das Triebwerk lieferte 187 PS/138 kW bei einer durchaus sportlichen Nenndrehzahl von 6400/min. Alternativ war eine 3,2 Liter große überarbeitete Ausführung des bekannten »Pentastar«-V6 verfügbar, die stramme 275 PS/202 kW bereitstellte.

Während der neue Cherokee in der Basisversion nur über Frontantrieb verfügte, standen mit »Active Drive I«, »Active Drive II« und »Active Drive Lock« grundsätzlich drei Allradsysteme zur Wahl, die je nach Ausstattungsniveau optional oder serienmäßig verfügbar waren. Bei allen handelte es sich um Permanentsysteme, die keinen Fahrereingriff erfordern und durch die »Selec-Terrain«-Fahrprogramme ergänzt werden. Bei »Active Drive I« wird unter normalen Bedingungen das gesamte verfügbare Drehmoment an die Vorderräder weitergeleitet. Tauchen an der Hinterachse Drehzahlunterschiede, also Traktionsprobleme, auf, sendet eine sogenannte »Power Transfer Unit« (PTU) so viel Drehmoment an die Hinterachse, bis die Drehzahlen beider Achsen wieder ausgeglichen sind. Das System war im Wesentlichen auf Straßenbetrieb ausgelegt. »Active Drive II« hingegen war auch für – nicht allzu heftigen – Offroadeinsatz geeignet und in seiner Funktionalität um einen Geländemodus ergänzt. Dieser koppelt beide Achsen und verteilt das Drehmoment mithilfe einer kurzen Geländeübersetzung in der PTU. »Active Drive Lock« wiederum fungierte als echtes Offroad-Allradsystem, indem es einen sogenannten »Rock«-Modus mit sperrbarem Hinterachsdifferenzial in die »Selec-Terrain«-Fahrprogramme integriert.

Zum Zeitpunkt des Verkaufsstarts standen vier Ausstattungslinien für den Cherokee KL zur Wahl: Als Basisausführung fungierte die »Sport«-Version, zu deren Umfängen 17-Zoll-Stahlräder, ein Touchscreen-Radio mit sechs Lautsprechern, Stoffsitze sowie das 2,4-Liter-»Tigershark« Vierzylinder-Triebwerk samt 9-Gang-ZF-Automatik-

Weniger Hardware, mehr Elektronik: Nach dieser Losung war der Triebstrang des neuen Cherokee der KL-Generation konzipiert.

Zum Zeitpunkt des Marktstarts repräsentierte die »Latitude«-Linie das mittlere Ausstattungsniveau für den neuen Cherokee.

getriebe gehörte. Das »Sport«-Modell war in 4x2- oder 4x4-Version erhältlich. Darüber positioniert war die »Latitude«-Ausstattung, unter anderem mit Leichtmetallfelgen sowie farbcodierten Türgriffen und Seitenspiegeln. Auch sie war mit Front- oder Allradantrieb erhältlich. Als »Trailhawk« war der Cherokee stärker Offroad-orientiert unterwegs und folglich nur in 4x4-Ausführung lieferbar. Er bot zusätzlich unter anderem dunkel lackierte Leichtmetallfelgen, ein höherwertiges Touchscreen-Radio mit Notfallfunktion, Pannenhilfe und App-Einbindung sowie massive Zughaken zum Abschleppen eines festgefahrenen Fahrzeugs. Jeep erteilte dieser Version auch das begehrte »Trail Rated«-Siegel. Als Top-Ausstattung thronte wie üblich der »Limited« über dem

Auch für den neuen Cherokee wurde die Offroad-orientierte Ausstattungsvariante »Trailhawk« angeboten.

Modellprogramm. Er bot zusätzlich glanzgedrehte Leichtmetallfelgen, Ledersitze, vorne beheizt, ein per Touchscreen bedienbares Infotainmentsystem, ein Keyless-Go-System und vieles andere. Auch hier bestand die Wahl zwischen Front- und Allradantrieb.

Alle Ausstattungsniveaus waren grundsätzlich mit beiden Motoren kombinierbar, die Kraftübertragung oblag stets der 9-Gang-ZF-Automatik. Ähnliches galt für die Triebstränge, wobei lediglich das hoch spezifizierte »Active Drive II«-System, mit Ausnahme der ausschließlich in 4x4-Ausführung lieferbaren »Trailhawk«-Modelle, grundsätzlich eine aufpreispflichtige Sonderausstattung war. Im unmittelbaren Vorfeld der Markteinführung sorgten Probleme mit den extrem kompakt gebauten ZF-Getrieben für unerfreuliche Verzögerungen. Auch nach dem Verkaufsstart gab eine Zeit lang Schwierigkeiten mit der 9-Gang-Automatik, die zwar einen kleinen Schatten auf die ersten anderthalb Jahre des neuen Cherokee warfen, aber die Verkaufserfolge nicht gravierend beeinträchtigten. Die stärkere Einbeziehung von Exportmärkten in die Jeep-Produktplanung spiegelte übrigens die Ergänzung der Motorenplatte durch ein sparsames und drehmomentstarkes 2-Liter-Dieseltriebwerk aus der Multijet-

2013 feierte Jeep den 10. Geburtstag des Wrangler mit einem speziell gestalteten Sondermodell, dem »Rubicon X«.

Entsprechend ihrer Auslegung als Hardcore-Offroader waren die »Rubicon«-Modelle im Innenraum etwas nüchterner gehalten.

Nach wie vor konnte kein Großserien-Geländewagen dem Wrangler »Rubicon« abseits ausgetretener Pfade das Wasser reichen.

Familie von Fiat wider. Der 140 PS/103 kW starke Vierzylinder wurde – aus immer noch denselben Gründen – auf dem heimischen Markt nicht angeboten.

An den Fahrzeugen der Wrangler-Baureihe tat sich allgemein nur wenig. Es gab Kleinigkeiten wie nun transparente statt gelber Parkleuchten, eine Reihe neuer Karosseriefarben und für die »Sport«-Modelle ein Touchscreen-Radio mit Festplattenspeicher. Offroadmäßig nachgeschärft präsentierte sich dagegen das Sondermodell »Rubicon X«, das für die 2- und 4-türige Ausführung erhältlich war. Es verfügte unter anderem über die elektronisch sperrbaren Dana 44-Achsen vorne und hinten, das »Rock-Trac«-Antriebssystem mit einer extrem kurzen Geländeübersetzung für Vorder- und Hinterachse, ein »Tru-Lok«-Sperrdifferenzial, ein 6-Gang-Getriebe sowie BF Goodrich Geländereifen der Größe 255/75 R 17 auf mattschwarzen Aluminiumfelgen mit polierten Hörnern. Dazu kamen Offroad-Stahlstoßfänger in windentauglicher Ausführung, eine Power-Dome-Motorhaube mit zwei Ansaugöffnungen sowie diverse Schutz-Bleche. Innen musste man nicht auf beheizbare Ledersitze, spezielle Instrumente, manches Zubehör aus dem MOPAR-Programm und allerlei schmückende Staffage verzichten.

Die Einsteigermodelle Compass und Patriot wurden endlich das ungeliebte CVT-Getriebe los. Stattdessen übernahm nun eine herkömmliche 6-Gang-Automatik die Gangwechsel. Sie veränderte den Charakter der beiden Baureihen nachhaltig und sorgte für bessere Beschleunigung und geringeren Verbrauch. Nebenbei steigerte sie in Verbindung mit besserer Schalldämmung das generelle Komfortniveau. Optisch gab es nur leichte Retuschen.

Das Thema Kraftübertragung war auch ein Hauptthema der Modellpflege, in deren Genuss der Grand Cherokee im Herbst kam. Optisch beinhaltete die Überarbeitung eine neue Frontpartie mit modifiziertem Kühlergrill in Wagenfarbe, kleinere Scheinwerfer sowie neue Stoßfänger und Rückleuchten. Das

Befreit vom unseligen CVT-Getriebe, lebten die Kompaktmodelle Compass und Patriot geradezu wieder auf.

In der »Latitude«-Ausführung mit schwarzen Farbakzenten machte auch der nicht mehr taufrische Jeep Compass eine gute Figur.

Der Patriot war neben dem Compass das letzte Modell im Programm, dessen Wurzeln noch in der DaimlerChrysler-Ära lagen.

bisher zu öffnende Heckklappenfenster entfiel. Optische Reize bot eine Auswahl attraktiver Rad-/Reifen-Kombinationen in den Formaten 17, 18 und 20 Zoll. Gemäß entsprechender Kundennachfrage wurde die Motorenpalette für den nordamerikanischen Markt nun auch durch einen bisher nur für den Export vorgesehenen 3-Liter-Diesel-V6 von VM ergänzt, der 250 PS/184 kW produzierte. An sämtliche Antriebsaggregate war nun ein neues 8-Gang-Automatikgetriebe gekoppelt, das wieder von ZF zugeliefert wurde. Die »Selec-Terrain«-Fahrprogramme bekamen in diesem Zusammenhang mehrere Upgrades für heckgetriebene Grand Cherokee-Modelle.

Im Wesentlichen unverändert blieben die Ausstattungslinien: Zur Verfügung standen »Laredo«, »Limited« und »Overland«, wobei die bisherige Top-Version »Overland Summit« schlicht in »Summit« umbenannt wurde. Alle Grand Cherokees erhielten ein neues Lenkrad mit serienmäßigen Schaltwippen, ein 8,4-Zoll-

In der kleinen Welt der Power-SUV vermochte sich der Grand Cherokee SRT-8 gegen die übermächtig scheinenden Wettbewerber aus Deutschland durchaus zu profilieren.

Die Hochleistungsversion des Grand Cherokee wurde von SRT-8 in SRT umgetauft und verkaufte sich weiterhin prächtig.

Das Thema Sportlichkeit wurde im Innenraum mithilfe dunkler Farbtöne und dazu kontrastierender silberfarbener Zierteile interpretiert.

Touchscreen-Display mit verbesserter Navigation, aktualisierte Konnektivitätsfeatures sowie neue Außenfarben, hochwertigere Stoffe und Materialien im Interieur mit ebenfalls neuen Farbtönen. Als Besonderheit wurde dem exzellent verkäuflichen Hochleistungsmodell mit dem 6,4-Liter-HEMI-Motor ein Sonderstatus zuerkannt: Es hieß nicht mehr SRT-8, sondern nur noch SRT, bekam darüber hinaus den Rang einer herausgehobenen Submarke und wurde mit einigen optischen Differenzierungsmerkmalen an Exterieur und Interieur ausgestattet.

Wenn es nicht zu den Verzögerungen bei der Markteinführung des neuen Cherokee gekommen wäre, hätte angesichts der überzeugenden Modellpalette durchaus die Chance bestanden, sich auch 2013 den Absatzzahlen des Vorjahres zu nähern. Da nun aber eine Baureihe komplett fehlte, musste man in Auburn Hills wie auch bei der Händlerschaft diesbezüglich eine schmerzliche Einbuße hinnehmen. Es war aber nur eine Frage der Zeit, bis sich diese unglückliche Situation auflöste.

Das HEMI-Kraftpaket hatte mit obenliegenden Nockenwellen, zahllosen Ventilen und sonstigen Errungenschaften neuzeitlicher Motorentechnik nichts zu schaffen.

KAPITEL 10

Fiat Chrysler Automobiles: neue Herausforderungen – 2014 bis 2020

2014
Neue Perspektiven

Nachdem die von Sergio Marchionne konzipierte, höchst ungewöhnliche Eigentümerstruktur der Chrysler Group LLC seit viereinhalb Jahren genauso gut funktioniert hatte wie die operative italo-amerikanische Zusammenarbeit in Sachen Automobilbau, unternahm der stets ideenreiche Konzernlenker gleich zu Jahresbeginn den nächsten Schritt seiner industriellen Strategie. Vor allem dank der guten Verkäufe von Jeep und den seit 2009 als Submarke agierenden RAM Fullsize-Pickups sowie – nicht zu vergessen – dem seit 2007 angebotenen neuen Fiat 500 und allgemeinen Skaleneffekten war das Finanzpolster des Turiner Traditionsherstellers wieder einigermaßen dick. Zumindest so dick, dass Fiat am 21. Januar die restlichen Chrysler-Aktien, die sich nach wie vor im Besitz des von der United Auto Workers Gewerkschaft getragenen Pensionsfonds befanden, im Wert von 3,65 Milliarden Dollar erwerben konnte. Nur wenige Tage später wurde unter den neuen Rahmenbedingungen der Plan bekanntgegeben, Fiat und Chrysler zu fusionieren und unter das Dach einer neuen Holdinggesellschaft zu stellen. Der Name der Gesellschaft, die aus steuerrechtlichen Gründen ihren Sitz in Amsterdam hatte, operativ aber von einer Zentrale in London aus geleitet wurde, sollte Fiat Chrysler Automobiles N. V. sein. Mit der Mitte Dezember erfolgenden Umbenennung der Chrysler

Sergio Marchionne und John Elkann (Mitte) als Vertreter der Agnelli-Familie feiern in New York den Beginn des Börsenhandels der FCA-Aktie.

Als Weltauto sollte der neue Mini-SUV Renegade vermarktet werden. Ihm kamen die Erfahrungen von Fiat im Bau kleiner Fahrzeuge sehr zugute.

Auch beim jüngsten Sprössling der Jeep-Familie durften identitätsstiftende Insignien wie die typische Kühlergrillgestaltung nicht fehlen.

Group LLC in FCA US LLC endete dann die gesellschaftsrechtliche Existenz von Chrysler als Einzelunternehmen.

Die Restrukturierung zu FCA mündete im Fall von Jeep unmittelbar in einer weiteren Verbreiterung der Modellpalette, die, genau genommen, im Einsteigersegment eher zu noch größerer Unübersichtlichkeit führte. Zu den Zwillingen Compass und Patriot gesellte sich der in der Modellhierarchie noch darunter positionierte Jeep Renegade, ein Mini-SUV, der bezeichnenderweise nicht in Detroit oder New York, sondern im März auf dem Genfer Autosalon sein Debüt gab. Der Neue war ein fast durch und durch europäisch zugeschnittenes Fahrzeug, das sich den Jeep-Nimbus zunutze machte, um sich auf dem speziell in Europa boomenden Mini-SUV-Markt ein möglichst großes Stück vom Kuchen zu sichern. Die italienische Seite von FCA profitierte gleich mehrfach: Zum einen kannte man sich dort mit Kompaktfahrzeug-Konzepten bestens aus und konnte eine Fiat-eigene Plattform und ebenso zwei originär aus Turin stammende Motorenfamilien einbringen, zum anderen wurde der Renegade – neben anderen Standorten – auch in Italien gebaut und nutzte auf diese Weise bei Fiat brachliegende Fertigungskapazitäten. Damit stellte der Neue die erste Jeep-Baureihe aller Zeiten dar, die ausschließlich außerhalb der USA produziert wurde.

Optisch zeigte der Renegade eine erkennbare Familienähnlichkeit zu den größeren Modellen, wirkte aufgrund seiner kompakten Dimensionen aber weniger harmonisch, sondern mit hoher Dachlinie und Steilheck etwas kubisch. Ein im Konkurrenzvergleich eigener, unverwechselbarer Stil und eine gewisse sympathische Knuffigkeit im optischen Auftritt waren ihm aber keineswegs abzusprechen. Standardmäßig war der Renegade frontgetrieben, gegen Aufpreis standen aber die Allradsysteme »Active Drive I« und »Active Drive Low« bereit, beide kombiniert mit den »Selec-Terrain«-Fahrprogrammen. »Active Drive Low« ist ein gegenüber »Active Drive II« technisch abgerüstetes System, das zwar alle Funktionalitäten von »Active Drive I« umfasst, sich aber statt einer in der PTU vorgehaltenen Geländereduktion lediglich auf kürzere Achsübersetzungen in Verbindung mit einer speziellen Getriebesteuerung stützt, die die Wirkungsweise eines echten Geländegangs simuliert. Jenseits der USA war der 4x4-Antrieb optional für die drei spezifizierbaren Ausstattungslinien »Sport«, »Latitude« und »Limited« verfügbar. In der Heimat des Jeep wurde dagegen zusätzlich die »Trailhawk«-Version angeboten, die ausschließlich mit dem »Active Drive Low«-Allradsystem geliefert wurde und von Jeep sogar das »Trail Rated«-Siegel zugeteilt bekam.

Weit komplexer als das Angebot an Antriebsvarianten gestaltete sich die im Renegade zum Einsatz kommende Motorenpalette. Da der Mini-SUV als eine Art Weltauto konzipiert war, wurde im Lauf der Zeit eine Vielzahl je nach Markt und Wettbewerbsbedingungen differierender Antriebsaggregate eingesetzt. Nicht weniger als fünf Triebwerksfamilien, teils aus Fiat-, teils aus Chrysler-Beständen stammend, wurden herangezogen, vier davon Benziner und eine als Diesel, mit Hubräumen von 1,0 bis 2,4 Liter und einem Leistungsspektrum zwischen 120 PS/88 kW und 182 PS/134 kW. Aktuell addieren sich dazu noch zwei Plug-in-Hybriden mit Systemleistungen von 190 PS/140 kW bzw. 240 PS/177 kW.

Zur Einführung im Herbst war das Basismodell »Sport« je nach Markt mit einem 1,4-Liter-Turbobenziner oder dem überarbeiteten

Man konnte den neuen Renegade schick finden oder auch nicht – er besaß in jedem Fall einen eigenen Stil jenseits des Mainstreams.

In Europa hieß die »Latitude«-Ausstattung »Longitude« – Gott weiß, warum. Kennzeichen waren unter anderem die 17-Zoll-Felgen.

Armaturentafel und Innenausstattung des Renegade in »Limited«-Ausführung boten individuelle farbliche Akzente.

2,4-Liter-»Tigershark«-Triebwerk sowie zwei Fiat-Dieseln mit 1,6 und 2 Liter verfügbar, entweder in Kombination mit einem 6-Gang-Schaltgetriebe oder der 9-Gang-Automatik. Schwarze 16-Zoll-Stahlräder, ebenfalls schwarz lackierte Elemente wie Kühlergrill, Seitenspiegel und Türgriffe, ein Stereoradio mit modernen Schnittstellen und vier Lautsprechern, eine 2-Zonen-Klimaanlage, Stoffsitze, ein 3,5-Zoll-Display mit monochromatischer Anzeige sowie eine Keyless-Entry-Funktion gehörten zur Grundausstattung. Das mittlere Ausstattungsniveau »Latitude« präsentierte sich um 17-Zoll-Leichtmetallfelgen, Außenspiegel und Türgriffe in Wagenfarbe, ein höher spezifiziertes Entertainmentsystem, elektrische Fensterheber und anderes mehr aufgewertet. Optional war für die »Latitude«-Version – die in Europa übrigens die Bezeichnung »Longitude« trug – und alle höher spezifizierten das manuell abnehm- oder elektrisch versenkbare Sonnendach »My Sky« erhältlich.

Während die »Altitude«-Version gegenüber dem »Latitude«-Modell lediglich einige weitere optische Akzente setzte, stellte die »Limited«-Linie wie üblich die Spitzenausstattung dar und wartete serienmäßig unter anderem mit dem 2,4-Liter-Triebwerk samt 9-Gang-Automatik, Ledersitzen, silberfarbenem Kühlergrill sowie verchromten Außenspiegeln und Türgriffen auf. Die nur auf ausgewählten Märkten angebotene »Trailhawk«-Version basierte auf dem »Latitude«-Modell, war mit dem 2,4-Liter-Benziner oder dem 2-Liter-Diesel ausgestattet und mit rot lackierten Abschlepphaken vorne und hinten, einem um 20 mm höhergelegten Offroad-Fahrwerk mit Unterschutz sowie einem besonders robust ausgeführten Interieur versehen. Die »Selec-Terrain«-Fahrprogramme waren um die Modi »Sand«, »Schlamm« und »Fels« erweitert.

Mit seiner Praxistauglichkeit und hervorragenden Fahreigenschaften im Alltagsbetrieb gelang dem Renegade ein vielversprechender Marktstart, bei dem zunächst Europa und Brasilien, wo der Wagen ebenfalls gefertigt wurde, im Mittelpunkt standen.

Das »My Sky«-Dach war auf Wunsch lieferbar und brachte viel Licht in das Passagierabteil des Renegade.

Die Frage war, ob es sich FCA zukünftig leisten konnte und wollte, in der Einsteigerklasse gleich drei Baureihen von ähnlichem Zuschnitt im Programm zu haben.

Während es für den neuen Cherokee in diesem Jahr nur kleinere Optimierungen wie eine Start-Stopp-Funktion, eine Rückfahrkamera und erste optionale Fahrassistenzpakete gab, wurde mit dem Wrangler »Rubicon Hard Rock Edition« die bisher geländetauglichste Version des Klassikers präsentiert. Sowohl für die 2- wie für die 4-türigen Modelle verfügbar, bot die Sonderausstattung alle hoch spezifizierten Offroad-Ausstattungselemente und zeigte neben dem mechanischen 6-Gang-Schaltgetriebe auch einen extrem kurz übersetzten Kriechgang für härtesten Geländeeinsatz. Der Grand Cherokee profitierte im Rahmen normaler Modellpflege und je nach Ausstattungslevel von neuen Holzzierteilen, hochwertigeren Bezugsmaterialien und weiteren Maßnahmen zur Geräuschreduzierung. Außerdem kam eine »Summit California Edition« auf den Markt, die außen und innen besondere optische Reize bot.

Nachhaltig unterstützt durch die neuen Modelle Cherokee und Renegade schossen die Jeep-Absatzzahlen in diesem Jahr durch die Decke: Allein in den USA verkaufte man fast 700.000 Fahrzeuge – und das war erst der Anfang.

2015
The sky is the limit

Nachdem das Jeep-Portfolio auf nunmehr sechs Baureihen angewachsen war, und vor dem Hintergrund eines alle Rekorde brechenden SUV-Markts, wuchs die Überzeugung in der Londoner FCA-Chefetage, dass, global betrachtet, vor allem Jeep das Pferd sei, auf das man zukünftig setzen müsse. Fiat mit seinen nur noch am Tropf hängenden einstigen Vorzeigemarken Alfa Romeo und Lancia bezog seine ganze verbliebene Lebenskraft aus dem Kleinwagen 500 samt dessen zahlreichen Derivaten und drohte, sich strategisch endgültig in eine Sackgasse zu manövrieren. Auch Chrysler führte mit seinem eigenen Pkw-Programm und einem US-Marktanteil von 1,8 % eher ein Schattendasein, das allenfalls durch die Dodge-Modelle Challenger und Charger aufgehellt wurde. Vor allem die auf dem heimischen Markt in erklecklichen Stückzahlen absetzbaren Fullsize-Pickups von RAM spülten neben dem Jeep-Programm

Eigentlich kaum vorstellbar: Mit der »Rubicon Hard Rock Edition« war noch eine weitere Steigerung der Geländefähigkeit möglich.

Ein ungewöhnlicher Materialmix aus hölzernen und metallischen Zierteilen charakterisierte die Innenausstattung des Grand Cherokee »Limited«.

Neue Ästhetik: Im italienischen Dämmerlicht wirkten die aufgewerteten Schmuckelemente der »Summit«-Ausstattung besonders glamourös.

noch bekömmliche Summen in die FCA-Kassen. Jeep kam also wieder die Rolle zu, die man während der vergangenen gut sieben Dekaden oft genug hatte spielen müssen: die der einzig wirklichen Cashcow im Mutterkonzern.

So tat man mit Blick auf die weltweite Wettbewerbssituation gut daran, die einzelnen Baureihen weiterhin sorgfältig und zielgerichtet zu pflegen und sie damit unverändert attraktiv zu halten. Für das laufende Jahr bedeutete dies, ungeachtet der wahren Novitätenflut aus den Vorjahren unablässig am Ball zu bleiben – dabei stand in Auburn Hills das Thema des sich allmählich abzeichnenden Strukturwandels in der globalen Automobilindustrie, trotz Jahre zurückliegender erster Aktivitäten in dieser Richtung, aber vorerst noch nicht wirklich oben auf der Agenda. Zunächst befasste man sich also mit Effizienzsteigerungen bei der Grand Cherokee-Motorenpalette. Der V6 lieferte nun 295 PS/217 kW statt bisher 290 PS/213 kW bei zugleich verringertem Benzinverbrauch. Beim ohnehin sehr sparsamen Renegade gab es dagegen aktualisierte Konnektivitätslösungen und neue Touchscreen-Entertainmentsysteme. Die Wrangler-Palette, stets der kultige Selbstläufer im Programm, wurde wieder einmal mit diversen Sondermodellen bedacht. Neu war die »Black Bear Edition«, basierend auf der aufgewerteten »Sport S«-Linie. Sie trat neben die aufgefrischten Lines »Freedom Edition« und »Sahara«, Letztere jetzt unter anderem mit neugestalteten Rädern und in Wagenfarbe gehaltenen Stoßstangen.

In diesem Jahr wirkte sich die FCA-Strategie der Stärkung des Jeep-Programms, auch vor dem Hintergrund einer zunehmenden Exportorientierung, erstmals deutlich sichtbar aus. Besonders der noch neue Renegade verkaufte sich in Europa und Brasilien ausgezeichnet und leistete einen wichtigen Beitrag zu einem neuen, geradezu sensationellen Absatzrekord: Neben den fast 930.000 Einheiten, die man allein in den USA ausliefern konnte, gelang es, noch rund 470.000 Jeeps auf Auslandsmärkten zu verkaufen – ein Resultat, von dem man nur wenige Jahre zuvor nicht einmal geträumt hatte und fraglos vor allem ein Verdienst des Chefstrategen Sergio Marchionne.

2016
Schärfung der Modellpalette

FCA nutzte im Frühjahr wiederum die New York International Auto Show als Plattform, um zwei bekannte Ausstattungslinien für den Jeep Grand Cherokee in aktualisierter Form zu präsentieren. Da herausragende Offroad-Kompetenz unverbrüchlicher Teil der Marken-DNA war, wurde zum einen auch für die größte Jeep-Baureihe wieder eine »Trailhawk«-Version vorgestellt. Diese war ab 2013 bereits einmal lieferbar gewesen, zeigte sich nun aber in Kombination mit der modernsten Antriebstechnik und optischen Akzenten in neuem Gewand. Zu den technischen Highlights gehörten das »Quadra-Drive II«-Allradsystem samt »Quadra-Lift«-Luftfederung, »Selec-Speed«-Steuerung und der

Die technisch und optisch herausgehobenen »Trailhawk«-Modelle – im Bild ein Cherokee – erwiesen sich auf breiter Front als Erfolg.

Auch der Grand Cherokee war nach längerer Pause wieder in einer optisch expressiven »Trailhawk«-Version zu bekommen.

Polierte 20-Zoll-Felgen und ein modifizierter Kühlergrill veredelten das äußere Erscheinungsbild des Grand Cherokee »Summit« weiter.

elektronischen Bergabfahrhilfe »Hill Descent Control«. Ein Kühlergrill mit sieben Schlitzen, rot lackierte vordere Abschlepphaken sowie 18-Zoll-Leichtmetallfelgen mit Kevlar-verstärkter Offroad-Bereifung waren die äußeren Merkmale der geländeorientierten Ausstattung. Im Interieur gab es ein hoch spezifiziertes Infotainmentsystem mit Touchscreen-Bedienung, rote Kontrastziernähte sowie Verkleidungs- und Zierteile in Schwarz und Dunkelgrau.

Zum anderen wurde die »Summit«-Linie neuerlich aufgewertet. Erkennungsmerkmale waren ein ebenfalls neugestalteter Frontgrill mit LED-Nebelscheinwerfern und neue, polierte 20-Zoll-Leichtmetallfelgen. Den Passagierkomfort erhöhten unter anderem ein spezielles Lederinterieur, umfassende Maßnahmen zur Geräuschdämmung, Lederbezug an Armaturenbrett und Türverkleidungen, ein mit Wildleder bezogener Dachhimmel, ein Harman Kardon Surround-Sound-System mit 19 Lautsprechern und 825 Watt Leistung sowie eine Reihe von Fahrassistenzsystemen. Abgerundet wurde die Modellpflege durch neue Lackfarben.

Wie es sich im Fünfjahresrhythmus eingebürgert hatte, präsentierte Jeep auch wieder Jubiläums-Sondermodelle zum

Neu ausgeführte Ledersitzbezüge und ein wildlederner Dachhimmel verströmten pure Oberklasse-Atmosphäre im Interieur.

75. Markengeburtstag. Beim Grand Cherokee umfasste das Paket am Exterieur neben einer besonderen Farbauswahl unter anderem eine neue Frontschürze, spezielle 18- oder optional 20-Zoll-Leichtmetallräder und vor allem bronzefarbene Kontrastakzente am modifizierten Kühlergrill, den Nebelscheinwerfereinfassungen

Gemäß dem bekannten 5-Jahres-Rhythmus wurde für alle Fahrzeuge der Modellpalette wieder eine Jubiläumsedition ausgerollt.

und der Dachreling. Innen gab es exklusive Sitze mit geprägten 75-Jahre-Jubiläumslogos und orangefarbenen Ziernähten. Darüber hinaus zeichnete sich die Editionsausstattung durch diverse Assistenzsysteme und das hochwertigste Infotainmentsystem aus. Zum im Herbst eingeläuteten neuen Modelljahr erhielten alle Grand Cherokee die retuschierte Wagenfront des Jubiläumsmodells mit anders gestalteten Scheinwerfern und neue Leichtmetallfelgen.

Bei den 2- und 4-türigen Wrangler-Modellen wurde eine Reihe von Detailoptimierungen in die Serie übernommen. Dazu gehörten neue Haupt- und Nebelscheinwerfer in LED-Technik, die, je nach Ausstattungsniveau, zum Standard gehörten. Außerdem wurde für die Modelle »Rubicon« und »Sport S« ein Schlechtwetterpaket angeboten, das Elemente wie spezielle Bereifung, eine elektrische Motor-Vorheizung aus dem MOPAR-Programm und heizbare Sitze enthielt.

Wichtigste Neuerung des Jahres war aber die – angesichts der dürftigen Verkaufszahlen der bisherigen Compass-Baureihe längst überfällige – Neusortierung des Einsteigersegments in die Jeep-Welt. Der Renegade hatte sich weltweit bestens als Basisbaureihe etabliert. Nun galt es, auf der Ebene der bisherigen, nicht gerade taufrischen Compass- und Patriot-Modelle für eine trennscharfe Neupositionierung zu sorgen. Die FCA-Produktplaner taten das einzig Richtige und entschieden sich dafür, einen komplett neu definierten Compass zu lancieren, der beide alten Modelle ersetzte und endlich für eine klare Struktur am unteren Ende des Jeep-Modellportfolios sorgte.

Ihr Debüt feierte die zweite Generation des Compass im Spätherbst des Jahres. Als technische Basis diente eine verlängerte Version der Renegade-Plattform. Der Karosserierohbau war konstruktiv noch stärker in Richtung passive Sicherheit ausgelegt und zu über 65 % aus hochfesten Stählen gefertigt. Im Unterschied zum alten Compass, dessen Erscheinungsbild kaum eine Familienähnlichkeit erkennen ließ, und zum Patriot, der optisch am alten Commander aus unseligen DaimlerChrysler-Zeiten ausgerichtet war, orientierte sich die Optik der neuen Compass-Generation an den größeren Brüdern Cherokee (KL) und Grand Cherokee (WKII). An Letzteren gemahnten die Kühlergrill-Gestaltung samt integrierten Scheinwerfern, vom Ersteren inspiriert waren einige Elemente am Heck. Wer nicht so genau hinschaute, konnte wegen der sehr verwandten Designsprache durchaus Probleme haben, den neuen Compass insbesondere vom Cherokee zu unterscheiden – zumal auch die Dimensionierung beider Modelle ähnlich war. Lediglich in

Die neue Compass-Generation strukturierte das untere Ende des Jeep-Programms endlich auf überzeugende Art.

der Länge verfügte der Cherokee über zusätzliche rund 20 Zentimeter, während die beiden Baureihen in den Breiten- und Höhenmaßen fast identisch waren.

Klar profiliert waren indes die bekannten Ausstattungslevel »Sport«, »Latitude«, »Limited« und »Trailhawk«, die von Beginn an zur Verfügung standen. Die ersten drei waren entweder mit Front- oder Allradantrieb erhältlich, das »Trailhawk«-Modell, wie auch in den anderen Baureihen üblich, nur in 4x4-Ausführung. Technisch wurde beim neuen Compass dabei auf die bewährten Systeme »Active Drive I« und »Active Drive Low« in Kombination mit den »Selec-Terrain«-Fahrprogrammen zurückgegriffen. Laut den Marketingverantwortlichen bei FCA avancierte der Compass damit zum geländetauglichsten Kompakt-SUV auf dem Markt.

Da der Neue, ähnlich wie der Renegade, als Weltauto konzipiert war, kam, je nach Markterfordernissen, eine ähnlich strukturierte, aber nicht ganz so komplexe Palette von Benzin- und Dieseltriebwerken zum Einsatz. Dabei handelte es sich jeweils um die bekannten Aggregate aus Fiat- und Chrysler-Quellen, die gegenüber dem Renegade im Wesentlichen auch mit den gleichen Leistungsstufen aufwarteten. Das Spektrum reichte bei den Benzinern vom 1,3-Liter-Turbo-Direkteinspritzer mit 130 PS/96 kW bis zum 2,4-Liter-»Tigershark«-Vierzylinder mit 182 PS/134 kW für den US-Markt, während es sich bei den Selbstzündern vom 1,6-Liter mit 120 PS/88 kW bis zum 2-Liter mit 170 PS/125 kW erstreckte. Die Kraftübertragung übernahmen entweder eine mechanische 6-Gang-Schaltbox oder die 9-stufige ZF-Automatik.

Gegenüber seinen Vorgängern zeigten sich Interieur und Armaturentafel wesentlich verbessert, sowohl in der Gestaltung wie in der Materialauswahl.

Bis auf seine etwas kompaktere Proportionierung glich der neue Compass seinem größeren Bruder Cherokee deutlich.

Mit dem neuen 2,4-Liter-Vierzylinder-Benziner, der rund 180 PS/132 kW bereitstellte, war der Compass souverän motorisiert.

Das zweiteilige »Command-View«-Panorama-Glasschiebedach stand auf der Optionenliste und war mit einem Sonnenschutzrollo versehen.

Mit Einführung der neuen Generation wurde die Produktion des Compass an den mexikanischen FCA-Standort in Toluca verlegt. Das Werk war mit neuester Fertigungstechnologie ausgestattet.

Im Rahmen der groß angelegten Neuorganisation des Produktionsnetzwerks zog die Wrangler-Fertigung ins Werk North Plant in Toledo um.

Von Toledo ins Werk Belvidere/Illinois wechselte die Fertigung des Cherokee. Hier standen höhere Kapazitäten zur Verfügung.

Zur weiteren Individualisierung der neuen Compass-Modelle stand, über die jeweiligen Ausstattungslinien hinaus, wie stets eine umfangreiche Sonderausstattungsliste bereit. Sie enthielt unter anderem verschiedene 18-Zoll-Leichtmetallfelgen, das »Command-View«-Panoramadach, LED-Frontscheinwerfer, Parksensoren, diverse Infotainmentsysteme mit Touchscreen-Bedienung, spezielle Audioanlagen mit bis zu 500 Watt leistendem Verstärker sowie moderne Assistenzsysteme wie ein Kollisionswarnsystem, ein Totwinkel-Assistent oder eine Rückfahrkamera.

Wesentlich bedeutsamer für die Zukunft von Jeep war aber die mit dem Start der zweiten Compass-Generation beginnende Neuordnung der Fertigungsinfrastruktur von FCA. Ziel der Maßnahmen war es, eine deutliche Effizienzsteigerung herbeizuführen, die sich sowohl auf die Kapazitäts- und Qualitätssteuerung wie auf die Wirtschaftlichkeit der Produktionsprozesse positiv auswirken sollte. Innerhalb des vorhandenen Netzwerks wurde die Fertigung der neuen Compass-Modelle für den nordamerikanischen Markt ins mexikanische Werk nach

Toluca verlegt. Am Standort Belvidere, im US-Bundesstaat Illinois, wo zuvor Compass und Patriot gebaut worden waren, zog nun die bisher in Toledo beheimatete Cherokee-Produktion ein, und die Wrangler-Fertigung wurde innerhalb von Toledo an den wesentlich größeren Standort North Plant verlegt. Weiterhin in Detroit verblieb vorerst die Fertigung des Grand Cherokee.

Auch ohne die Neuaufstellung der Standorte, die aus nachvollziehbaren Gründen nur sukzessive vorangetrieben werden konnte, lief die Produktionsmaschinerie auf höchsten Touren. Absolute Stückzahlkönige im Jeep-Programm waren der Cherokee und der Renegade mit weltweit zusammen rund 640.000 Einheiten, und auch der neue Compass versprach, in Zukunft einen kräftigen Beitrag zur Stabilität von FCA zu leisten.

2017
Sieg im PS-Rennen

Bereits im Februar schärfte Jeep das Offroadprofil des Wrangler: Mit der »Rubicon Recon Edition« kam ein in seinen Spezifikationen noch einmal aufgerüstetes Sondermodell auf den Markt. Kennzeichnend waren eine weiter verstärkte Vorderachse, besonders robuste Differenzialgehäuse vorne und hinten sowie ein widerstandsfähigerer Geländeschutz. Erhältlich war die »Recon Edition« sowohl für Wrangler wie für Wrangler Unlimited. Gleiches galt für die Wrangler »Chief Edition«, die mit hellblauer

Reminiszenz an vergangene Zeiten: Die für den Wrangler kreierte »Chief Edition« sollte optisch an die alten SJ-Cherokee »Chief« erinnern.

Die »Rubicon Recon«-Sondermodelle waren technisch noch einmal aufgerüstet und mehr denn je auf harten Geländeeinsatz vorbereitet.

In puncto Innenraumgestaltung entsprachen die »Recon«-Versionen weitestgehend den normalen »Rubicon«-Modellen.

Ein optisch eindrucksvoller Auftritt – auch wenn ein 2,5-Tonnen-SUV auf der Rennstrecke eher fehl am Platz ist: der Grand Cherokee »Trackhawk«.

Lackierung, weißem Hardtop, ebenfalls weißen Seitenzierstreifen und Leichtmetallfelgen in Retro-Optik ausschließlich optische Reize setzte und Reminiszenzen an die 2-türigen Cherokee »Chief«-Modelle der SJ-Generation wecken sollte.

Beim Grand Cherokee folgte im April mit der neuen Version »Trackhawk« der Gegenpol zur im vergangenen Jahr eingeführten, Offroad-orientierten »Trailhawk«-Ausstattung. Wie die Zusatzbezeichnung bereits nahelegte, handelte es sich um ein Hochleistungsmodell für das, was man »engagiertes Fahren« nennt... Unter der Haube bollerte der HEMI-V8 in der 6,2-Liter-Version, dem ein Kompressor nachhaltig auf die Sprünge half. Dieser sogenannte »HELLCAT«-Motor lieferte solide 717 PS/527 kW bei 6000/min sowie einen irrwitzigen Drehmomentbestwert von 881 Nm, die erst bei 4800/min anfielen. Damit distanzierte er langjährige Wettbewerber im kleinen Segment der High-Performance-SUV wie den Porsche Cayenne Turbo S oder den

Der grandiose »HELLCAT«-Kompressor-V8 zeigte der deutschen High-Performance-SUV-Fraktion klar die Grenzen auf.

Sportlich-edel war das Innenraum-Ambiente des »Trackhawk«-Modells gehalten – der richtige Ort, um Adrenalinschübe zu genießen.

Mercedes-Benz ML 63 AMG um 100 PS/74 kW und mehr. Die Kraftübertragung besorgte eine verstärkte 8-Gang-Automatik von ZF, und natürlich präsentierte sich auch das Fahrwerk mit einer modifizierten Abstimmung, einer Brembo-Bremsanlage, 20-Zoll-Felgen sowie 295/45-Bereifung diesem Leistungsvolumen angepasst. Während von außen die Frontschürze mit riesigem Lufteinlass für Aufmerksamkeit sorgte, gab es innen zahlreiche sportliche Accessoires mit Signalwirkung wie ein unten abgeflachtes Lenkrad mit Schaltpaddles, eine besonders hochwertige Lederausstattung und Zierteile in Carbon-Ausführung. Erwartet energisch ging der Kompressor-V8 zu Werke, wenn es um die erreichbaren Fahrleistungen ging. 100 km/h waren dank Allradantrieb aus dem Stand in 3,9 Sekunden erreicht, und als Spitze standen für den Zweieinhalbtonner satte 298 km/h zu Buche.

Jenseits dieser expressiven Highend-Variante kamen auch die landläufigen Modelle der Grand Cherokee-Palette in den Genuss einiger Modellpflegemaßnahmen. Zum Beispiel wurde das Infotainmentsystem mit seinen Konnektivitätsangeboten weiter

Der durchzugstarke »EcoDiesel«-V6 kehrte in den höher spezifizierten Grand Cherokee-Versionen wieder auf den nordamerikanischen Markt zurück.

aufgewertet, in den Ausstattungsversionen »Laredo« und »Laredo E« das Angebot an 17- und 18-Zoll-Leichtmetallfelgen modifiziert sowie neue Sitzbezugmaterialien aus Stoff eingeführt. Als Motoroption für die Modelle »Limited«, »Overland« und »Summit« kehrte außerdem der 3-Liter-V6-»EcoDiesel« mit 243 PS/179 kW auch auf den nordamerikanischen Markt zurück.

Käufergruppen, denen der Sinn nach anderem stand, sprach FCA im November auf der Los Angeles Auto Show mit der erstmals präsentierten neuesten Jeep Wrangler-Generation JL an. Natürlich machte der hohe Modernisierungsdruck in der Automobilindustrie auch vor einem Klassiker wie dem Wrangler nicht halt. In manchen optischen Belangen, etwa dem – nun aus aerodynamischen Gründen unabänderlichen – angeschrägten Kühlergrill mit sieben Schlitzen, erinnerte das neue Modell an die vorletzte Generation namens TJ. Technisch verließ der Neue aber

73 Jahre lagen zwischen dem Erscheinen des ersten zivilen Jeep CJ-2A und der neuen Wrangler-Generation JL.

Immer größere Kreativität der Entwickler war gefragt, um das hergebrachte Technikkonzept des Wrangler an die aktuellen Erfordernisse anzupassen.

Vergleichsweise leicht fiel die Modernisierung des Interieurs – hier ein »Rubicon«-Modell. Im Mittelpunkt standen Ergonomie und Designaspekte.

die bekannten Pfade nicht: Leiterrahmen und zwei Starrachsen blieben ebenso weiterhin aktuell wie die Allradsysteme »Command-Trac«, »Selec-Trac« und »Rock-Trac«.

Als Ausstattungsstufen waren zunächst »Sport«, »Sport S«, »Sahara« und »Rubicon« erhältlich. Die Grundausstattung »Sport« war wie immer sehr »basic« und wies Kurbelfenster, Stoffsitze und 17-zöllige Stahlräder auf, beim 2-Türer war sogar die Klimaanlage eine Option. Der »Sport S« zeigte immerhin Zentralverriegelung, elektrische Fensterheber, Klimaanlage, Keyless-Entry und 17-Zoll-Leichtmetallfelgen. Technisch wurde aber mit einer neuen Generation von Vorder- und Hinterachsen aufgerüstet. Die »Sahara«-Modelle waren die komfortabelste Option, wobei der besonders gut verkäufliche Viertürer noch mehr Ausstattungsluxus und optische Reize bot als der Zweitürer. Charakteristisch waren hier zum Beispiel 18-Zoll-Leichtmetallräder mit grauen Farbakzenten, farblich abgesetzte Kotflügelverbreiterungen, optionale LED-Frontscheinwerfer mit Tagfahrlicht und hochwertige Stoffsitze. Auf Wunsch ebenfalls verfügbar waren unter anderem Ledersitze in Kombination mit einer speziell vinylbezogenen Armaturentafel, die in ihrer Gestaltung an die des Grand Cherokee erinnerte. Auch das »Sahara«-Modell profitierte von den neuen Achsen und konnte auf Wunsch mit dem »Selec-Trac«-Verteilergetriebe ausgestattet werden.

Die »Rubicon«-Version hatte wie immer die leistungsfähigste Offroad-Ausstattung an Bord. Zum Serienumfang gehörten das bekannte »Rock-Trac«-Allradsystem mit überarbeitetem Verteilergetriebe sowie höher spezifizierte Achsen mit »Tru-Lok«-Sperren. Dazu gesellten sich fette Geländereifen auf grauen 17-Zoll-Leichtmetallfelgen, die bekannten Schutzrohre unter den Karosserieflanken, spezielle Geländekotflügel sowie hochwertige Stoffsitze. Zu den Optionen gehörten LED-Frontscheinwerfer mit Tagfahrlicht, polierte Leichtmetallräder mit schwarz lackierten Felgenbetten, besonders robuste Stahlstoßstangen, Ledersitze und farblich abgesetzte Kotflügelverbreiterungen. Die herausragende Offroad-Kompetenz insbesondere der »Rubicon«-Modelle unterstrichen eine Bodenfreiheit von 274 mm, eine Wattiefe von 760 mm sowie ein Böschungswinkel von 44 °.

Moderne Zeiten: Im neuen Wrangler arbeitete auf Wunsch auch ein ebenso effizienter wie leistungsstarker Vierzylinder-Turbobenziner.

Motorseitig hatte sich ebenfalls zum Teil Neues getan. Als Serienausstattung für alle Modelle kam zwar nach wie vor der unverändert 286 PS/210 kW starke 3,6-Liter-»Pentastar«-V6 zum Einsatz – entweder in Verbindung mit einem 6-Gang-Schaltgetriebe oder einer 8-Gang-Automatik –, aber als zeitgemäßere Benziner-Alternative stand ein 2-Liter-Turbo-Direkteinspritzer aus dem FCA Powertrain-Programm zur Wahl, der stramme 274 PS/202 kW bereitstellte und ausschließlich mit Automatik geliefert wurde. Für Europa dagegen war der neue Wrangler zunächst ausschließlich mit einem 2,2-Liter-Dieselvierzylinder mit 200 PS/147 kW zu bekommen, der wiederum auf dem nordamerikanischen Markt nicht angeboten wurde.

Grundsätzlich zielte die neue Wrangler-Generation auf mehr Komfort und weiter verbesserte Fahreigenschaften auf der Straße ab, jenem Terrain, auf dem die Fahrzeuge von ihren Besitzern ohnehin mit Abstand am häufigsten eingesetzt wurden. Ein Indiz dafür, dass man diese Stoßrichtung verfolgte, war die Kugelumlauflenkung mit elektrischer Servounterstützung. Aber auch die aus Gründen der passiven Sicherheit deutlich verlängerten Überhänge an Front und Heck wiesen in diese Richtung – wenngleich der branchenbestimmende Euro-NCAP-Crashtest hier keine publicityträchtigen Fortschritte zeigte. Besondere Aufmerksamkeit widmeten die Entwickler auch den Dachsystemen, deren Alltagstauglichkeit zum Teil verbesserungswürdig erschienen war. Bei den JL-Modellen, egal ob in 2- oder 4-türiger Ausführung, bestand nun die Wahl zwischen drei verschiedenen Dächern: dem »Freedom Top Hardtop«, dem »Sunrider Softtop« und dem »Sky One-Touch Power Top«.

Beim ersten handelte es sich um das bekannte dreiteilige Kunststoff-Hardtop, das sich aber neu konstruiert präsentierte, einfacher zu handhaben und gewichtsreduziert war. Es war in schwarz oder optional in Wagenfarbe zu haben. Das weiche »Sunrider«-Verdeck war die Standardausrüstung, bestand aus Segeltuchmaterial und war ebenfalls eine Neukonstruktion zum Zweck leichterer Bedienbarkeit. Überflüssig war nun die bisherige Fummelei mit Reißverschlüssen und Klettbändern. Stattdessen konnte man die Dachverriegelung lösen und das Dach einfach nach hinten klappen, wo es nach Cabriomanier hinter den Rücksitzen zu liegen kam und an seinem Platz arretiert werden konnte. Neben Schwarz stand als zusätzliche Farboption nun Hellbraun zur Verfügung. Ein Highlight und zugleich eine Premiere in der Wrangler-Welt war das neue »Sky One-Touch Power Top«, ein per Tastendruck aktivierbares elektrisches Faltschiebedach, das bis zu einem Tempo von knapp 100 km/h bedient werden konnte.

Drei Dachoptionen waren für die Modelle der JL-Generation lieferbar. Besonders vielseitig war das dreiteilige »Freedom Top«.

Was die Verkaufszahlen anging, hielt man sich bei Jeep auf hohem Niveau konstant. Zwar wurden etwas weniger Fahrzeuge als im Vorjahr ausgeliefert, aber mit knapp 1,4 Millionen Einheiten durfte man angesichts einer Modellpalette, die in keinem Segment Schwächen zeigte, vollauf zufrieden sein. Die neue Wrangler-Generation spielte dabei allerdings noch keine Rolle, da deren Markteinführung erst Anfang des Folgejahres startete. Bis dahin wurden die Fahrzeuge der bisherigen JK-Baureihe quasi unverändert

Der letzte seiner Generation: Als die neuen Wrangler schon angeboten wurden, kam der bisherige JK noch als »Golden Eagle«-Sondermodell heraus.

2018
Facelifts am laufenden Band

Um das Verkaufsmomentum nach Kräften zu stabilisieren, hielt man die Modernisierung der Modellpalette mit hoher Schlagzahl aufrecht. Am Anfang des Jahres stand zunächst die Markteinführung des neuen Wrangler JL, während sich flankierend dazu bereits eine erste größere Modellpflege für den Ende 2013 lancierten Cherokee KL abzeichnete. Die facegeliftete Version war schon im Januar auf der North American International Auto Show in Detroit zu bewundern. Optisch gab es nur Detailretuschen. So fiel der etwas modifizierte Kühlergrill auf, der nun größere Frontscheinwerfer mit LED-Tagfahrlicht beherbergte, in die auch die Blinker integriert waren. Die Gestaltung des Heckbereichs näherte sich weiter der am Compass an – was im Übrigen die Unterscheidbarkeit der beiden Baureihen nicht gerade förderte –, und es gab über alle Ausstattungslinien hinweg neu designte Leichtmetallräder.

Das Interieur wartete nun mit hochwertigeren Materialien für die Sitzbezüge und Innenverkleidungen sowie neuen Farbwelten

weitergebaut, während bereits die neuen JL-Modelle parallel dazu angeboten wurden. Letzter Vertreter der Wrangler JK war ein »Golden Eagle«-Sondermodell mit bronzefarbenen Akzenten, Leichtmetallrädern, dem typischen Sticker-Set und auf Wunsch lieferbarem, exklusivem Verdeck in Beige.

Im Rahmen der ersten größeren Modellpflege für den Cherokee kam auch eine retuschierte Fahrzeugfront mit neuen Scheinwerfern.

Gediegenere Bezugsmaterialien sorgten in Kombination mit neuen Farbtönen für eine gesteigerte Qualitätsanmutung im Innenraum.

auf. Infotainmentsysteme und Konnektivitätslösungen wurden ebenfalls auf den neuesten Stand gebracht und in der Bedienung erleichtert. Antriebseitig griff man weiterhin auf den 2,4-Liter-Vierzylinder mit 185 PS/136 kW sowie den 3,2-Liter-»Pentastar«-V6 mit 275 PS/202 kW zurück, der für die höheren Ausstattungslevel zum Serienumfang gehörte. Ähnlich wie beim Wrangler bot man alternativ dazu den 2-Liter-Vierzylinder-Turbobenziner an, der skurrilerweise mit einer Höchstleistung von 274 PS/201 kW angesetzt war. Für Exportmärkte ergänzte der bekannte 2,2-Liter-Diesel mit 194 PS/143 kW das Programm. Die Epoche der mechanischen Schaltgetriebe war nun auch für den Cherokee KL vorbei: Alle Triebwerke, sowohl in Verbindung mit Heck- oder Allradantrieb, wurden nun generell mit dem von ZF zugelieferten 9-Stufen-Automaten versehen. Zum Zeitpunkt seiner Einführung war der Neue nur in den Ausstattungslinien »Limited« und »Trailhawk« verfügbar. Später wurde die Auswahl durch die Versionen »Latitude«, »Latitude Plus«, »Overland« und »Trailhawk Elite« erweitert.

Erst einige Zeit nach der Markteinführung des modellgepflegten Cherokee kam die bestausgestattete »Overland«-Ausführung ins Programm. Sie war serienmäßig mit der V6-Motorisierung kombiniert.

Die Offroad-orientierte »Trailhawk«-Ausführung glänzte im Cherokee wie in allen anderen SUV-Baureihen von Jeep mit dem »Trail Rated«-Siegel.

2018

Ein Wrangler – hier in der »Sahara«-Ausstattung – bleibt auch in der aktuellen JL-Generation ein Fahrzeug, dessen Faszination ungebrochen ist. Kein anderer Offroader besitzt die Ausstrahlung des Originals.

Im Sommer kam es auch beim neuen Wrangler zu einer Ergänzung der verfügbaren Ausstattungslevels um »Altitude«-Pakete für die »Sport«- sowie die »Sahara«-Modelle. Beide waren nur in Verbindung mit der 4-türigen Unlimited-Ausführung zu haben. Zu den Zusatzumfängen gehörten unter anderem schwarz glänzend ausgeführte Kühlergrilleinfassungen, Scheinwerfereinsätze und 18-Zoll-Leichtmetallfelgen, das »Freedom Top«-Hardtop mit speziellem Dachhimmel, entweder in Schwarz oder Wagenfarbe gehalten, sowie im Innenraum schwarze Stoff- oder Ledersitze und eine ebenfalls mit schwarzen Farbakzenten versehene Armaturentafel.

Zum gleichen Zeitpunkt wurde auch die erfolgreiche Renegade-Baureihe durch einige Aktualisierungen aufgewertet. Äußerlich fielen ein größerer Kühlergrill mit neuen LED-Scheinwerfern sowie neu gestaltete Stoßfänger vorne und hinten ins Auge. Im Interieur gab es ein leistungsfähigeres Infotainmentsystem mit vergrößerten Touchscreen-Displays, über die nun auch die Klimaanlage zu steuern war. Überfällig gewesen war auch

Wie in anderen Jeep-Baureihen, zeichnete sich die »Altitude«-Linie auch beim Renegade durch schwarze Gestaltungselemente aus.

Die Einführung neuer Triebwerksfamilien führte in der Renegade-Baureihe zu keiner echten Straffung der Motorisierungsvielfalt.

die Ausstattung mit den Konnektivitätssystemen Android Auto und Apple CarPlay.

Antriebseitig wurde eine für Europa und den nordamerikanischen Markt neue modulare Motorenfamilie eingeführt. Dabei handelte es sich um turbogeladene Drei- und Vierzylinder-Benzin-Direkteinspritzer mit der Bezeichnung »Global Small Engine«, die von FCA bereits 2016 in Südamerika lanciert worden waren. Europäischen Märkten vorbehalten blieb die 1-Liter-Dreizylinder-Version mit 120 PS/88 kW, während der 1,3-Liter-Vierzylinder, auf 150 PS/110 kW oder 179 PS/132 kW spezifiziert, auch anderswo angeboten wurde. Während sich der kleine Dreizylinder mit einem 5-Gang-Schaltgetriebe und ausschließlich Frontantrieb begnügen musste, bestand für den Vierzylinder die Wahl zwischen einer mechanischen 6-Gang-Box, einem ebenfalls 6-stufigen Doppelkupplungsgetriebe oder der bekannten 9-Gang-Automatik. Bezeichnend für die Rolle des Renegade war, dass die modellgepflegte Version erst im September in Nordamerika eingeführt wurde. Dabei ersetzte der stärkere 1,3-Liter-Benziner den bisherigen, einer älteren Motorenfamilie angehörenden 1,4-Liter und fungierte als neues Einsteigertriebwerk. Die Top-Motorisierung bestand unverändert aus dem 2,4-Liter-»Tigershark«-Vierzylinder.

Nur wenig tat sich in diesem Jahr bei der Grand Cherokee-Baureihe. Es gab, je nach Ausstattungsniveau, verschiedene neue Leichtmetallfelgen und zusätzliche Pakete, wie »Upland«, »Northern Edition«, »Limited X« und »High Altitude«, die ausschließlich optische Akzente setzten und weitere Umfänge, vor allem im Hinblick auf aktualisierte Infotainmentsysteme sowie hochwertigere und größere Displays, beinhalteten. Der kompletten Modellfamilie zugute kam dagegen die nun serienmäßige Ausstattung mit Assistenzsystemen wie dem Totwinkel- und dem Kollisionswarner. Erweitert präsentierte sich auch die Auswahl verfügbarer Lack- und Innenraumfarben.

Für den Grand Cherokee wurde zusätzlich die »Limited X«-Ausstattung aufgesetzt, die weitere Individualisierungsumfänge bot.

Die neuen kleinvolumigen Drei- und Vierzylinder-Aggregate für die Renegade-Baureihe stammten aus Fiat-Quellen.

Kurz vor Jahresende war noch ein Highlight für die Jeep-Gemeinde, vor allem in Nordamerika, zu vermelden. Als erster Pickup seit der Einstellung des auf dem Cherokee XJ basierenden Comanche feierte auf der Los Angeles Auto Show der Jeep Gladiator der Baureihe JT sein Debüt. Der auf der Wrangler JL-Plattform basierende Midsize-Pickup mit der klassischen Modellbezeichnung war als Viertürer konzipiert und mit Blick auf seinen Kernmarkt technisch nicht zuletzt auf Praxisnutzen im Alltag abgestimmt. Charakteristisches Merkmal waren die vergrößerten Kühlergrillschlitze für besseren Luftdurchlass. Ähnlich wie beim Wrangler JL waren mehrere Dachversionen erhältlich: das stets schwarze »Sunrider«-Verdeck, entweder aus Vinyl- oder hochwertigem Stoffmaterial, oder das dreiteilige »Freedom Top« als Hardtop mit abnehmbaren Aluminium-Dacheinsätzen, für die verschiedene Farboptionen bestanden. Damit war der neue Gladiator der weltweit einzige Pickup, der mit zu öffnendem Dach verfügbar war.

Als Ausstattungslinien wurden »Sport« und »Sport S«, »Overland«, »Mojave« und natürlich »Rubicon« präsentiert, wobei »Overland« die Edelversion darstellte. Grundsätzlich bot der Gladiator das gleiche Interieurdesign wie der aktuelle Wrangler, auch Armaturenbrett und die wichtigsten Bedienungselemente waren identisch. Manche Detaillösungen waren besonders clever, etwa der abschließbare Stauraum unter der Fondsitzbank oder ein optional verfügbarer herausnehmbarer Bluetooth-Lautsprecher, der bei laufendem Fahrzeug aufgeladen wird. Das galt auch für die optionale »Trail-Cam«, die in einem der vorderen Kühlergrillschlitze untergebracht war. Sie zeigte auf dem Multimediadisplay ein Bild dessen, was sich unmittelbar vor dem Fahrzeug, außerhalb des Blickfelds, befindet und unterstützte auf diese Weise den Geländeeinsatz. Gleiches bot auch die auf Wunsch erhältliche Anwendung »Off Road Pages«, die im Kombiinstrument Anfahr- und Abfahrtswinkel, Lenkwinkel und anderes mehr anzeigte.

Motorseitig war zunächst der 3,6-Liter-»Pentastar«-V6-Benziner mit 280 PS/206 kW vorgesehen, entweder in Verbindung mit einem 6-Gang-Schaltgetriebe des japanischen Zulieferers Aisin oder der bekannten 8-Gang-ZF-Automatik. Eine Erweiterung der Triebwerkspalette war geplant. Was die Allradausstattung betraf, waren Wrangler JL und Gladiator ebenfalls identisch spezifiziert.

2019
Hybrid zieht ein

Im Frühjahr feierte Jeep die Markteinführung des neuen Gladiator mit dem auf 4190 Exemplare limitierten Modell »Rubicon Launch Edition«. Es war mit allen Umfängen ausgestattet, die für die »Rubicon«-Linie optional verfügbar waren, etwa dem am höchsten spezifizierten Infotainmentsystem, dem Alpine Premium-Audiosystem mit 552-Watt-Verstärker und Subwoofer sowie dem Bluetooth-Lautsprecher. Dazu gesellten sich noch spezielle Räder, ein lederbezogenes Armaturenbrett mit roten Nähten, diverse Plaketten und fünf ausgesuchte Lackfarben.

Zwar hatte es im Januar 2009, in den turbulentesten Zeiten bei Chrysler, mit dem auf der Detroiter North American International Auto Show gezeigten Jeep Patriot EV eine erste Plug-in-Hybrid-Studie gegeben, doch war seitdem das Elektrifizierungsthema unter FCA-Ägide in der öffentlichen Wahrnehmung von der Agenda verschwunden. Offenbar hatte man in der Unter-

Durchaus eine Überraschung war die Präsentation des neuen Wrangler-basierten Pickups, der – ganz klassisch – den Namen Gladiator bekam.

Der 4-türige Wrangler wurde geschickt in eine Art »Doppelkabine« mit ordentlicher Ladefläche und gehörigem Lifestyle-Faktor umfunktioniert.

Keine Spur von spartanisch ausstaffiertem Arbeitspferd: Im Innenraum bot der Gladiator das Komfortniveau seines Cousins.

Schon 2009 hatte Jeep das Plug-in-Hybrid-Konzept an einem Patriot demonstriert – danach musste man sich auf anderes konzentrieren.

Mit der Doppelpremiere von Renegade 4xe und Compass 4xe auf dem Genfer Autosalon adressierte FCA endlich das drängende Thema Elektrifizierung.

nehmensleitung alle Hände voll damit zu tun, das in rauer See befindliche Konzernschiff einigermaßen auf Kurs zu halten. Man musste es wohl oder übel wirtschaftlich besser aufgestellten Akteuren der Branche und einer Vielzahl mehr oder weniger kenntnisreicher Beobachter überlassen, die Schlagzeilen mit immer neuen Schreckensmeldungen zum unabwendbaren Strukturwandel in der globalen Automobilindustrie zu füllen. FCA gehörte bei dieser existenziellen Thematik zweifellos zu den Statisten und die Zukunft des Konzerns schien vor dem Hintergrund der bevorstehenden Herausforderungen düster zu sein. Allen Verantwortlichen war ebenso wie den Beobachtern wohl klar, dass die erforderlichen Investitionen in die künftige Mobilitätstechnologie nicht von FCA allein gestemmt werden konnten. Angesichts der schwindelerregenden Summen, die aufgebracht werden mussten, änderten daran auch die erklecklichen Deckungsbeiträge nichts, die die Jeep-Sparte zuverlässig lieferte.

Dank ihrer im Wesentlichen gleichen Plattform war die Plug-in-Hybrid-Architektur in beiden Modellen identisch.

Mit Systemleistungen von alternativ 190 PS/140 kW oder 240 PS/177 kW mangelte es auch beim größeren Compass nicht an Vortrieb.

Um auch den »Pentastar«-V6 effizienter zu machen, kreierten die Jeep-Entwickler mit »eTorque« eine Mildhybrid-Lösung.

Dass man bei FCA dennoch die Zeichen der Zeit erkannt hatte, unterstrichen die auf dem Genfer Autosalon im März 2019 präsentierten Renegade- und Compass-Versionen mit Plug-in-Hybrid-Antrieb. In beiden Fällen übernahm der 1,3-Liter-Vierzylinder-Turbobenziner der »Global Small Engine«-Triebwerksfamilie in Verbindung mit einem im Heck untergebrachten, 60 PS/44 kW starken Elektromotor den Antrieb. Je nach Konfiguration des Verbrenners standen damit Systemleistungen von 190 PS/140 kW oder sogar 240 PS/177 kW bereit. Da der Benzinmotor seine Kraft auf die Vorderräder abgab und die E-Maschine auf die Hinterräder wirkte, ergab sich faktisch ein Allradantrieb. Als Energiespeicher für den Elektromotor fungierte ein Lithium-Ionen-Batteriepack mit einer Kapazität von 11,4 kWh. Das reichte aus, um bis zu 50 Kilometer rein elektrisch voranzukommen. Offiziell als Renegade bzw. Compass 4xe bezeichnet, sollten die beiden vor allem auch in Europa gut eingebundenen Modelle den Einstieg in die Elektromobilität seitens FCA darstellen und im Folgejahr eingeführt werden.

Als weiterer, aber eher überraschender Schritt wurden auch für die Wrangler-Baureihe, die in den Ausstattungsvarianten »Sport« und »Sport S«, »Rubicon« und »Sahara« – Letztere den 4-Türern vorbehalten – verfügbar war, zwei hybridisierte Motorversionen ins Portfolio aufgenommen. Bei der »eTorque« genannten

Komfortorientiert wie eh und je zeigte sich das Interieur der Top-Ausstattung »Sahara« im Wrangler-Modelljahr 2020.

Das im »eTorque«-Mildhybridmodul generierte Extradrehmoment von 120 Nm konnte auch jenseits befestigter Wege von Nutzen sein.

Mildhybridtechnologie griff man auf das wassergekühlte 48-Volt »Eco Drive«-System von Continental zurück und adaptierte es für eine Anwendung im Wrangler. Kern von »eTorque« war ein Startergenerator mit Start-Stopp-Funktion, der bei Bedarf bis zu 120 Nm zusätzliches Drehmoment an die Kurbelwelle weiterleitete und darüber hinaus regeneratives Bremsen ermöglichte. Das nur rund 14 Kilogramm schwere Mildhybridmodul lieferte neben verbesserter Leistungsfähigkeit einen Beitrag zu höherer Kraftstoffeffizienz und niedrigeren Geräuschemissionen. Angewendet wurde das »eTorque«-System in Verbindung mit dem 2-Liter-Turbo-Vierzylinder und dem V6, wobei es nur für die Wrangler »Sahara«-Modelle verfügbar war.

Wer trotz hitziger Diskussionen um die Umweltbilanz der Selbstzünder-Technologie andere Vorstellungen von effizienter Antriebstechnik hatte, konnte – zum Beispiel in Nordamerika –

Das »EcoDiesel«-Triebwerk passte besonders gut zum Charakter des Wrangler. Allerdings schwand die Attraktivität des Selbstzünders zusehends.

Der energische Antritt des 260 PS/191 kW starken Diesel-V6 kam nicht zuletzt in den »Rubicon«-Modellen optimal zur Geltung.

nun auch wieder eine Dieselmotorisierung für den Wrangler wählen. Unter der Bezeichnung »EcoDiesel« wurde ein erneut von VM Motori konstruierter 3-Liter-V6 ins Programm gehoben, der nicht nur sehr sparsam, sondern auch sehr muskulös war. Seine 260 PS/191 kW und ein bombastisches Drehmomentmaximum von 600 Nm bescherten dem zum Schuften wie zum Flanieren gedachten Pickup eine Höchstgeschwindigkeit von 190 km/h und eine Zeit für den Beschleunigungssprint auf 100 km/h von 7,8 Sekunden.

Als neue Ausstattungspakete für den Klassiker wurden die Pakete »Willys«, »Freedom« und »Black & Tan« lanciert. Wie stets spielten sie unterschiedliche Themen, waren individuell zugeschnitten und sollten spezielle Interessentengruppen ansprechen. Das galt auch für die Ende des Jahres präsentierte »North Edition«, mit der das als Marketingtool so beliebte Spiel mit Sondermodellen auch bei der neuen Gladiator-Baureihe Fahrt aufnahm. Als Basis diente die komfortorientierte »Overland«-Linie, die mithilfe zusätzlicher Ausstattungsmerkmale für Kunden in kälteren Klimazonen attraktiv gemacht wurde. Zu den erweiterten Umfängen gehörten zum Beispiel ein Top-Infotainmentsystem samt modernster Konnektivität, das Alpine Premium-Audiosystem mit neun Lautsprechern und Subwoofer und die sogenannte »Cold Weather Group«, eine Art Winterpaket, unter anderem mit beheizbaren Vordersitzen, beheizbarem Lederlenkrad und gummierten Allwetter-Fußmatten.

Auch die Compass-Baureihe wurde wieder durch ein preisaggressives Editionsmodell verkaufstechnisch aktiviert. Die stets eher spartanische »Sport«-Ausstattung konnte nun durch die »Upland Special Edition« aufgewertet werden. Als Antrieb diente hier der 2,4-Liter-Vierzylinder in Kombination mit Automatik und

Der stete Fluss von Sondermodellen, die es vor allem für die Wrangler-Baureihe gab, riss nicht ab. Die »Willys«-Edition gemahnte an die »gute« alte Zeit.

Bei der »Black & Tan«-Edition lag der Schwerpunkt auf der eleganten Inszenierung der schwarz/beigen Farbkombination.

Eher patriotische Anwandlungen trugen die Modelle der »Freedom Edition« nach außen. Insignien waren der große Army-Stern und aufgeklebte US-Flaggen.

Das Spiel mit den Farben »Black« und »Tan« charakterisierte auch die Innenausstattung des gleichnamigen Wrangler-Sondermodells.

Auch für den neuen Gladiator kamen erste Sondermodelle auf den Markt. Den Anfang machten die Fahrzeuge der »North Edition« mit speziellen Ausstattungsfeatures für kühle Gegenden.

Allradantrieb. Etwas fürs Herz boten schwarze Leichtmetallfelgen, von der »Trailhawk«-Version inspirierte Stilelemente am Exterieur sowie blaue Kontrastziernähte im Innenraum. Ende des Jahres war der Compass auch wieder in einer – sehr zeitigen – Jubiläumsausführung zu haben. Die »80th Anniversary Edition« baute auf der Ausstattungsstufe »Latitude« auf und hielt einige besondere optische Akzente und Zusatzfunktionen bereit.

Dass die WKII-Generation des Grand Cherokee auf Abruf stand und sich ein komplett neues Modell bereits in den Startlöchern befand, war spätestens zur Jahresmitte kein Geheimnis mehr. Folglich fielen die Modellpflegemaßnahmen an der bisherigen Baureihe moderat aus. Die High-Performance-Version »Trackhawk« wartete nun mit neuen 20-Zoll-Leichtmetallfelgen, der exklusiven »Signature«-Lederausstattung und auf Wunsch mit der neuesten Fahrlichttechnologie auf. Auch die Fahrassistenzsysteme präsentierten sich weiterentwickelt. Dies traf auch für die Fahrzeuge der Cherokee-Baureihe zu, die unter anderem auch von einer Aktualisierung der Infotainmentsysteme, neuen Außenfarben und erstmals für den »Limited« erhältlichen 19-Zoll-Leichtmetallfelgen profitierten. Für den Compass wurde ebenfalls eine Reihe von Ausstattungspaketen geschnürt, die jeweils optische und/oder technische Akzente setzten. Vernachlässigt wurde in dieser Hinsicht ebenso wenig die erfolgreiche Einsteiger-Baureihe Renegade. Hier wurden ähnlich zugeschnittene Pakete verfügbar gemacht und darüber hinaus beispielsweise eine Kenwood-Musikanlage mit neun Lautsprechern in die Optionenliste aufgenommen.

Bis zum Herbst war in die Chefetage von FCA offenbar aber eine in jeder Hinsicht nachvollziehbare Nervosität, ja sogar Ratlosigkeit eingezogen. Nachdem im Vorjahr der Schmied des Konzerns und sein kreativer Kopf, Sergio Marchionne, verstorben war, hatte FCA mit Blick auf die aktuelle und zukünftige Position des Unternehmens bereits im Sommer die Initiative ergriffen und Renault, unter den gegebenen Umständen selbst auch in nicht gerade komfortabler wirtschaftlicher Position, ein Fusionsangebot gemacht – wie es hieß, verbunden mit einem recht knappen Zeithorizont. Obwohl das Ansinnen branchenbezogen manches für sich hatte, stieß den Franzosen die Art und Weise des Vorgehens offenbar sauer auf. Das Resultat war eine spontane und leicht abweisend formulierte Absage, die dem Ansehen von FCA vorübergehend weltweit Schaden zufügte. Hinzu kam, dass die Absatzzahlen des Jahres auch keinen Jubel auslösen konnten. Von außen betrachtet, schien sich das Szenario um FCA weiter zuzuspitzen – ohne dass die gut funktionierende Jeep-Sparte daran etwas hätte ändern können.

Der Lebenszyklus der aktuellen Grand Cherokee-Generation näherte sich dem Ende. Auch für die Top-Version »Summit« gab es nur noch Detailänderungen.

Spannend war die Frage, was mit Modellen wie der in ihrem Zuschnitt künftig kaum mehr vermittelbaren »Trackhawk«-Version passieren würde.

Mit rund 10 Jahren auf dem Buckel, war der aktuelle Grand Cherokee doch ziemlich angestaubt, wie etwa die Ausführung des Interieurs zeigte.

Im Zeichen immer monströser werdender Touchscreen-Displays nahm sich die Lösung im Grand Cherokee, hier eine »Trackhawk«-Version, ziemlich schlicht aus.

Doch mit schlechter Presse hielt man sich in den Führungszirkeln des Konzerns nicht lange auf. Die Situation erlaubte kein Zaudern und Zögern. So überraschte man noch im Dezember mit der Nachricht, dass man nun mit der ebenfalls französischen Groupe PSA, bestehend aus den Marken Peugeot, Citroën, DS und Opel, ein sogenanntes »Binding Combination Agreement« geschlossen habe, eine verbindliche Vereinbarung über einen 50:50-Zusammenschluss der beiden Unternehmen. Konkret realisiert werden sollte das Unterfangen etwa in Jahresfrist. Bis dahin mussten beide Seiten die nötigen rechtlichen Grundlagen für die Fusion schaffen.

Für Jeep naht der nächste Umbruch: Groupe PSA Chef Carlos Tavares (l.) und FCA Vorstandsvorsitzender Mike Manley besiegeln die Zukunft.

2020
Jeep macht seine Hausaufgaben

In Auburn Hills kümmerte man sich in diesem Jahr eifrig wieder darum, mit den richtigen Produkten die angestammten nordamerikanischen Märkte in Schwung zu halten. Unter dem FCA-Banner hatte in den letzten Jahren aus Sicht der Jeep-Verantwortlichen, produktseitig betrachtet, eine gewisse Akzentverschiebung hin zur primären Berücksichtigung europäischer und asiatischer, und dort vor allem chinesischer Markterfordernisse stattgefunden. Das war im Sinne des Unternehmenswohls gut und richtig. Nun aber rückten wieder Baureihen verstärkt in den Blick, deren DNA tief in den einheimischen Automobiltraditionen verwurzelt war.

Den Anfang machte hier der im Februar auf der Chicago Auto Show vorgestellte Gladiator »Mojave«. Für der Pickup wurde in Spiegelung des seit Jahren etablierten »Trail Rated«-Signet, erstmals das neu kreierte »Desert Rated«-Siegel vergeben. Zur

Spezielle Bereifung und Hochleistungsstoßdämpfer waren nur zwei Merkmale der auch technisch hochwertigen Gladiator »Mojave«-Ausstattung.

Ausstattung gehörten unter anderem üppige Geländereifen des japanischen Herstellers Falken, exklusive 17-Zoll-Leichtmetallfelgen, Hochleistungs-Stoßdämpfer mit externem Ausgleichsbehälter, orangefarben lackierte Abschleppösen sowie spezielle Embleme samt entsprechendem Sticker-Set. Auf technischer Seite

Um außergewöhnliche Qualitäten in wüstenartiger Umgebung zu garantieren, kreierte Jeep für den Gladiator »Mojave« das »Desert Rated«-Siegel.

Orangefarbene Kontrastziernähte schmückten Teile der im Gladiator »Mojave« spezifizierten Innenausstattung.

war nun eine auf der Mittelkonsole platzierte »Off Road Plus«-Taste vorhanden, die einen verschärften Gelände-Fahrmodus aktivierte. Darüber hinaus bestand die Möglichkeit, auch bei hohen Geschwindigkeiten im »4WD High«-Modus die Hinterachssperre einzuschalten, eine der »Mojave«-Ausstattung vorbehaltene Funktionalität. Im Innenraum waren die »Mojave«-Modelle an orangefarbenen Kontrastziernähten an Sitzen, Lenkrad, Armaturentafel sowie Türverkleidungen identifizierbar.

Für den Pickup wurde bei gleicher Gelegenheit auch die »High Altitude Edition« präsentiert. Sie verkörperte ein gehobenes Ausstattungsniveau und zeichnete sich optisch unter anderem durch schwarze 20-Zoll-Leichtmetallfelgen mit Ganzjahresreifen, farblich angepasste Kotflügelverbreiterungen, Stoßfänger, Türgriffe und Außenspiegel aus. Auch das dreiteilige Hardtop, ebenfalls farblich abgesetzt, und LED-Technik bei der kompletten Lichtanlage gehörten zum Umfang. Das Interieur bot mit hochwertigem Infotainmentsystem, aktuellen Konnektivitätslösungen, einem Premium-Audiosystem mit neun Lautsprechern und Subwoofer von Alpine und Komfortfeatures wie einem heizbaren Lederlenkrad zahlreiche Annehmlichkeiten.

Weniger »High« war die im Sommer herausgebrachte »Altitude«-Ausstattung für den Gladiator. Sie basierte auf der eher frugalen »Sport S«-Ausführung und zeigte zusätzlich einige dunkelgraue Akzente an der Karosserie, einen Kühlergrill in Wagenfarbe, ebenfalls mit dunkelgrauen Akzenten, Kotflügelverbreiterungen in Wagenfarbe, schwarze Jeep- und »Trail Rated«-Plaketten sowie 18-Zoll-Leichtmetallfelgen mit 255/70 R18 Bridgestone All-Terrain-Bereifung. Auch an Bord ist ein schwarzes »Freedom Top«-Hardtop. Innen entsprach die »Altitude«-Linie bis auf wenige Details der »Sport S«-Ausstattung.

Interessanter für die insbesondere auf professionelle Nutzer abzielende Gladiator-Baureihe war jedoch die ebenfalls zur Jahresmitte erfolgende Verfügbarmachung des kürzlich vorgestellten 3-Liter-EcoDiesel-Triebwerks, das durch Sparsamkeit und bullige Leistungscharakteristik überzeugte. Weit stärker »old-school« als der zusehends unter Druck geratende Selbstzünder, aber deshalb umso faszinierender, war indes der im Juli zunächst als Konzeptstudie präsentierte Wrangler »Rubicon 392«. Unter dessen Buckelhaube bollerte der 6,4-Liter-HEMI-V8-Motor, der hier auf 470 PS/346 kW justiert war und ein Drehmomentmaximum

Der rustikale Gladiator konnte auch elegant. Die »High Altitude«-Ausstattung beinhaltete unter anderem schwarze 20-Zoll-Felgen.

Zahlreiche Komfortfeatures, wie etwa eine heizbares Lenkrad, kennzeichneten das in Leder ausgeschlagene Interieur der »High Altitude«-Linie.

Eher bodenständig zugeschnitten waren die Umfänge der »Altitude«-Ausführung des Gladiator.

von 637 Nm auf die Kurbelwelle stemmte. In Zusammenarbeit mit der 8-stufigen TorqueFlite-Automatik und dem »Selec-Trac«-Verteilergetriebe wurde der Klassiker im Beschleunigungssprint auf 96 km/h (60 mph) zu einer Zeit von nur 4,5 Sekunden ertüchtigt – und damit zum schnellsten Wrangler aller Zeiten.

Um das Leistungspotenzial on- und offroad optimal einsetzen zu können, waren der Leiterrahmen, die oberen vorderen Querlenker sowie die gusseisernen Achsschenkel belastbarer ausgeführt worden. Während im Straßeneinsatz eine Hochleistungsbremsanlage für stets trockene Handflächen hinter dem Lenkrad sorgte, brachten die bewährten Dana 44-Achsen mit dickeren Achsrohren sowie die elektronischen »Tru-Lok«-Sperrdifferenziale, unterstützt durch eine breite Spur und eine um 5 Zentimeter höhergelegte Karosserie, dem Über-Wrangler im Gelände noch mehr Reserven. An Bord war natürlich auch der »Rubicon«-typische, elektrisch entkoppelbare Querstabilisator an der Vorderachse, der in Extremsituationen noch längere Federwege und noch stärkere Achsverschränkung erlaubte.

Als die Konzeptstudie »Rubicon 392« vorgestellt wurde, geriet die einheimische Wrangler-Gemeinde aus dem Häuschen.

Ein Power-Wrangler, wie es ihn noch nie gegeben hatte – aus dem »Rubicon 392« sollte bald ein Serienmodell werden.

Der legendäre HEMI-V8 war für die Serienexemplare des »Rubicon 392« auf immer noch stattliche 470 PS/346 kW heruntergeregelt.

Untermalt von einer hoch emotionalen Geräuschkulisse wühlte sich der Rubicon mit dem bärenstarken HEMI-Triebwerk durch jedes Gelände.

Bei diesen Spezifikationen war es nicht verwunderlich, dass weite Teile zumindest der nordamerikanischen Jeep Wrangler-Community in hellen Jubel ausbrachen – was im November prompt in die Premiere des entsprechenden Serienmodells mündete, dessen Markteinführung für 2021 avisiert wurde. Unter den gegebenen Umständen verstand es sich von selbst, dass dabei nur von den USA und Kanada die Rede war.

Eher auf die europäische Wahrnehmung von zeitgemäßer Automobilität abgestimmt war dagegen der im September vorgestellte Wrangler 4xe, eine Plug-in-Hybrid-Version des Klassikers. Dabei war es schon eine Überraschung, dass nach den Kompakt-SUV Renegade und Compass zunächst der vielgeliebte alte Starrachs-Haudegen das Thema Nachhaltigkeit so in den Vordergrund rückte. Andererseits zeigte dies, welche ungeahnten Potenziale noch im Wrangler schlummerten. Das Power-Team des 4xe bestand aus dem bekannten turbogeladenen 2-Liter-Vierzylinder-Direkteinspritzer mit 272 PS/200 kW und zwei Hochvolt-E-Maschinen. Eine fungierte als Startergenerator und war an der Vorderseite des Verbrennungstriebwerks angebracht, die andere war in die Getriebeglocke der 8-Gang-TorqueFlite-Automatik integriert, wo sie den Drehmomentwandler ersetzte. Dank dieser Positionierung konnte im Allradmodus auch die Hinterachse von der Kraft des Verbrenners profitieren und wurde nicht nur vom Elektromotor mit Drehmoment versorgt – eine entscheidende technische Voraussetzung dafür, dass die legendäre Geländetauglichkeit des Wrangler in vollem Umfang erhalten blieb. Entsprechend mussten auch bei der klassischen Offroad-Ausrüstung der

Um der Ur-Gewalt des V8-Motors Herr zu bleiben, wurden wesentliche Teile des Rahmens, des Fahrwerks und des Allradtriebstrangs verstärkt.

Die ewige Offroad-Ikone trat ins Zeitalter der Elektromobilität ein: Wrangler 4xe genannt, profilierte sie sich als clever konzipiertes Allrad-PHEV.

»Rubicon«-Version mit »Selec-Trac«-Verteilergetriebe, Differenzialsperren, hoch belastbaren Achsen und grobstolliger Geländebereifung keinerlei Abstriche gemacht werden – dank voll gekapselter Elektrik blieb sogar die Watfähigkeit von rund 75 Zentimetern unangetastet. Als Systemleistung des 4xe PHEV wurden 375 PS/276 kW angegeben.

Der komplette Hybrid-Antriebsstrang war intelligent ausgelegt. Das Leistungsmanagement zwischen Verbrenner- und E-Antrieb oblag zwei Kupplungen. Eine davon war im Getriebe zwischen dem Turbo-Vierzylinder und dem Elektromotor angeordnet und regelte je nach Leistungsanforderung die mechanische Verbindung der beiden Antriebsaggregate, was auch rein elektrisches Fahren mit Allradantrieb ermöglichte. Mithilfe der zweiten, hinter der E-Maschine angeordneten, variablen Kupplung wurde der generelle Eingriff mit dem Getriebe gesteuert. Als Energiespeicher für den Triebstrang fungierte eine Lithium-Ionen-Hochvoltbatterie mit einer Gesamtkapazität von 17 kWh. Sie ermöglichte gemäß der aktuell gültigen WLTP-Norm eine rein elektrische Reichweite von um die 50 Kilometer. Zur Erzielung möglichst hoher Effizienz standen drei per Schalter an der Armaturentafel anwählbare Betriebsarten bereit: Im Modus »Hybrid« waren, je nach Lastanforderung untereinander variabel, beide Motoren für den Vortrieb zuständig, im Modus »Electric« nur die E-Maschine und im Modus »eSave« ausschließlich der Verbrenner, der neben dem Fahrzeugantrieb dann auch das Aufladen des Akkupacks übernahm.

Als Starttermin für die europäische Markteinführung, die durch ein besonders umfangreich ausstaffiertes »First Edition«-Modell unterstützt werden sollte, wurde das zweite Quartal 2021 festgelegt.

Ganz und gar nichts für Freizeitschrauber: Der Wrangler 4xe war ein überaus komplexes technisches Glanzstück der Jeep-Entwickler.

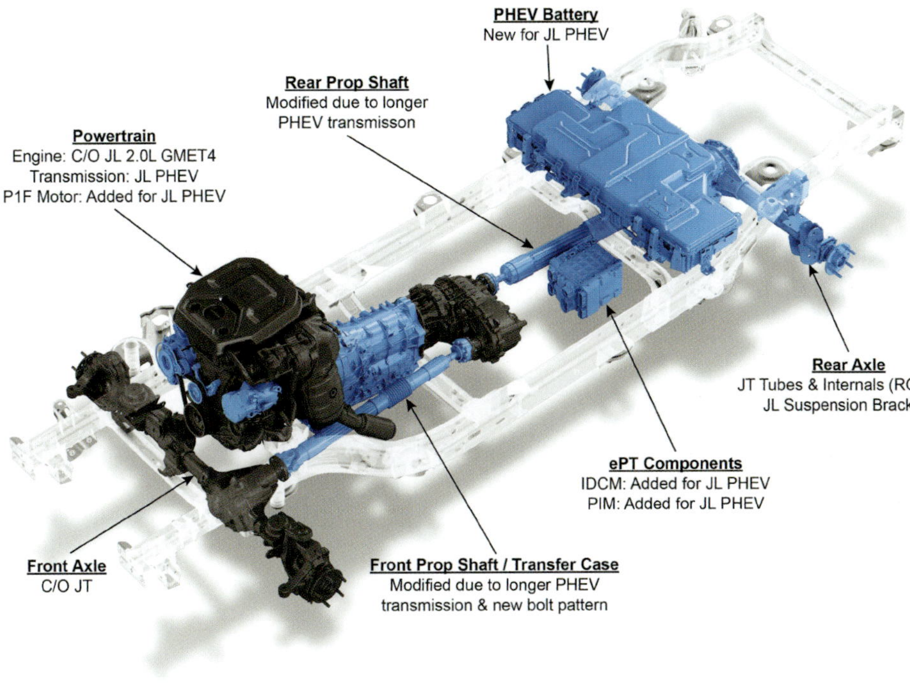

Die Grafik zeigt eingefärbt die bestimmenden Elemente des Powerteams und des Allradtriebstrangs im Wrangler 4xe.

Epilog
2021: Mit Stellantis zu neuen Ufern?

Schon die ersten Wochen des Jahres setzten wichtige Signale im Hinblick auf die Zukunft der Marke Jeep. So präsentierte man am 7. Januar mit dem neuen Grand Cherokee L die Ablösung für die bisherigen WKII-Modelle, die seit 2011 auf dem Markt gewesen waren. Obwohl deren Plattform nicht mehr dem aktuellen Stand der Technik entsprach, hatten sich die Fahrzeuge dieser Generation bis zuletzt gut verkauft. Allein 2020 waren noch über 200.000 Exemplare an Kunden ausgeliefert worden. Doch angesichts der herausfordernden Rahmenbedingungen tat eine technisch grundlegend aktualisierte Grand Cherokee-Baureihe – interner Code WL – inzwischen dringend not.

Der Neue debütierte als »L«-Modell gleich in einer Langfassung, die im Innenraum die Unterbringung einer dritten Sitzreihe ermöglichte. Damit war, im Unterschied zum Vorgänger, seine Positionierung als Fullsize-SUV unmissverständlich. Mit einem Außenmaß von 5200 mm, über 200 mm länger als zum Beispiel der bisher konkurrierende Mercedes-Benz GLE, zeigte er das auch deutlich. Die neue Designsprache des Grand

Der neue Grand Cherokee debütierte als »L«-Modell mit langem Radstand. Wegen seiner Außenmaße wird er dem Fullsize-SUV-Segment zugeschlagen.

Cherokee vermittelte auf den ersten Blick ebenfalls den Eindruck, dass man sich bei Jeep nun eher einen Mercedes-Benz GLS als Vergleichsmaßstab ausgesucht hatte. Bei Proportionen und dem generell sehr selbstbewussten Erscheinungsbild blieb eine gewisse Ähnlichkeit zwischen den beiden Fahrzeugen nicht verborgen. Ein Charakteristikum der neuen Linienführung, die bestimmte optische Merkmale der Grand Cherokee-Baureihe aufnahm und zeitgemäß, aber wiedererkennbar interpretierte,

Während die massive, aufrecht stehende Front wie ein Schild wirkt, erinnern die kaum eingezogenen Wagenflanken an Fullsize-Kaliber wie den Mercedes-Benz GLS. Insgesamt wirkt die Designsprache überraschend zurückhaltend.

Außen erinnern nur einzelne Aspekte der Gestaltung an den Vorgänger. Unter dem Blech bleibt vieles – wenn auch in modernisierter Form – wie es war.

Der neue Grand Cherokee baut auf einer ursprünglich für Alfa Romeo entwickelten, aber entsprechend modifizierten Plattform auf.

war die reduzierte Größe der vorderen Leuchteinheiten. Als neue Plattform diente übrigens eine ursprünglich schon 2017 für Alfa Romeo entwickelte Struktur, die in überarbeiteter Form an den längeren Radstand des Grand Cherokee L adaptiert worden war.

Während der Karosserierohbau komplett neu entwickelt war, tat sich motorseitig zunächst noch nicht viel. Für Vortrieb sorgten unverändert der »Pentastar«-V6 mit nun 290 PS/213 kW und der

Die Stilistik des Interieurs erlaubt sich keine Extravaganzen und zeigt mit Echtholz-Zierteilen und edler Ledersteppung typisches Premium-Niveau.

5,7-Liter-V8 mit 357 PS/263 kW, beide kombiniert mit der 8-Gang-Automatik. Auch beim Allradtriebstrang griff man auf bewährte Technologien und Komponenten zurück. Je nach Ausstattungsniveau standen »Quadra-Trac I«, »Quadra-Trac II« oder »Quadra Drive II« zur Verfügung, gegebenenfalls in Verbindung mit der Luftfederung »Quadra-Lift«. Im Fokus der Entwickler befand sich gleichwohl wieder die weitere Optimierung von Komfort und Fahrverhalten auf der Straße. Trotz aller gegenteiligen Behauptungen und der an Bord befindlichen kompetenten Offroadtechnik war ohnehin davon auszugehen, dass die wesentlich größeren Abmessungen des Grand Cherokee L anspruchsvolleren Geländeeinsätzen schneller Grenzen setzten.

Auch das Interieur des Neuen zeigte sich komplett umgestaltet und modernisiert. Es wartete logischerweise mit größerem Platzangebot, dem obligaten Großdisplay und »State-of-the-Art«-Infotainment und -Konnektivität auf. In puncto Assistenzsysteme schloss die neue Grand-Cherokee-Generation ebenfalls zum aktuellen Branchenstandard auf. Diesen schienen jedoch vor allem die einheimischen Wettbewerber zu definieren, denn es war klar, dass das »L«-Modell mit seinen Spezifikationen zunächst dem nordamerikanischen Markt vorbehalten blieb. Möglicherweise zur Erweiterung der US-Modellpalette, aber in jedem Fall für Europa, das sich für die WKII-Modelle über die Jahre trotz harter Konkurrenz zu einem ebenso wichtigen wie stabilen Absatzmarkt entwickelt hatte, sollte eine dort erfolgreich vermarktbare Variante mit Normalradstand und vermutlich

Groß, wie es der heutige Markt erwartet, aber nicht übertrieben sind die Formate der Infotainment-Displays, hier in der »Overland«-Ausstattung.

In der »L«-Ausführung übertrifft der neue Grand Cherokee die Dimensionen europäischer Fullsize-SUVs deutlich.

stärker elektrifizierten als nur mit einem aufgesetzten Mildhybridmodul versehenen Motorisierungsoptionen auf die Räder gestellt werden. Deren Erscheinen und genaue Spezifikationen waren im Frühjahr 2021 aber noch unklar. Die Einführung des »L«-Modells in Nordamerika wurde für das dritte Quartal 2021 in Aussicht gestellt.

An der Pforte in Auburn Hills prangt seit Jahresbeginn der neue Name des aus Groupe PSA und FCA gebildeten neuen Branchenriesen.

Nicht einmal zwei Wochen nach dem Debüt der Grand-Cherokee-Nachfolgegeneration wurde, nach über einem Jahr intensiver Vorbereitungen, der Zusammenschluss von PSA und FCA unter dem Dach der neuen Holdinggesellschaft Stellantis rechtsgültig. Nach längerer Prüfung hatten die Wettbewerbshüter der EU bereits im Dezember dem Ansinnen unter Auflagen stattgegeben. Sechs der insgesamt elf Mitglieder des Aufsichtsrats stellen Vertreter von PSA, fünf hat FCA nominiert. Der neugeschaffene Konzern steht unter der Leitung des Vorstandsvorsitzenden Carlos Tavares, der diese Position zuvor sehr erfolgreich bei der Groupe PSA innehatte, und des Aufsichtsratsvorsitzenden John Elkann, dem bisherigen Präsidenten von FCA. Als letzte Hürde auf dem Weg zur Fusion waren am 4. Januar außerordentliche Hauptversammlungen anberaumt worden, auf denen die Aktionäre der beiden Unternehmen aber zu fast 100 % der Fusionsvereinbarung zustimmten und damit die neue Struktur endgültig absegneten. Jeep war jetzt eine von 14 Marken im neuen Konglomerat, das nun als weltweit viertgrößter Automobilkonzern über eine deutlich gewachsene Marktmacht verfügte und erhebliche Potenziale in puncto Synergie- und Skaleneffekte barg.

Den 14 Konzernmarken sollte aber schon bald eine fünfzehnte folgen, denn Anfang März tat sich Jeep mit dem Debüt der modernen Reinkarnation eines legendären Klassikers hervor, die bereits im September 2020 als Konzeptfahrzeug lanciert worden war: Auf das Parkett rollten Wagoneer und Grand Wagoneer, die

Dank eines längeren Radstands präsentieren sich die neuen Topmodelle noch ein gutes Stück monumentaler.

künftig nicht mehr als Jeep-Topmodelle, sondern als eigene Submarke im Premiumsegment Absatzerfolge einfahren sollten. Unschwer zu erkennen war, dass beide Modelle nicht wenig mit dem gerade vorgestellten Grand Cherokee L gemeinsam hatten. Da war zunächst das äußere Erscheinungsbild mit den kleinen Frontscheinwerfern und dem Kühlergrill-Arrangement, den steilen Wagenflanken und den generell riesigen Karosseriedimensionen. Letztere waren sogar noch üppiger ausgefallen: Der Radstand betrug nun 3120 mm und die Fahrzeuglänge nicht weniger als 5450 mm, was den Wagoneer zum veritablen XXL-Fullsize-SUV qualifizierte. Auch in technischer Hinsicht gab es viele Übereinstimmungen, zum Beispiel hinsichtlich des Fahrwerks und des Allradtriebsstrangs, die im Vergleich zum Grand Cherokee weitgehend identisch spezifiziert waren. Einen

Eine wahre Lichtinszenierung prägt die Frontansicht von Wagoneer und Grand Wagoneer bei Nacht.

Wagoneer und Grand Wagoneer unterscheiden sich im Wesentlichen durch ihre Ausstattungsniveaus und die verfügbaren Motorenpaletten.

entscheidenden konstruktiven Unterschied gab es allerdings: Wagoneer und Grand Wagoneer ruhten nicht auf der Grand Cherokee-Plattform, sondern – nach Wrangler-Art – auf einem klassischen Leiterrahmen. Als Standard-Antriebsaggregat des Wagoneer diente der 5,7-Liter-V8, kombiniert mit dem 48-Volt-Mildhybridmodul »eTorque«, im voll ausgestatteten Leadermodell Super Wagoneer kam dagegen der pure 6,4-Liter-HEMI-V8 mit 471 PS/351 kW zum Einsatz. Im luftigen Innenraum waren beide Versionen serienmäßig mit drei Sitzreihen ausgestattet, was eine Transportkapazität von insgesamt acht

Der im Wagoneer standardmäßig eingebaute, bekannte 5,7-Liter-V8 wird effizienzhalber mit einem »eTorque«-Mildhybridmodul kombiniert.

Eine Überraschung ist die Rückkehr der Rahmenbauweise für den Grand Wagoneer, der vollausgestattet in der 3-Tonnen-Liga spielt.

Mit Blick auf die Wagoneer-Versionen braucht es keine seherischen Fähigkeiten, um zu prognostizieren, dass diese Modelle nicht nach Europa kommen werden.

Eine komfortable dritte Sitzreihe zählt auf den nordamerikanischen Absatzmärkten zu den konstitutiven Ausstattungselementen eines Fullsize-SUV.

Der sichtbare Vorteil riesiger Fahrzeugdimensionen ist ein verschwenderisches Platzangebot im Innenraum – der Wagoneer macht da keine Ausnahme.

Passagieren sicherstellte. Neben dem üppigen Platzangebot war vor allem das hohe Ausstattungsniveau kennzeichnend für die neuen Wagoneer-Modelle. Für den Wagoneer gab es hierbei drei, für den Grand Wagoneer sogar vier Level. Alles, was gut und teuer war, gehörte entweder zum Serienumfang oder konnte als Sonderausstattung geordert werden: Dazu zählten unter anderem exklusive 22-Zoll-Leichtmetallfelgen, im Interieur großformatige Digitaldisplays allüberall, als Branchenpremiere die Einbindung von Amazons Fire-TV-Modul, natürlich Infotainment- und Soundsysteme der Spitzenklasse, eine Fülle ausgefeilter Komfortfeatures, aber auch das volle Programm aktueller Fahrassistenzsysteme.

Als Termin für die Markteinführung der neuen Wagoneers in Nordamerika wurde – wie beim ebenfalls neuen Grand Cherokee L – das üblicherweise im September beginnende, kommende Modelljahr festgelegt. Angesichts des Zuschnitts der beiden Monster-SUV war es allerdings höchst unwahrscheinlich, dass sie auch den Sprung nach Europa schaffen würden. Auf den hiesigen Märkten taten sich schon Angebote im Fullsize-Segment wie der Mercedes-Benz GLS oder der BMW X7 schwer – und die waren noch ganze 25 bis 30 Zentimeter kürzer als ein Wagoneer …

Nicht zuletzt solche Anachronismen lassen beim abschließenden Blick in die Zukunft Fragen nach der langfristigen Rolle von Jeep im Stellantis-Konstrukt offen. Zwar ist die Position der Marke dank ihres Nimbus und als einziger Hersteller ernstzunehmender und mit klarem Profil ausgestatteter Offroadfahrzeuge unangefochten, aber schon bei den SUV-Modellen, vom Renegade bis mindestens zum Cherokee, gibt es manche Überschneidungen mit den Fahrzeugpaletten anderer Stellantis-Marken. Die schiere Vielfalt der von den einzelnen Marken verwendeten Technikkomponenten erfordert einerseits, um Skaleneffekte heben zu können, dringend markenübergreifend vereinheitlichte Kernbaugruppen, wie es sie beispielsweise zwischen Peugeot, DS und Opel zum Teil schon gibt. Andererseits sollten die Marken mit den ihnen zugeschriebenen Profilen und Werten tunlichst

Mit einem intakten, stark auf den globalen Märkten verankerten Fahrzeugprogramm – hier die aktuellen Modelle der »80th Anniversary Edition« – startet Jeep in die Stellantis-Ära. Unter sich radikal verändernden Rahmenbedingungen wird es spannend zu sehen sein, wie sich eine der profiliertesten und traditionsreichsten Marken der Automobilhistorie für die Zukunft aufstellen wird.

erkennbar bleiben – obwohl Marktanalysten fortwährend unken, dass der Markenbegriff beim Thema Individualmobilität offenbar von abnehmender Bedeutung sei.

Dennoch: Markenführung wird bei Stellantis mehr denn je ein beherrschendes Thema sein, und Carlos Tavares hat sich bisher, ähnlich wie seinerzeit Sergio Marchionne, in erster Linie als hochkompetenter Effizienzsteigerer und Finanzmanager profiliert. Ob es der Jeep-Sparte ihrerseits gelingen wird, sich unter dem zu erwartenden Kostendiktat weiterhin Freiräume zu sichern, die ihre tief in den USA verwurzelte Markenidentität dauerhaft bewahren, und ob es der Portugiese seinerseits den Mannen in Auburn Hills erlauben wird, ihre global erfolgreiche, individuelle Produktpolitik auf längere Sicht fortzusetzen, wird sich noch erweisen müssen.

Dies ist aber nur eine Seite der Medaille: Die Herausforderungen für die gesamte Automobilbranche sind so gewaltig, dass auch ein – in sich noch lange nicht homogener – Marktgigant wie Stellantis, als immerhin weltweit viertgrößter Anbieter, nicht automatisch davon ausgehen kann, die Transformation erfolgreich zu bestehen. Wirklich weitreichende Initiativen in Richtung alternativer Antriebe, gleich ob Vollelektro, Brennstoffzelle oder gar E-Fuels, sind, obwohl die Zeit drängt, noch von keiner der beteiligten Marken ergriffen worden. Ebenso wird das Thema der Schaffung schlagkräftiger globaler Vertriebsstrukturen und effizienter Produktionsnetzwerke noch für längere Zeit ganz oben auf der Agenda von Carlos Tavares bleiben. Er wie auch John Elkann sind um die Herkulesaufgabe, die vor ihnen liegt, nicht zu beneiden.

Zu erwarten ist allerdings, dass Jeep, wie kaum eine zweite Marke unter dem Stellantis-Dach, dank ihrer einzigartigen Fahrzeuge, ihrer Geschichte und Tradition sowie nicht zuletzt ihrer weltweit treuen Community auch künftig ein wesentlicher stabilisierender Faktor bleiben wird – kurzum: Jeep wird weiterkämpfen, wie man es seit 80 Jahren gewohnt ist.

Technische Daten

	Willys MA	Willys MB	CJ-2A/CJ-3A	CJ-3B
Bauzeitraum	1941	1942–1945	1945–1953	1953–1965
Motor/Bauart	Vierzylinder-Ottomotor/Reihe	Vierzylinder-Ottomotor/Reihe	Vierzylinder-Ottomotor/Reihe	Vierzylinder-Ottomotor/Reihe
Ventilsteuerung	SV	SV	SV	IOE
Hubraum	2199 cm³	2199 cm³	2199 cm³	2199 cm³
Bohrung x Hub	79,5 x 111,25 mm	79,5 x 111,25 mm	79,5 x 111,25 mm	79,5 x 111,25 mm
Leistung	60 PS/44 kW bei 4000/min	60 PS/44 kW bei 4000/min	63 PS/46 kW bei 4000/min	75 PS/55 kW bei 4000/min
Max. Drehmoment	142 Nm bei 2000/min	142 Nm bei 2000/min	142 Nm bei 2000/min	155 Nm bei 2000/min
Gemischaufbereitung	Einfachvergaser	Einfachvergaser	Einfachvergaser	Einfachvergaser
Antrieb	zuschaltbarer Allradantrieb, Verteilergetriebe	zuschaltbarer Allradantrieb, Verteilergetriebe	zuschaltbarer Allradantrieb, Verteilergetriebe	zuschaltbarer Allradantrieb, Verteilergetriebe
Achsbauart vorne/hinten	starr/starr	starr/starr	starr/starr	starr/starr
Kraftübertragung	3-Gang, mechanisch	3-Gang, mechanisch	3-Gang, mechanisch	3-Gang, mechanisch
Bremsen vorne/hinten	Trommel/Trommel	Trommel/Trommel	Trommel/Trommel	Trommel/Trommel
Höchstgeschwindigkeit	k. A.	105 km/h	105 km/h	105 km/h
Aufbaukonzept	Rahmenbauweise	Rahmenbauweise	Rahmenbauweise	Rahmenbauweise
Leergewicht	802 kg	864 kg	827/823 kg	837 kg
Reifen	6.00 x 16	6.00 x 16	6.00 x 16	6.00 x 16
Radstand	2032 mm	2032 mm	2032 mm	2032 mm
Spurweite vorne/hinten	k. A.	k. A.	1226/1226 mm	1226/1226 mm
Länge x Breite x Höhe mm	k. A.	3370 x 1570 x 1770 mm	3300 x 1500 x 1750 mm	3300 x 1500 x 1680 mm

	M-38	M-38A1/M-170	CJ-5/CJ-6	CJ-5/CJ-6
Bauzeitraum	1950–1952	1952–1957	1955–1971	1972–1983
Motor/Bauart	Vierzylinder-Ottomotor/Reihe	Vierzylinder-Ottomotor/Reihe	Vierzylinder-Ottomotor, Reihe / V6-Ottomotor / Vierzylinder-Dieselmotor, Reihe	Vierzylinder-Ottomotor, Reihe / Sechszylinder-Ottomotor, Reihe / V8-Ottomotor
Ventilsteuerung	SV	IOE	IOE/OHV/OHV	OHV/OHV/OHV
Hubraum	2199 cm³	2199 cm³	2199/3687/3146 cm³	2474 (ab: 1984: 2485)/3801 (auf Wunsch: 4227)/4981 cm³
Bohrung x Hub	79,5 x 111,25 mm	79,5 x 111,25 mm	79,5 x 111,25 / 95,25 x 86,4 / 88,9 x 127 mm	101,6 x 76,2 / 98,4 x 80,96 / 95,25 x 87,4 mm
Leistung	63 PS/46 kW bei 4000/min	72 PS/53 kW bei 4000/min	75 PS/55 kW bei 4000/min / 160 PS/118 kW bei 4200/min / 62 PS/46 kW bei 3000/min	82 PS/60 kW bei 4000/min (ab 1984: 105 PS/77 kW bei 5000/min) / 114 PS/84 kW bei 3200/min (145 PS/107 kW bei 4300/min) / 150 PS/110 kW bei 4200/min
Max. Drehmoment	142 Nm bei 2000/min	155 Nm bei 2000/min	155 Nm bei 2000/min / 312 Nm bei 2400/min / 194 Nm bei 1350/min	170 Nm bei 2600/min (179 Nm bei 2800/min) / 285 Nm bei 1800/min (292 Nm bei 1600/min) / 332 Nm bei 2500/min
Gemischaufbereitung	Einfachvergaser	Einfachvergaser	Einfachvergaser/Doppelvergaser/ Dieseleinspitzpumpe	Doppelvergaser/Einfachvergaser/ Doppelvergaser
Antrieb	zuschaltbarer Allradantrieb, Verteilergetriebe	zuschaltbarer Allradantrieb, Verteilergetriebe	zuschaltbarer Allradantrieb, Verteilergetriebe	zuschaltbarer Allradantrieb, Verteilergetriebe; auf Wunsch für V8: permanenter Allradantrieb, Verteilergetriebe
Achsbauart vorne/hinten	starr/starr	starr/starr	starr/starr	starr/starr
Kraftübertragung	3-Gang, mechanisch	3-Gang, mechanisch	3-Gang/3-Gang/4-Gang, mechanisch	3-Gang/4-Gang, mechanisch / 3-Gang-Automatik
Bremsen vorne/hinten	Trommel/Trommel	Trommel/Trommel	Trommel/Trommel	Trommel/ab 1975 auf Wunsch, ab 1977 Serie: Scheibe/Trommel
Höchstgeschwindigkeit	95 km/h	105/88 km/h	110/127/k. A. km/h	k. A./k. A./k. A.
Aufbaukonzept	Rahmenbauweise	Rahmenbauweise	Rahmenbauweise	Rahmenbauweise
Leergewicht	1026 kg	993/1105 kg	CJ-5: 848/877/k. A. kg; CJ-6: 872/900/k. A. kg	1120/1150 kg
Reifen	7.00 x 16	7.00 x 16	6.00 x 16 (V6: 7.35 x 15)	7.35 x 15 - 235/75 R15
Radstand	2032 mm	2057/2565 mm	2057/2565 mm	2121/2629 mm
Spurweite vorne/hinten	k. A.	k. A.	1230/1230 mm	1308/1270 mm
Länge x Breite x Höhe mm	3380 x 1570 x 1880 mm	3530 x 1550 x 1880 / 4155 x 1540 x 1880 mm	3440 x 1820 x 1770 / 3950 x 1820 x 1740 mm	3420 x 1740 x 1810 / 4020 x 1520 x 1720 mm

Technische Daten

	CJ-7	CJ-8	Willys 4x4 Station Wagon	Willys 4x4 Panel Delivery
Bauzeitraum	1976–1986	1981–1985	1949–1965	1953–1965
Motor/Bauart	Vierzylinder-Ottomotor, Reihe / Sechszylinder-Ottomotor, Reihe / V8-Ottomotor	Vierzylinder-Ottomotor, Reihe / Sechszylinder-Ottomotor, Reihe	Vierzylinder-Ottomotor, Reihe / Sechszylinder-Ottomotor, Reihe	Vierzylinder-Ottomotor, Reihe / Sechszylinder-Ottomotor, Reihe
Ventilsteuerung	OHV/OHV/OHV	OHV/OHV	SV/IOE/IOE/OHC	SV/IOE/IOE/OHC
Hubraum	2474 (ab: 1984: 2485)/3801 (auf Wunsch: 4227)/4981 cm^3	2474/4227 cm^3	2199/2199/3703/3769 cm^3	2199/2199/3703 cm^3
Bohrung x Hub	101,6 x 76,2 / 98,4 x 80,96 / 95,25 x 87,4 mm	101,6 x 76,2 / 95,25 x 99,06 mm	79,5 x 111,25 / 79,5 x 111,25 / 84 x 111,25 / 84,84 x 111,25	79,5 x 111,25 / 79,5 x 111,25 / 84 x 111,25
Leistung	82 PS/60 kW bei 4000/min (ab 1984: 105 PS/77 kW bei 5000/min) / 114 PS/84 kW bei 3200/min (145 PS/107 kW bei 4300/min) / 150 PS/110 kW bei 4200/min	93 PS/69 kW bei 4800/min / 114 PS/84 kW bei 3200/min	63 PS/46 kW bei 4000/min / 75 PS/55 kW bei 4000/min / 115 PS/86 kW bei 3850/min / 140 PS/103 kW bei 4000/min	63 PS/46 kW bei 4000/min / 75 PS/55 kW bei 4000/min / 115 PS/86 kW bei 3850/min
Max. Drehmoment	170 Nm bei 2600/min (179 Nm bei 2800/min) / 285 Nm bei 1800/min (292 Nm bei 1600/min) / 332 Nm bei 2500/min	179 Nm bei 3200/min / 285 Nm bei 1800/min	142 Nm bei 2000/min / 155 Nm bei 2000/min / 258 Nm bei 1800 Nm / 285 Nm bei 1750/min	142 Nm bei 2000/min / 155 Nm bei 2000/min / 258 Nm bei 1800 Nm
Gemischaufbereitung	Doppelvergaser/Einfachvergaser/ Doppelvergaser	Einfachvergaser/Doppelvergaser	Einfachvergaser/Einfachvergaser/ Doppelvergaser/Doppelvergaser	Einfachvergaser/Einfachvergaser/ Doppelvergaser
Antrieb	zuschaltbarer Allradantrieb, Verteilergetriebe (auf Wunsch für Sechszlinder und V8: permanenter Allradantrieb, Verteilergetriebe)	zuschaltbarer Allradantrieb, Verteilergetriebe	zuschaltbarer Allradantrieb, Verteilergetriebe	zuschaltbarer Allradantrieb, Verteilergetriebe
Achsbauart vorne/hinten	starr/starr	starr/starr	starr/starr	starr/starr
Kraftübertragung	3-Gang/4-Gang, mechanisch / 3-Gang-Automatik	4-Gang/5-Gang, mechanisch / 3-Gang-Automatik	3-Gang, mechanisch	3-Gang, mechanisch
Bremsen vorne/hinten	Trommel/ab 1975 auf Wunsch, ab 1977 Serie: Scheibe/Trommel	Trommel/Scheibe	Trommel/Trommel	Trommel/Trommel
Höchstgeschwindigkeit	121/131/134/141 km/h	116/133 km/h	106/110/125/139 km/h	106/110/125 km/h
Aufbaukonzept	Rahmenbauweise	Rahmenbauweise	Rahmenbauweise	Rahmenbauweise
Leergewicht	1220/1235/1240/1360 kg	1430/1530 kg	1223 kg	1255 kg
Reifen	7.35 x 15 - 235/75 R15	G78 x 15	6.00 x 15/6.70 x 15	6.00 x 15/6.70 x 15
Radstand	2375 mm	2626 mm	2641 mm	2641 (ab 1955: 2654) mm
Spurweite vorne/hinten	1308/1270 mm	1308/1270 mm	1403/1448 mm	1403/1448 mm
Länge x Breite x Höhe mm	3660 x 1740 x 1790 mm	4501 x 1740 x 1758 mm	4477 x 1829 x 1854 mm	4477 x 1829 x 1854 mm

	Willys 4x4 Pickup	Willys 4x2 Station Wagon	Willys 4x2 Panel Delivery	Willys 4x2 Pickup
Bauzeitraum	1947–1965	1946–1965	1946–1965	1947–1951
Motor/Bauart	Vierzylinder-Ottomotor, Reihe / Sechszylinder-Ottomotor, Reihe	Vierzylinder-Ottomotor, Reihe / Sechszylinder-Ottomotor, Reihe	Vierzylinder-Ottomotor, Reihe / Sechszylinder-Ottomotor, Reihe	Vierzylinder-Ottomotor, Reihe
Ventilsteuerung	SV/IOE/IOE/OHC	SV/IOE/IOE/SV/IOE/OHC	SV/IOE/IOE/SV/IOE/OHC	SV/IOE
Hubraum	2199/2199/3703 cm^3	2199/2199/2425/2638/2638/3703/3769 cm^3	2199/2199/2425/2638/2638/3703/3769 cm^3	2199/2199 cm^3
Bohrung x Hub	79,5 x 111,25 / 79,5 x 111,25 / 84 x 111,25	79,5 x 111,25 / 79,5 x 111,25 / 76,2 x 88,9 / 79,5 x 88,9 / 79,5 x 88,9 / 84 x 111,25 / 84 x 111,25 mm	79,5 x 111,25 / 79,5 x 111,25 / 76,2 x 88,9 / 79,5 x 88,9 / 79,5 x 88,9 / 84 x 111,25 / 84 x 111,25 mm	79,5 x 111,25 mm
Leistung	63 PS/46 kW bei 4000/min / 75 PS/55 kW bei 4000/min / 115 PS/86 kW bei 3850/min	63 PS/46 kW bei 4000/min / 75 PS/55 kW bei 4000/min / 70 PS/51 kW bei 4000/min / 90 PS/66 kW bei 4000/min / 115 PS/86 kW bei 3850/min / 140 PS/103 kW bei 4000/min	63 PS/46 kW bei 4000/min / 75 PS/55 kW bei 4000/min / 70 PS/51 kW bei 4000/min / 90 PS/66 kW bei 4000/min / 115 PS/86 kW bei 3850/min / 140 PS/103 kW bei 4000/min	63 PS/46 kW bei 4000/min / 75 PS/55 kW bei 4000/min
Max. Drehmoment	142 Nm bei 2000/min / 155 Nm bei 2000/min / 258 Nm bei 1800 Nm	142 Nm bei 2000/min / 155 Nm bei 2000/min / 160 Nm bei 1600/min / 170 Nm bei 2000/min / 183 Nm bei 2000/min / 258 Nm bei 1800 Nm / 285 Nm bei 1750/min	142 Nm bei 2000/min / 155 Nm bei 2000/min / 160 Nm bei 1600/min / 170 Nm bei 2000/min / 183 Nm bei 2000/min / 258 Nm bei 1800 Nm / 285 Nm bei 1750/min	142 Nm bei 2000/min / 155 Nm bei 2000/min
Gemischaufbereitung	Einfachvergaser/Einfachvergaser/ Doppelvergaser	Einfachvergaser/Einfachvergaser/ Einfachvergaser/Einfachvergaser / Einfachvergaser / Einfachvergaser / Doppelvergaser	Einfachvergaser/Einfachvergaser/ Einfachvergaser/Einfachvergaser / Einfachvergaser / Einfachvergaser / Doppelvergaser	Einfachvergaser
Antrieb	zuschaltbarer Allradantrieb, Verteilergetrie-be	Hinterradantrieb	Hinterradantrieb	Hinterradantrieb
Achsbauart vorne/hinten	starr/starr	starr (auf Wunsch: unabhängig)/starr	starr (auf Wunsch: unabhängig)/starr	starr/starr
Kraftübertragung	3-Gang, mechanisch	3-Gang, mechanisch	3-Gang, mechanisch	3-Gang, mechanisch
Bremsen vorne/hinten	Trommel/Trommel	Trommel/Trommel	Trommel/Trommel	Trommel/Trommel
Höchstgeschwindigkeit	106/110/120 km/h	110/113/120/123/130/135/140 km/h	110/113/120/123/130/135/140 km/h	110/113/120/123/130/135/140 km/h
Aufbaukonzept	Rahmenbauweise	Rahmenbauweise	Rahmenbauweise	Rahmenbauweise
Leergewicht	1243 kg	1137 kg	1256 kg	1202 kg
Reifen	6.50 x 16/7.00 x 15	6.00 x 15/6.70 x 15	6.00 x 15/6.70 x 15	6.50 x 16
Radstand	2997 mm	2641 (ab 1955: 2654) mm	2641 (ab 1955: 2654) mm	2997 mm
Spurweite vorne/hinten	k. A.	1403/1448 mm	1403/1448 mm	k. A.
Länge x Breite x Höhe mm	4640 x 1860 x 1890 mm	4480 x 1750 x 1850 mm	4480 x 1750 x 1850 mm	4462 x 1860 x 1890 mm

	Willys Jeepster	Jeepster Commando/Commando	Jeep FC-150/FC-170	Jeep Wagoneer/ Super Wagoneer (SJ)
Bauzeitraum	1948–1951	1967–1973	1957–1965	1963–1970
Motor/Bauart	Vierzylinder-Ottomotor, Reihe / Sechszylinder-Ottomotor, Reihe	Vierzylinder-Ottomotor, Reihe / V6-Ottomotor/Sechszylinder-Ottomotor, Reihe / V8-Ottomotor	Vierzylinder-Ottomotor, Reihe / Sechszylinder-Ottomotor, Reihe / Dreizylinder-Dieselmotor, Reihe	Sechszylinder-Ottomotor, Reihe / Sechszylionder-Ottomotor, Reihe / V8-Ottomotor / V8-Ottomotor
Ventilsteuerung	SV/IOE/SV/SV	IOE/OHV/OHV/OHV	IOE/SV/Zweitakt	OHC/OHV/OHV/OHV
Hubraum	2199/2199/2425/2638 cm³	2199/3687/3801/4227/4981 cm³	2199/3707/2785 cm³	3769/3801/5358/5735 cm³
Bohrung x Hub	79,5 x 111,25 / 79,5 x 111,25 / 76,2 x 88,9 / 76,2 x 88,9 / 79,5 x 88,9 mm	79,25 x 111,25 / 95,25 x 86,4 / 95,25 x 88,9 / 95,25 x 99 / 95,25 x 95, 25 mm	79,5 x 111,25 / 84 x 111,25 mm/ k. A.	87,4 x 111 / 95,25 x 88,9 x 101,6 x 82,55 / 96,5 x 97,8 mm
Leistung	63 PS/46 kW bei 4000/min / 75 PS/55 kW bei 4000/min / 70 PS/51 kW bei 4000/min / 75 PS/55 kW bei 4000/min	75 PS/55 kW bei 4000/min / 160 PS/118 kW bei 4200/min / 100 PS/74 kW bei 3600/min / 150 PS/110 kW bei 4200/min	72 PS/53 kW bei 4000/min / 105 PS/77 kW bei 3600/min / 85 PS/63 kW bei 3000/min	140 PS/103 kW bei 4000/min / 145 PS/107 kW bei 4300 / 250 PS/184 kW (auf Wunsch: 270 PS/199 kW) bei 4700/min / 230 PS/169 kW bei 4400/min
Max. Drehmoment	142 Nm bei 2000/min / 155 Nm bei 2000/min / 160 Nm bei 1600/min / 170 Nm bei 2000/min	155 Nm bei 2000/min / 319 Nm bei 2400/min / 251 Nm bei 1800/min / 332 Nm bei 2500/min	156 Nm bei 2000/min / 258 Nm bei 1400/min / 321 Nm bei 1900/min	285 Nm bei 1700/min / 292 Nm bei 1600/min / 461 Nm (488 Nm) bei 2600/min / 475 Nm bei 2400/min
Gemischaufbereitung	Einfachvergaser/Einfachvergaser/ Einfachvergaser/Einfachvergaser	Einfachvergaser/Doppelvergaser/ Einfachvergaser/Doppelvergaser	Einfachvergaser/Einfachvergaser/ Dieseleinspritzpumpe	Einfachvergaser/Doppelvergaser/ Einfachvergaser/Doppelvergaser/ Doppelvergaser
Antrieb	Hinterradantrieb	zuschaltbarer Allradantrieb, Verteilergetriebe	zuschaltbarer Allradantrieb, Verteilergetriebe	zuschaltbarer Allradantrieb, Verteilergetriebe
Achsbauart vorne/hinten	unabhängig/starr	starr/starr	starr/starr	starr (auf Wunsch: unabhängig)/starr
Kraftübertragung	3-Gang, mechanisch	3-Gang/4-Gang, mechanisch / 3-Gang-Automatik	3-Gang/4-Gang, mechanisch	3-Gang/4-Gang, mechanisch / 3-Gang-Automatik
Bremsen vorne/hinten	Trommel/Trommel	Trommel/Trommel	Trommel/Trommel	Trommel/Trommel
Höchstgeschwindigkeit	107/113/113/113 km/h	120/150/130/140 km/h	106/110/k. A. km/h	143/145/177 (180)/165 km/h
Aufbaukonzept	Rahmenbauweise	Rahmenbauweise	Rahmenbauweise	Rahmenbauweise
Leergewicht	1220 kg	1107 kg	1222/1303 kg	1450 kg
Reifen	6.00 x 15	7.35 x 17 - H78 x 15	7.00 x 15/7.00 x 16	7.10 x 15 - 8.45 x 15
Radstand	2641 (ab 1955: 2654) mm	2565 (ab 1972: 2641) mm	2057/2629 mm	2794 mm
Spurweite vorne/hinten	1403/1448 mm	1270/1270 mm	k. A.	1448/1448 mm
Länge x Breite x Höhe mm	4480 x 1750 x 1850 mm	4280 (ab 1972: 4430) x 1660 x 1580 mm	3740 x 1810 x 1970 / 4850 x 1940 x 2020 mm	4660 x 1920 x 1630 mm

	Jeep Gladiator (SJ)	Jeep Wagoneer/ Grand Wagoneer (SJ)	Jeep J-Series Pickup (SJ)	Jeep Cherokee (SJ)
Bauzeitraum	1963–1967	1971–1989	1971–1987	1974–1983
Motor/Bauart	Sechszylinder-Ottomotor, Reihe / Sechszylinder-Ottomotor, Reihe / V8-Ottomotor / V8-Ottomotor	Sechszylinder-Ottomotor, Reihe / V8-Ottomotor / V8-Ottomotor / V8-Ottomotor	Sechszylinder-Ottomotor, Reihe / V8-Ottomotor / V8-Ottomotor /	Sechszylinder-Ottomotor, Reihe / V8-Ottomotor / V8-Ottomotor / V8-Ottomotor
Ventilsteuerung	OHC/OHV/OHV/OHV	OHV/OHV/OHV/OHV	OHV/OHV/OHV/OHV	OHV/OHV/OHV/OHV
Hubraum	3769/3801/5358/5735 cm³	4227/4981/5899/6571 cm³	4227/4981/5899/6571 cm³	4227/4981/5899/6571 cm³
Bohrung x Hub	87,4 x 111 / 95,25 x 88,9 x 101,6 x 82,55 / 96,5 x 97,8 mm	95,25 x 99 / 95,25 x 87,4 / 103,6 x 87,4 / 105,7 x 93,5 mm	95,25 x 99 / 95,25 x 87,4 / 103,6 x 87,4 / 105,7 x 93,5 mm	95,25 x 99 / 95,25 x 87,4 / 103,6 x 87,4 / 105,7 x 93,5 mm
Leistung	140 PS/103 kW bei 4000/min / 145 PS/107 kW bei 4300/min / 250 PS/184 kW bei 4700/min / 230 PS/169 kW bei 4400/min	110 PS/81 kW bei 3500/min / 150 PS/110 kW bei 4200/min / 175 PS/129 kW (auf Wunsch: 195 PS/143 kW) bei 4000/min / 215 PS/158 kW bei 4200/min	110 PS/81 kW bei 3500/min / 150 PS/110 kW bei 4200/min / 175 PS/129 kW (auf Wunsch: 195 PS/143 kW) bei 4000/min / 215 PS/158 kW bei 4200/min	110 PS/81 kW bei 3500/min / 150 PS/110 kW bei 4200/min / 175 PS/129 kW (auf Wunsch: 195 PS/143 kW) bei 4000/min / 215 PS/158 kW bei 4200/min
Max. Drehmoment	285 Nm bei 1700/min / 292 Nm bei 1600/min / 461 Nm bei 2600/min / 475 Nm bei 2400/min	164 Nm bei 2000/min / 332 Nm bei 2500/min / 386 Nm (400 Nm) bei 2400 (2900)/min / 434 Nm bei 2800/min	164 Nm bei 2000/min / 332 Nm bei 2500/min / 386 Nm (400 Nm) bei 2400 (2900)/min / 434 Nm bei 2800/min	164 Nm bei 2000/min / 332 Nm bei 2500/min / 386 Nm (400 Nm) bei 2400 (2900)/min / 434 Nm bei 2800/min
Gemischaufbereitung	Einfachvergaser/Doppelvergaser/ Einfachvergaser/Doppelvergaser/ Doppelvergaser	Einfachvergaser/Doppelvergaser/ Doppelvergaser (Vierfachvergaser)/ Vierfachvergaser	Einfachvergaser/Doppelvergaser/ Doppelvergaser (Vierfachvergaser)/ Vierfachvergaser	Einfachvergaser/Doppelvergaser/ Doppelvergaser (Vierfachvergaser)/ Vierfachvergaser
Antrieb	zuschaltbarer Allradantrieb, Verteilergetriebe	zuschaltbarer Allradantrieb, Verteilergetriebe (bei Automatik, bis 1979: permanenter Allradantrieb, Verteilergetriebe)	zuschaltbarer Allradantrieb, Verteilergetriebe (auf Wunsch ab 1973: permanenter Allradantrieb)	zuschaltbarer Allradantrieb, Verteilergetriebe (auf Wunsch: permanenter Allradantrieb)
Achsbauart vorne/hinten	starr/starr	starr/starr	starr/starr	starr/starr
Kraftübertragung	3-Gang/4-Gang, mechanisch / 3-Gang-Automatik	3-Gang/4-Gang, mechanisch / 3-Gang-Automatik	3-Gang/4-Gang, mechanisch / 3-Gang-Automatik	3-Gang/4-Gang, mechanisch / 3-Gang-Automatik
Bremsen vorne/hinten	Trommel/Trommel	Trommel/Trommel (bis 1973) / Scheibe/ Trommel	Trommel/Trommel (bis 1973) / Scheibe/ Trommel	Scheibe/Trommel
Höchstgeschwindigkeit	135/140/165/158 km/h	140/156/163/170 km/h	135/152/160/173 km/h	140/156/163/170 km/h
Aufbaukonzept	Rahmenbauweise	Rahmenbauweise	Rahmenbauweise	Rahmenbauweise
Leergewicht	1210 - 1630 kg	1575 kg	ab 1490 kg	1550 kg
Reifen	7.10 x 15 - 8.25 x 16	F78 x 15 - H78 x 15	G78 x 15 - 9.50 x 16,5	F78 x 15 - 235/75 R15
Radstand	3048/3200/3353 mm	2769 mm	3023/3327 mm	2769 mm
Spurweite vorne/hinten	1448/1448 mm	1448/1448 - 1509/1468 mm	k. A.	1448/1448 - 1661/1582 mm
Länge x Breite x Höhe mm	4670/4970/5090 x 2000 x 1770 mm	4660 x 1920 x 1660 mm	4790/5100 x 1920 x 1680 mm	4660 x 1920 x 1660 - 4660 x 2004 x 1717 mm

Technische Daten

	Jeep Cherokee (XJ)	Jeep Comanche (MJ)	Jeep Grand Cherokee (ZJ)	Jeep Grand Wagoneer (ZJ)
Bauzeitraum	1984–1999	1986–1992	1993–1999	1993
Motor/Bauart	Vierzylinder-Ottomotor, Reihe / V6-Ottomotor / Sechszylinder-Ottomotor, Reihe / Vierzylinder-Turbodieselmotor, Reihe / Vierzylinder-Turbodieselmotor, Reihe	Vierzylinder-Ottomotor, Reihe / V6-Ottomotor / Sechszylinder-Ottomotor, Reihe / Vierzylinder-Turbodieselmotor, Reihe / Vierzylinder-Turbodieselmotor, Reihe	Sechszylinder-Ottomotor, Reihe / V8-Ottomotor / V8-Ottomotor / V8-Ottomotor / Vierzylinder-Turbodieselmotor, Reihe	V8-Ottomotor
Ventilsteuerung	OHV/OHV/OHV/OHC/OHV	OHV/OHV/OHV/OHC/OHV	OHV/OHV/OHV/OHV/OHV	OHV
Hubraum	2474/2835/3949/2068/2499 cm³	2474/2835/3949/2068/2499 cm³	3949/5211/5899/4703/2499 cm³	5211 cm³
Bohrung x Hub	98,55 x 81 / 88,9 x 75,95 / 98,55 x 79,8 / 86 x 89 / 92 x 94 mm	98,55 x 81 / 88,9 x 75,95 / 98,55 x 79,8 / 86 x 89 / 92 x 94 mm	98,55 x 79,8 / 99,3 x 84,1 / 101,6 x 91 / 93 x 86,4 / 92 x 94 mm	99,3 x 84,1
Leistung	117 PS/86 kW bei 5000/min / 115 PS/85 kW bei 4800/min / 170 (185) PS/125 (136) kW bei 4750/min / 80 PS/59 kW bei 4000/min / 115 PS/85 kW bei 3900/min	117 PS/86 kW bei 5000/min / 115 PS/85 kW bei 4800/min / 170 (185) PS/125 (136) kW bei 4750/min / 80 PS/59 kW bei 4000/min / 115 PS/85 kW bei 3900/min	185 PS/136 kW bei 4750/min / 220 PS/162 kW bei 4400/min / 245 PS/180 kW bei 4000/min / 115 PS/85 kW bei 3900/min	245 PS/180 kW bei 4000/min
Max. Drehmoment	183 Nm bei 3500/min / 197 Nm bei 2400/min / 302 Nm bei 4000/min / 188 Nm bei 2250/min / 278 Nm bei 1800/min	183 Nm bei 3500/min / 197 Nm bei 2400/min / 302 Nm bei 4000/min / 188 Nm bei 2250/min / 278 Nm bei 1800/min	298 Nm Bei 2400/min / 407 Nm bei 3200/min / 454 Nm bei 2800/min / 400 Nm bei 3200/min / 278 Nm bei 1800/min	454 Nm bei 2800/min
Gemischaufbereitung	Einspritzung/Doppelvergaser/Einspritzung	Einspritzung/Doppelvergaser/Einspritzung/ Dieseleinspritzpumpe/Dieseleinspritzpumpe	Einspritzung/Dieseleinspritzung	Einspritzung
Antrieb	Hinterradantrieb, auf Wunsch: zuschaltbarer Allradantrieb/permanenter Allradantrieb	Hinterradantrieb, auf Wunsch: zuschaltbarer Allradantrieb/permanenter Allradantrieb	zuschaltbarer (auf Wunsch: permanenter) Allradantrieb	permanenter Allradantrieb, auf Wunsch: Hinterradantrieb
Achsbauart vorne/hinten	starr/starr	starr/starr	starr/starr	starr/starr
Kraftübertragung	4-Gang/5-Gang, mechanisch / 3-Gang/4-Gang-Automatik	4-Gang/5-Gang, mechanisch / 3-Gang/4-Gang-Automatik	4-Gang/5-Gang-Automatik	4-Gang-Automatik
Bremsen vorne/hinten	Scheibe/Trommel	Scheibe/Trommel	Scheibe/Trommel (ab 1995: Scheibe)	Scheibe/Trommel
Höchstgeschwindigkeit	153/156/173/140/155 km/h	150/154/170/137/153 km/h	175/182/193/189/162 km/h	195 km/h
Aufbaukonzept	Rahmenbauweise	Rahmenbauweise	selbsttragende Bauweise	selbsttragende Bauweise
Leergewicht	1535 kg	1430 kg	1698 kg	1730 kg
Reifen	205/75 R15 - 225/75 R15	205/75 R15 - 225/75 R15	215/75 R15 - 245/70 R15	225/70 R15
Radstand	2575 mm	3023 (ab 1987 auch: 2870) mm	2690 mm	2690 mm
Spurweite vorne/hinten	1448/1448 mm	1473/1473 mm	1473/1473 - 1486/1460 mm	1473/1473 mm
Länge x Breite x Höhe mm	4240 x 1790 x 1610 mm	4960 (ab 1987 auch: 4550) x 1820 x 1620 mm	4500 x 1800 x 1650 mm	4500 x 1758 x 1650

	Jeep Grand Cherokee (WJ)	Jeep Grand Cherokee (WK)	Jeep Grand Cherokee (WKII)	Jeep Grand Cherokee L (WL)
Bauzeitraum	1999–2005	2005–2010	2010–2021	seit 2021
Motor/Bauart	Sechszylinder-Ottomotor, Reihe / V8-Ottomotor / Fünfzylinder-Turbodieselmotor, Reihe / Fünfzylinder-Turbodieselmotor, Reihe	V6-Ottomotor/V8-Ottomotor/ V8-Ottomotor/V8-Ottomotor/ V6-Turbodieselmotor	V6-Ottomotor/V8-Ottomotor/ V8-Ottomotor/V6-Turbodieselmotor/ V6-Turbodieselmotor	V6-Ottomotor/V8-Ottomotor
Ventilsteuerung	OHV/OHV/OHV/OHC	OHC/OHV/OHV/OHV/DOHC	DOHC/OHV/OHV/DOHC/DOHC	DOHC/OHV
Hubraum	3949/4703/3124/2688 cm³	3701/4703/5654/6059/2987 cm³	3604/5654/6417/2987/2987	3604/5654 cm³
Bohrung x Hub	98,55 x 79,8 / 93 x 86,4 / 92 x 94 / 98 x 98,4 mm	93 x 90,8 / 93 x 86,5 / 99,5 x 90,9 / 103 x 90,9 / 83 x 92 mm	96 x 83 / 99,5 x 90,9 / 103,9 x 94,5 / 83 x 92 / 83 x 92 mm	96 x 83 / 99,5 x 90,9
Leistung	190 PS/140 kW bei 5000/min / 235 PS/173 kW (H.O.: 255 PS/188 kW) bei 4800 (5200)/min / 140 PS/103 kW bei 3600/min / 163 PS/120 kW bei 4000/min	214 PS/157 kW bei 5200/min / 231 PS/170 kW bei 4500/min / 362 PS/266 kW bei 5200/min / 426 PS/313 kW bei 6200/min / 218 PS/160 kW bei 4000/min	286 PS/210 kW bei 6350/min / 352 PS/259 kW (ab 2016: 364 PS/268 kW bei 5200 (5150)/min / 468-717 PS/344-524 kW bei 6000-6250/min / 190 PS-250 PS/140-184 kW bei 4000/min	290 PS/213 kW bei 6400/min / 357 PS/263 kW bei 5150/min
Max. Drehmoment	295 Nm bei 3050/min / 400 (H.O.: 425) Nm bei 3200 (3500)/min / 384 Nm bei 1800/min / 400 Nm bei 1800/min	319 Nm bei 4000/min / 414 Nm bei 3600/min / 527 Nm bei 4350/min / 569 Nm bei 4800/min / 510 Nm bei 1600-2400/min	347 Nm bei 4300/min / 520 (ab 2016: 529 Nm) bei Nm bei 4200 (4250)/min / 624-875 Nm bei 4300-4800/min / 440-570 Nm bei 1600-2000/min	345 Nm bei 4000/min / 520 Nm bei 4250/min
Gemischaufbereitung	Einspritzung/Common-Rail-Einspritzung	Einspritzung/Common-Rail-Einspritzung	Einspritzung/Common-Rail-Einspritzung	Einspritzung
Antrieb	permanenter Allradantrieb, auf Wunsch: Hinterradantrieb	permanenter Allradantrieb, auf Wunsch: Hinterradantrieb	permanenter Allradantrieb, auf Wunsch: Hinterradantrieb	permanenter Allradantrieb, auf Wunsch: Hinterradantrieb
Achsbauart vorne/hinten	starr/starr	unabhängig/starr	unabhängig/starr	unabhängig/starr
Kraftübertragung	4-Gang/5-Gang-Automatik	5-Gang-Automatik	5-Gang/8-Gang-Automatik	8-Gang-Automatik
Bremsen vorne/hinten	Scheibe/Trommel (ab 1995: Scheibe)	Scheibe/Scheibe	Scheibe/Scheibe	Scheibe/Scheibe
Höchstgeschwindigkeit	183/196/203/163/174 km/h	185/199/223/256/194 km/h	215/234 (ab 2016: 238)/255-257/187-211 km/h	k. A.
Aufbaukonzept	selbsttragende Bauweise	selbsttragende Bauweise	selbsttragende Bauweise	selbsttragende Bauweise
Leergewicht	1850 kg	2014 - 2145 kg	2191 - 2429 kg	2095 - 2428 kg
Reifen	225/55 R 16 - 235/65 R17	235/65 R17 - 255/45 R 20 W (v)/285/40 R 20 (h)	265/60 R18 - 295/45 ZR20	265/65 R18 - 275/45 R21
Radstand	2690 mm	2781 mm	2915 mm	3091 mm
Spurweite vorne/hinten	1511/1511 mm	1575/1575 mm	1628/1633 - 1669/1646 mm	1660/1660 mm
Länge x Breite x Höhe mm	4611 x 1858 x 1805 mm	4740 x 1862 x 1720 - 4775 x 1861 x 1749 mm	4822 x 1943 x 2154 mm	5204 x 1979 x 1815 mm

	Jeep Wagoneer/ Grand Wagoneer (WS)	Jeep Wrangler (YJ)	Jeep Wrangler (TJ)	Jeep Wrangler (JK)
Bauzeitraum	seit 2021	1987–1996	1996–2006	2006–2018
Motor/Bauart	V8-Ottomotor mit Mildhybrid-Modul/ V8-Ottomotor	Vierzylinder-Ottomotor, Reihe / Sechszylinder-Ottomotor, Reihe / Sechszylinder-Ottomotor, Reihe	Vierzylinder-Ottomotor, Reihe / Vierzylinder-Ottomotor / Sechszylinder-Ottomotor, Reihe	V6-Ottomotor/V6-Ottomotor/ Vierzylinder-Turbodieselmotor, Reihe
Ventilsteuerung	OHV/OHV	OHV/OHV/OHV	OHV/DOHC/OHV	OHV/DOHC/DOHC
Hubraum	5654/6417 cm³	2474/4227/3949 cm³	2474/2429/3949 cm³	3778/3604/2776 cm³
Bohrung x Hub	99,5 x 90,9 / 103,9 x 94,5 mm	98,55 x 81 / 95,25 x 99 / 98,55 x 86,6 mm	98,55 x 81 / 87,5 x 101 / 98,55 x 86,6 mm	96 x 87 / 96 x 83 / 94 x 100 mm
Leistung	392 PS/292 kW bei 5600/min / 471 PS/351 kW bei 6000/min	119 PS/88 kW bei 5000/min / 114 PS/84 kW bei 3000/min / 183 PS/135 kW bei 4750/min	122 PS/90 kW bei 5400/min / 143 PS/105 kW bei 5200/min / 184 PS/135 kW (ab 2002: 193 PS/142 kW) bei 4600/min	200 PS/147 kW bei 5000/min / 284 PS/209 kW / 177 PS/130 kW bei 3800/min
Max. Drehmoment	548 Nm bei 3950/min / 617 Nm bei 4400/min	183 Nm bei 3500/min / 285 Nm bei 2000/min / 298 Nm bei 4000/min	190 Nm bei 3500/min / 215 Nm bei 4000/min / 301 Nm (ab 2002: 319 Nm) bei 2800 (3200)/min	315 Nm bei 4000/min / 347 Nm bei 4300/min / 460 Nm bei 1600-2600/min
Gemischaufbereitung	Einspritzung	Einspritzung/Doppelvergaser/Einspritzung	Einspritzung	Einspritzung/Common-Rail-Einspritzung
Antrieb	permanenter Allradantrieb, auf Wunsch: Hinterradantrieb	zuschaltbarer Allradantrieb	zuschaltbarer Allradantrieb	zuschaltbarer Allradantrieb
Achsbauart vorne/hinten	unabhängig/unabhängig	starr/starr	starr/starr	starr/starr
Kraftübertragung	8-Gang-Automatik	5-Gang, mechanisch / 3-Gang-Automatik	5-Gang, mechanisch / 3-Gang-Automatik	6-Gang, mechanisch / 4-Gang/5-Gang-Automatik
Bremsen vorne/hinten	Scheibe/Scheibe	Scheibe/Trommel	Scheibe/Trommel	Scheibe/Trommel (ab 2011: Scheibe)
Höchstgeschwindigkeit	k. A.	145/140/158 km/h	154/163/172 (ab 2002: 174) km/h	180/180/180 km/h (z. T. elektronisch abgeregelt)
Aufbaukonzept	selbsttragende Bauweise	Rahmenbauweise	Rahmenbauweise	Rahmenbauweise
Leergewicht	2703-2912 kg	1380/1430/1390 kg	1394/1515/1450 (ab 2002: 1550) kg	1730/1743/1858 kg
Reifen	275/55 R20 - 285/45 R22	215/75 R 15 - 235/75 R 15	205/75 R15 - 215/75 R 15	225/75 R16 - 245/75 R17
Radstand	3124 mm	2372 mm	2372/2626 mm	2424/2946 mm
Spurweite vorne/hinten	1740/1734 mm	1473/1473 mm	1473/1473 mm	1572/1572 mm
Länge x Breite x Höhe mm	5453 x 2124 x 1921 mm	3860 x 1676 x 1745 mm	3856 x 1693 x 1783 - 3947 x 1693 x 1808 (ab 2004 auch: 4242 x 1693 x 1802) mm	3881 (4751) x 1873 x 1836

	Jeep Wrangler (JL)	Jeep Gladiator (JT)	Jeep Liberty/Cherokee (KJ)	Jeep Liberty/Cherokee (KK)
Bauzeitraum	seit 2018	seit 2020	2001–2007	2008–2012
Motor/Bauart	turbogeladener Vierzylinder-Ottomotor, Reihe / V6-Ottomotor / Vierzylinder-Turbodiesel, Reihe / V6-Turbodiesel / turbogeladener Vierzylinder-Ottomotor, Reihe + E-Antrieb (PHEV)	V6-Turbodiesel / V6-Ottomotor	Vierzylinder-Ottomotor, Reihe / V6-Ottomotor / Vierzylinder-Turbodiesel, Reihe	V6-Ottomotor
Ventilsteuerung	DOHC/DOHC/DOHC/DOHC/DOHC	DOHC/DOHC	DOHC/OHC/DOHC	OHC/DOHC
Hubraum	1995/3604/2143/2987/1995 cm³	2987/3604 cm³	2429/3701/2776 cm³	3701/2776 cm³
Bohrung x Hub	84 x 90 / 96 x 83 / 83 x 99 / 83 x 92 / 84 x 90 mm	96 x 83 / 83 x 92 mm	87,5 x 101 / 93 x 90,8 / 94 x 100 mm	93 x 90,8 / 94 x 100 mm
Leistung	274 PS/202 kW bei 5250/min / 284 PS/209 kW bei 6400/min / 200 PS/147 kW bei 3500/min / 264 PS/194 kW bei 3600/min / 381 PS/280 kW bei 5250/min (Systemleistung)	264 PS/194 kW bei 3600/min / 284 PS/209 kW bei 6400/min	152 PS/112 kW bei 5200/min / 214 PS/157 kW bei 5200/min / 163 PS/120 kW bei 3800/min	214 PS/157 kW bei 5200/min / 164 PS/120 kW bei 3800/min
Max. Drehmoment	400 Nm bei 3000-4500/min / 347 Nm bei 4300/min / 450 Nm bei 2000/min / 600 Nm bei 1400-2800 / 637 Nm bei 3000/min (Systemdrehmoment)	600 Nm bei 1400-2800/min / 347 Nm bei 4300/min	224 Nm bei 4000/min / 319 Nm bei 4000/min / 400 Nm bei 1800/min	319 Nm bei 4000/min / 400 Nm bei 1800/min
Gemischaufbereitung	Einspritzung/Common-Rail-Einspritzung	Common-Rail-Einspritzung/Einspritzung	Einspritzung/Common-Rail-Einspritzung	Einspritzung/Common-Rail-Einspritzung
Antrieb	zuschaltbarer Allradantrieb / PHEV: permanenter Allradantrieb	zuschaltbarer Allradantrieb	zuschaltbarer (auf Wunsch: permanenter) Allradantrieb	zuschaltbarer (auf Wunsch: permanenter) Allradantrieb
Achsbauart vorne/hinten	starr/starr	starr/starr	unabhängig/starr	unabhängig/starr
Kraftübertragung	6-Gang, mechanisch / 8-Gang-Automatik	6-Gang, mechanisch / 8-Gang-Automatik	6-Gang, mechanisch / 4-Gang/5-Gang-Automatik	6-Gang, mechanisch / 4-Gang/5-Gang-Automatik
Bremsen vorne/hinten	Scheibe/Scheibe	Scheibe/Scheibe	Scheibe/Trommel	Scheibe/Scheibe
Höchstgeschwindigkeit	180/180/180/180/180 km/h (elektronisch abgeregelt)	180/180 km/h (elektronisch abgeregelt)	169/190/175 km/h	190/175 km/h
Aufbaukonzept	Rahmenbauweise	Rahmenbauweise	selbsttragende Bauweise	selbsttragende Bauweise
Leergewicht	1819/1794/1954/2111/2313 kg	2403/2119 kg	1747/1829/1953 kg	1915/1947 kg
Reifen	245/75 R17 - 255/70 R18	245/75 R17 - 255/70 R18	225/75 R16 - 235/65 R17	235/65 R17 - 245/50 R20
Radstand	2460/3008 mm	3488 mm	2649 mm	2694 mm
Spurweite vorne/hinten	1598/1598 mm	1598/1598 mm	1524/1516	1549/1549
Länge x Breite x Höhe mm	4237 (4785) x 1875 x 1868 mm	5539-5591 x 1875 x 1857 mm	4430 x 1819 x 1784-1822 mm	4473-4492 x 1838-1857 x 1795-1810 mm

	Jeep Cherokee (KL)	Jeep Commander (XK)	Jeep Compass (MK49)	Jeep Compass (MP)
Bauzeitraum	seit 2014	2006–2010	2007–2016	seit 2017
Motor/Bauart	Vierzylinder-Ottomotor, Reihe / V6-Ottomotor / Vierzylinder-Turbodiesel, Reihe / Vierzylinder-Turbodiesel, Reihe / turbogeladener Vierzylinder-Ottomotor, Reihe	V6-Turbodiesel / V6-Ottomotor / V8-Ottomotor / V8-Ottomotor	Vierzylinder-Turbodiesel, Reihe / Vierzylinder-Ottomotor, Reihe / Vierzylinder-Ottomotor, Reihe/ Vierzylinder-Turbodiesel, Reihe	turbogeladener Vierzylinder-Ottomotor, Reihe / Vierzylinder-Turbodiesel, Reihe / Vierzylinder-Ottomotor, Reihe / Vierzylinder-Turbodiesel, Reihe / turbogeladener Vierzylinder, Reihe + E-Antrieb / turbogeladener Vierzylinder-Ottomotor
Ventilsteuerung	OHC/DOHC/DOHC/DOHC/DOHC	DOHC/OHC/OHV/OHV	DOHC/DOHC/DOHC/DOHC	OHC/DOHC/DOHC/OHC/DOHC/OHC
Hubraum	2360/3239/1956/2184/1995 cm³	2987/3701/4701/5654 cm³	1968/2360/1998/2143 cm³	1368/1598/2360/1368/1956/1368/1332 cm³
Bohrung x Hub	88 x 97 / 91 x 83 / 83 x 90,4 / 83,8 x 99 / 84 x 90 mm	83 x 92 / 93 x 90,8 / 93 x 86,5 / 99,5 x 90,9 mm	81 x 95,5 / 88 x 97 / 86 x 86 / 83 x 99 mm	72 x 84 / 79,5 x 80,5 / 88 x 97 / 83 x 90,4 / 72 x 84 / 70 x 86,5 mm
Leistung	177 PS/130 kW (183 PS/134 kW) bei 6400/min / 275 PS/202 kW bei 6500/min / 140 PS/103 kW (170 PS/125 kW) bei 3500-4000/min (3750/min) / 185 PS/136 kW (200 PS/147 kW) bei 3500/min / 275 PS/202 kW bei 5250/min	218 PS/160 kW bei 4000/min / 214 PS/157 kW bei 5200/min / 238 PS/175 kW bei 4500 / 335 PS/246 kW (362 PS/266 kW) bei 5000/min (5200/min)	140 PS/103 kW bei 4000/min / 174 PS/ 128 kW (170 PS/125 kW) bei 6000/min / 160 PS/118 kW bei 6400/min / 136 PS/100 kW bei 3600-4200/min	140 PS/103 kW (170 PS/125 kW) bei 5000/min (5500/min) / 120 PS/88 kW bei 3750/min / 182 PS/134 kW bei 6400/min / 140 PS/103 kW (170 PS/125 kW) bei 4000/min / 190 PS/140 kW (240 PS/177 kW) bei 5550/min (5750/min) (Systemleistung)
Max. Drehmoment	232 Nm bei 4800/min / 324 Nm bei 4400/min / 350 Nm (350 Nm) bei 1750-2000/min (1500/min) / 440 Nm bei 2500/min / 400 Nm bei 3000-4500/min	510 Nm bei 1600-2400/min / 319 Nm bei 4000/min / 414 Nm bei 3600/min / 509 Nm (527 Nm) bei 4000/min (4350/min)	310 bei 1750-2500/min / 224 Nm bei 4400/min / 191 Nm bei 5000/min / 320 Nm bei 1400-2800/min	230 Nm (250 Nm) bei 1750/min (2500/min) / 320 Nm bei 1750/min / 237 Nm bei 3900/min / 350 Nm (380 Nm) bei 1500/min (1750/min) / 470 Nm bei 1850/min / 270 Nm bei 1560/min (2500/min) / 470 Nm bei 1850/min (Systemdrehmoment)
Gemischaufbereitung	Einspritzung/Common-Rail-Einspritzung	Common-Rail-Einspritzung/Einspritzung	Pumpe-Düse-Einspritzung/ Common-Rail-Einspritzung/Einspritzung	Common-Rail-Einspritzung/Einspritzung
Antrieb	Hinterradantrieb, auf Wunsch: zuschaltbarer Allradantrieb/permanenter Allradantrieb	permanenter Allradantrieb, auf Wunsch: Hinterradantrieb	Hinterradantrieb, auf Wunsch zuschaltbarer Allradantrieb	Hinterradantrieb, auf Wunsch zuschaltbarer Allradantrieb
Achsbauart vorne/hinten	unabhängig/unabhängig	unabhängig/starr	unabhängig/unabhängig	unabhängig/unabhängig
Kraftübertragung	6-Gang, mechanisch / 9-Gang-Automatik	5-Gang-Automatik	6-Gang, mechanisch / stufenloses CVT-Getriebe / 6-Gang-Automatik	6-Gang, mechanisch / 6-Gang, halbautomatisch / 9-Gang-Automatik
Bremsen vorne/hinten	Scheibe/Scheibe	Scheibe/Scheibe	Scheibe/Scheibe	Scheibe/Scheibe
Höchstgeschwindigkeit	196/220/187/204 (204)/230 km/h	191/185/194/215 (218) km/h	185/190/188/183 km/h	190/200/185/205/195 (200)/180 (180) (elektronisch abgeregelt)/192 (199) km/h
Aufbaukonzept	selbsttragende Bauweise	selbsttragende Bauweise	selbsttragende Bauweise	selbsttragende Bauweise
Leergewicht	1738/1906/1828/1953/1692 kg	2280/2083/2134/2363 (2254) kg	1540/1460/1409/1559 kg	1430 (1683)/1502/1444/ 1741/1860/1430 kg
Reifen	225/65 R17 - 225/55 R18	245/65 R17	215/60 R17 - 215/55 R18	215/65 R16 - 235/45 R19
Radstand	2699 mm	2781 mm	2635 mm	2636 mm
Spurweite vorne/hinten	1580/1573 - 1593/1603 mm	1589/1589	1520/1520 mm	1547/1547 mm
Länge x Breite x Höhe mm	4624-4651 x 1859 x 1670-1683	4787 x 1899 x 1826-1832 mm	4405-4448 x 1810 x 1630-1501 mm	4394 x 1819 x 1629-1649 mm

	Jeep Patriot (MK74)	Jeep Renegade (BU)
Bauzeitraum	2007–2016	seit 2014
Motor/Bauart	Vierzylinder-Turbodiesel, Reihe / Vierzylinder-Turbodiesel, Reihe / Vierzylinder-Ottomotor, Reihe / Vierzylinder-Ottomotor, Reihe	turbogeladener Vierzylinder-Ottomotor, Reihe / Vierzylinder-Ottomotor mit Mildhybrid-Modul, Reihe / Vierzylinder-Turbodiesel, Reihe / Vierzylinder-Ottomotor, Reihe / turbogeladener Vierzylinder-Ottomotor, Reihe / Vierzylinder-Turbodiesel, Reihe / turbogeladener Dreizylinder-Ottomotor / turbogeladener Vierzylinder-Ottomotor, Reihe / turbogeladener Vierzylinder-Ottomotor, Reihe + E-Antrieb
Ventilsteuerung	DOHC/DOHC/DOHC/DOHC	OHC/DOHC/DOHC/OHC/DOHC/DOHC/OHC/OHC/OHC
Hubraum	1968/2143/2360/1998 cm³	1368/1598/1598/2360/1368/1956/999/1332/1368 cm³
Bohrung x Hub	81 x 95,5 / 83 x 99 / 88 x 97 / 86 x 86 mm	72 x 84 / 77 x 85,8 / 79,5 x 80,5 / 88 x 97 / 72 x 84 / 83 x 90,4 / 70 x 86,5 / 70 x 86,5 / 72 x 84 mm
Leistung	140 PS/103 kW bei 4000/min / 163 PS/120 kW bei 3600/min / 174 PS/128 kW bei 6000/min / 160 PS/118 kW bei 6400/min	140 PS/103 kW (162 PS/119 kW) bei 5500/min / 110 PS/81 kW bei 5500/min / 120 PS/88 kW bei 3750/min / 182 PS/134 kW bei 6400/min / 237 Nm bei 3900/min / 170 PS/125 kW bei 5500/min / 140 PS/103 kW (170 PS/125 kW) bei 3750/min / 120 PS/88 kW bei 5750/min / 150 PS/110 kW (180 PS/131 kW) bei 5250/min (5700/min) / 190 PS/140 kW (240 PS/177 kW) bei 5550/min (5750/min) (Systemleistung)
Max. Drehmoment	310 Nm bei 1750-2500/min / 320 Nm bei 1400/min / 224 Nm bei 4400/min / 191 Nm bei 5000/min	230 Nm (250 Nm) bei 1750/min (2500-4000/min) / 152 Nm bei 4500/min / 320 Nm bei 1750/min / 250 Nm bei 2500/min / 350 Nm bei 1750/min / 190 Nm (271 Nm) bei 1750/min / 470 Nm bei 1850/min (Systemdrehmoment)
Gemischaufbereitung	Pumpe-Düse-Einspritzung/Common-Rail-Einspritzung/Einspritzung	Einspritzung/Common-Rail-Einspritzung
Antrieb	Hinterradantrieb, auf Wunsch zuschaltbarer Allradantrieb	Hinterradantrieb, auf Wunsch zuschaltbarer Allradantrieb
Achsbauart vorne/hinten	unabhängig/unabhängig	unabhängig/unabhängig
Kraftübertragung	5-Gang/6-Gang, mechanisch / stufenloses CVT-Getriebe / 6-Gang-Automatik	6-Gang, mechanisch / 6-Gang, halbautomatisch / 9-Gang-Automatik
Bremsen vorne/hinten	Scheibe/Scheibe	Scheibe/Scheibe
Höchstgeschwindigkeit	185/193/190/180 km/h	181/177/178/203/182/181/185/196/202/180 (180)(elektronisch abgeregelt)
Aufbaukonzept	selbsttragende Bauweise	selbsttragende Bauweise
Leergewicht	1540/1645/1524/1422 kg	1320 - 1770 kg
Reifen	205/70 R 16 - 215/60 R 17	215/65 R 16 - 235/45 R 19
Radstand	2635 mm	2570 mm
Spurweite vorne/hinten	1520/1520 mm	1551/1553 mm
Länge x Breite x Höhe mm	4408-4414 x 1757-1785 x 1658-1663 mm	4236 x 1805 x 1697 mm

Der perfekte Urlaub
für Camper und alle, die es werden wollen
UNABHÄNGIG REISEN, DIE NÄHE ZUR NATUR GENIESSEN:
Camping macht einfach Spaß – egal ob mit Zelt, Caravan oder Wohnmobil. CLEVER CAMPEN zeigt alles, worauf es ankommt: Einsteiger-Infos, Zubehör, Reise-Ideen, Praxis-Tipps, neue Campingmobile und Gebrauchte.
Die ganze Campingwelt in einem Heft
5 x im Jahr
Stilles Wasser
15 Lieblingsplätze in der Schweiz
Die Favoriten der Campingurlauber
Geheimnisvolles Grün
VW Grand California: Attraktiver Bus für vier im Test S. 78
CLEVER CAMPEN
2/2021
Tipps für Einsteiger
Zelten mit Kindern S. 50
So macht es allen richtig Spaß
Camping-Tische S. 56
Modelle ab 80 Euro im Vergleich
Stauraum gut nutzen S. 66
Regale, Zurrschienen und mehr
Abenteuer Rumänien S. 42
Bodensee S. 26
Mecklenburg S. 20
Startklar für die Saison
Dänemark S. 32
Frischer Familien-Typ S. 82
Das kann der LMC mit Etagenbett
Kompakte Wohnmobile S. 72
10 schmale Teilintegrierte für zwei
Jetzt am Kiosk. Oder heute noch bestellen!
Bestellservice, Telefon 07 81/6 39 66 59, E-Mail clevercampen@burdadirect.de, www.clever-campen.de
CLEVER CAMPEN 3,70 € inkl. MwSt. zzgl. 2,00 € Versandkosten